金属工艺学

黄均安 汤 萍 ■ 主 编
章 浩 戴诗容 赵玲娜 ■ 副主编

清华大学出版社
北京

内 容 简 介

本书根据高等职业教育人才培养目标要求编写。主要内容包括金属材料的性能、金属材料结构的基本知识、钢的热处理、常用的工程材料、铸造成型、锻压成型、焊接与胶接成型、机械零件材料及毛坯的选择与质量检验、金属切削加工的基础知识，以及切削加工方法。书中大量实例均来自近年来的生产实际，注重内容的实用性与针对性。

本书突出职业教育的特点，侧重应用能力的培养，内容上简化了过多的理论介绍，注重基本原理、工艺特点的讲解。每部分内容后配有实训项目和一定数量的复习思考题。书中有关名词术语、工艺资料等均采用国家最新标准。

本书可作为高等职业院校、高等专科学校、高级技工学校、技师学院、成人教育学院等大专层次工科类金属工艺学课程的教材，也可供中等专业学校机械类专业的学生选用，同时可作为广大自学者的自学用书及工程技术人员的参考书。

本书封面贴有清华大学出版社防伪标签，无标签者不得销售。
版权所有，侵权必究。举报：010-62782989，beiqinquan@tup.tsinghua.edu.cn。

图书在版编目(CIP)数据

金属工艺学/黄均安，汤萍主编.—北京：清华大学出版社，2024.1
ISBN 978-7-302-65048-5

Ⅰ.①金… Ⅱ.①黄…②汤… Ⅲ.①金属加工－工艺学－高等职业教育－教材 Ⅳ.①TG

中国国家版本馆 CIP 数据核字(2023)第 230801 号

责任编辑：郭丽娜
封面设计：曹　来
责任校对：袁　芳
责任印制：丛怀宇

出版发行：清华大学出版社
　　网　　址：https://www.tup.com.cn,https://www.wqxuetang.com
　　地　　址：北京清华大学学研大厦 A 座　　邮　编：100084
　　社 总 机：010-83470000　　邮　购：010-62786544
　　投稿与读者服务：010-62776969，c-service@tup.tsinghua.edu.cn
　　质量反馈：010-62772015，zhiliang@tup.tsinghua.edu.cn
　　课件下载：https://www.tup.com.cn,010-83470410
印 装 者：涿州汇美亿浓印刷有限公司
经　　销：全国新华书店
开　　本：185mm×260mm　　印　张：14.5　　字　数：331 千字
版　　次：2024 年 2 月第 1 版　　印　次：2024 年 2 月第 1 次印刷
定　　价：49.00 元

产品编号：103931-01

前　言

党的二十大报告指出,教育、科技、人才是全面建设社会主义现代化国家的基础性、战略性支撑。必须坚持科技是第一生产力、人才是第一资源、创新是第一动力,深入实施科教兴国战略、人才强国战略、创新驱动发展战略,开辟发展新领域新赛道,不断塑造发展新动能新优势。我们要坚持教育优先发展、科技自立自强、人才引领驱动,加快建设教育强国、科技强国、人才强国,坚持为党育人、为国育才,全面提高人才自主培养质量,着力造就拔尖创新人才,聚天下英才而用之。

金属工艺学是一门工程技术学科,主要研究金属材料制造和加工的各种工艺方法、理论及其在机械工程领域的应用。它涵盖了从原材料冶炼开始,通过不同的成型和加工技术,直至最终具有特定性能和结构要求的零件和产品的全过程。金属工艺学是现代制造业的基础,对于提升机械制造技术水平,推动技术发展有着重要作用。

本书共分 3 篇 10 章。第 1 篇为机械工程材料,包括第 1 章　金属材料的性能,介绍了金属材料的力学性能指标;第 2 章　金属材料结构的基本知识,介绍了金属、合金的晶体结构与结晶,以及铁碳合金相图;第 3 章　钢的热处理,介绍了钢的热处理方法;第 4 章　常用的工程材料,介绍了钢、铸铁、有色金属和粉末冶金,非金属材料和新型材料。第 2 篇为热加工工艺基础,包括第 5 章　铸造成型,介绍了铸造工艺基础、砂型铸造、特种铸造及铸件结构工艺性;第 6 章　锻压成型,介绍了锻压工艺基础、金属的塑性变形、自由锻、模锻及板料冲压;第 7 章　焊接与胶接成型,介绍了焊接工艺基础、常用的焊接方法及常见的焊接缺陷。第 3 篇为机械加工工艺基础,包括第 8 章　机械零件材料及毛坯的选择与质量检验,介绍了机械零件的失效形式和选材原则,零件毛坯选择的一般原则,毛坯质量检验;第 9 章　金属切削加工的基础知识,介绍了金属切削加工的基础知识;第 10 章　切削加工方法,介绍了常见的机加工方法。本书兼有基础性、实用性、知识性、实践性与创新性等特点。

在编写本书时,我们从职业教育的实际出发,注重实践性、启发性、科学性,做到概念清晰、重点突出。对基础理论部分,以"必需"和"够用"为原则,以强化应用为重点,补充新知识、新技术和新工艺。体现了面向生产实际,突出职业性的精神,凸显了职业教育的特点。

本书按总课时 64 学时编写,在实际教学中,教师可适当增减学时。金属工艺学课程的实践性比较强,建议授课教师根据不同教学内容和特点进行现场教学,教学环境可考虑移到专业实训室、金工车间、企业生产车间中,尽量采用"教、学、做一体化"的教学模式。

本书由黄均安、汤萍担任主编,章浩、戴诗容、赵玲娜担任副主编,汪玉、盛海军参编。其中,第1~3章由黄均安编写,第4、6章由汤萍编写,第5章由章浩编写,第7章由戴诗容编写,第8章由汪玉编写,第9章由赵玲娜编写,第10章由盛海军编写。全书由汪永华主审。

教学改革是一个与时俱进的长期任务,与教学改革对应的教材也需要在长期的教学实践中逐步完善。本书编写过程中参考了大量的文献资料,编者谨向这些文献资料的作者和支持本书编写工作的单位和个人表示衷心的感谢。由于编者水平有限,书中难免有疏漏和不妥之处,恳切希望使用本书的广大师生与读者提出宝贵的意见和建议,以使本书更加完善。

编 者

2023年10月

目 录

第 1 篇 机械工程材料

第 1 章 金属材料的性能 3
1.1 金属材料的力学性能 4
1.1.1 强度 4
1.1.2 塑性 6
1.1.3 硬度 7
1.1.4 冲击韧度 8
1.1.5 疲劳强度 10
1.2 金属材料的物理、化学性能 11
1.2.1 金属材料的物理性能 12
1.2.2 金属材料的化学性能 13
1.3 金属材料的工艺性能 15
技能训练 16
小结 17
复习思考题 18

第 2 章 金属材料结构的基本知识 19
2.1 金属的晶体结构 20
2.1.1 晶体结构的基础知识 20
2.1.2 三种典型的金属晶格 21
2.1.3 金属实际的晶体结构 21
2.2 纯金属的结晶 23
2.2.1 结晶的基本概念 23
2.2.2 纯金属的结晶过程 23
2.2.3 纯金属结晶后的晶粒大小 24
2.3 合金的晶体结构 24
2.3.1 合金的基本概念 25
2.3.2 合金的组织 25
2.4 合金的结晶 26

2.4.1　合金相图的概念 ………………………………………………… 26
　　　2.4.2　二元合金相图的建立 …………………………………………… 26
　　　2.4.3　二元合金相图的分析 …………………………………………… 26
　2.5　铁碳合金基本知识 ………………………………………………………… 27
　　　2.5.1　纯铁的同素异构转变 …………………………………………… 27
　　　2.5.2　铁碳合金的基本组织 …………………………………………… 27
　2.6　铁碳合金相图 ……………………………………………………………… 28
　　　2.6.1　相图分析 ………………………………………………………… 29
　　　2.6.2　典型铁碳合金结晶过程分析 …………………………………… 30
　2.7　铁碳合金相图的应用 ……………………………………………………… 32
　　　2.7.1　含碳量对铁碳合金组织和力学性能的影响规律 ……………… 32
　　　2.7.2　铁碳相图的应用 ………………………………………………… 33
　技能训练 …………………………………………………………………………… 33
　小结 ………………………………………………………………………………… 36
　复习思考题 ………………………………………………………………………… 36

第3章　钢的热处理 …………………………………………………………… 38
　3.1　钢在加热和冷却时的组织转变 …………………………………………… 38
　　　3.1.1　钢在加热时的组织转变 ………………………………………… 39
　　　3.1.2　钢在冷却时的组织转变 ………………………………………… 40
　3.2　钢的普通热处理 …………………………………………………………… 43
　　　3.2.1　钢的退火 ………………………………………………………… 43
　　　3.2.2　钢的正火 ………………………………………………………… 44
　　　3.2.3　钢的淬火 ………………………………………………………… 45
　　　3.2.4　淬火钢的回火 …………………………………………………… 48
　3.3　钢的表面热处理 …………………………………………………………… 50
　　　3.3.1　钢的表面淬火 …………………………………………………… 50
　　　3.3.2　钢的化学热处理 ………………………………………………… 51
　3.4　钢铁材料的表面处理 ……………………………………………………… 52
　技能训练 …………………………………………………………………………… 54
　小结 ………………………………………………………………………………… 57
　复习思考题 ………………………………………………………………………… 58

第4章　常用的工程材料 ……………………………………………………… 59
　4.1　非合金钢 …………………………………………………………………… 60
　　　4.1.1　非合金钢中的常存杂质元素及其影响 ………………………… 60
　　　4.1.2　非合金钢的分类、编号和用途 ………………………………… 61
　4.2　合金钢 ……………………………………………………………………… 62
　　　4.2.1　合金元素在钢中的作用 ………………………………………… 62

        4.2.2 低合金高强度结构钢 ·· 64
        4.2.3 机械结构用合金钢 ·· 65
        4.2.4 合金工具钢和高速工具钢 ·· 66
        4.2.5 特殊性能钢 ·· 68
    4.3 铸铁 ··· 69
        4.3.1 铸铁的石墨化 ··· 69
        4.3.2 常用铸铁 ··· 70
        4.3.3 合金铸铁 ··· 73
    4.4 非铁合金粉末冶金 ·· 75
        4.4.1 铝及铝合金 ·· 75
        4.4.2 铜及铜合金 ·· 76
        4.4.3 轴承合金 ··· 77
        4.4.4 粉末冶金与硬质合金 ·· 77
    技能训练 ··· 78
    小结 ··· 78
    复习思考题 ·· 79

第 2 篇　热加工工艺基础

第 5 章　铸造成型 ·· 83
    5.1 铸造成型工艺基础 ·· 84
        5.1.1 合金的流动性 ··· 84
        5.1.2 合金的收缩 ·· 87
        5.1.3 合金的吸气和氧化性 ·· 91
    5.2 铸造成型方法 ·· 91
        5.2.1 砂型铸造 ··· 92
        5.2.2 特种铸造 ··· 98
    5.3 铸造成型设计 ·· 102
        5.3.1 浇注位置的选择 ·· 102
        5.3.2 铸型分型面的选择 ··· 103
        5.3.3 工艺参数的选择 ·· 104
    5.4 铸件结构工艺性 ··· 105
        5.4.1 砂型铸造工艺对铸件结构设计的要求 ···························· 105
        5.4.2 合金铸造性能对铸件结构设计的要求 ···························· 106
    技能训练 ··· 107
    小结 ··· 107
    复习思考题 ·· 108

第 6 章　锻压成型 ·· 109
    6.1 锻压成型工艺基础 ·· 110
        6.1.1 金属塑性变形的实质 ·· 110

  6.1.2 　塑性变形对金属组织和性能的影响 …………………………… 110
  6.1.3 　金属的冷变形和热变形 …………………………………………… 111
  6.1.4 　锻造流线及锻造比 ………………………………………………… 112
  6.1.5 　合金的锻造性能 …………………………………………………… 112
 6.2　自由锻 …………………………………………………………………… 113
  6.2.1 　自由锻的基本工序 ………………………………………………… 114
  6.2.2 　自由锻工艺规程的制订 …………………………………………… 114
  6.2.3 　自由锻锻件的结构设计 …………………………………………… 115
 6.3　模锻 ……………………………………………………………………… 117
  6.3.1 　锤上模锻 …………………………………………………………… 117
  6.3.2 　胎模锻 ……………………………………………………………… 123
  6.3.3 　压力机上模锻 ……………………………………………………… 123
 6.4　板料冲压 ………………………………………………………………… 124
  6.4.1 　冲压设备 …………………………………………………………… 124
  6.4.2 　冲压工序 …………………………………………………………… 125
  6.4.3 　冲模 ………………………………………………………………… 127
 6.5　锻压新工艺简介 ………………………………………………………… 129
  6.5.1 　挤压 ………………………………………………………………… 129
  6.5.2 　拉拔 ………………………………………………………………… 131
  6.5.3 　轧制 ………………………………………………………………… 131
  6.5.4 　精密模锻 …………………………………………………………… 132
 技能训练 ……………………………………………………………………… 132
 小结 …………………………………………………………………………… 133
 复习思考题 …………………………………………………………………… 134

第 7 章　焊接与胶接成型 ……………………………………………………… 135
 7.1　焊接的基本原理 ………………………………………………………… 137
  7.1.1 　焊接电弧 …………………………………………………………… 137
  7.1.2 　焊接过程 …………………………………………………………… 137
  7.1.3 　焊接接头的组织和性能 …………………………………………… 138
  7.1.4 　焊接应力与变形 …………………………………………………… 140
 7.2　常用的焊接方法 ………………………………………………………… 144
  7.2.1 　手工电弧焊 ………………………………………………………… 144
  7.2.2 　埋弧自动焊 ………………………………………………………… 146
  7.2.3 　气体保护电弧焊 …………………………………………………… 148
  7.2.4 　电渣焊 ……………………………………………………………… 151
  7.2.5 　电阻焊 ……………………………………………………………… 151
  7.2.6 　钎焊 ………………………………………………………………… 152
 7.3　常用金属材料的焊接 …………………………………………………… 153

  7.3.1 金属材料的焊接性 ·············· 153
  7.3.2 碳素钢和低合金结构钢的焊接 ·············· 154
  7.3.3 不锈钢的焊接 ·············· 154
  7.3.4 铸铁的补焊 ·············· 155
  7.3.5 非铁金属的焊接 ·············· 156
 7.4 焊接结构工艺性 ·············· 157
  7.4.1 焊接结构材料的选择 ·············· 158
  7.4.2 焊接方法的选择 ·············· 158
  7.4.3 焊接接头设计 ·············· 158
 7.5 常见焊接缺陷产生原因及预防措施 ·············· 162
  7.5.1 常见焊接缺陷 ·············· 162
  7.5.2 焊接接头缺陷的形成原因及预防措施 ·············· 162
 7.6 焊接质量检验 ·············· 163
 7.7 其他焊接技术简介 ·············· 163
  7.7.1 等离子弧焊 ·············· 163
  7.7.2 电子束焊 ·············· 164
  7.7.3 激光焊 ·············· 164
  7.7.4 扩散焊 ·············· 164
 7.8 胶接 ·············· 165
  7.8.1 胶接的特点与应用 ·············· 165
  7.8.2 胶黏剂 ·············· 165
  7.8.3 胶接工艺 ·············· 166
技能训练 ·············· 168
小结 ·············· 169
复习思考题 ·············· 169

第3篇 机械加工工艺基础

第8章 机械零件材料及毛坯的选择与质量检验 ·············· 173
 8.1 机械零件的失效 ·············· 174
  8.1.1 失效的基本概念 ·············· 174
  8.1.2 零件失效的主要形式 ·············· 174
  8.1.3 零件失效的原因 ·············· 175
  8.1.4 失效分析的一般方法 ·············· 176
 8.2 机械零件材料的选择 ·············· 176
  8.2.1 选材的一般原则 ·············· 176
  8.2.2 典型零件的选材及工艺路线 ·············· 178
 8.3 零件毛坯的选择 ·············· 179
  8.3.1 常见的毛坯种类 ·············· 180

  8.3.2 选择毛坯的一般原则 …… 180
 8.4 毛坯质量检验 …… 181
  8.4.1 毛坯的质量检验 …… 181
  8.4.2 毛坯加工中常见缺陷及检验 …… 181
 技能训练 …… 183
 小结 …… 183
 复习思考题 …… 184

第9章 金属切削加工的基础知识 …… 185
 9.1 切削运动和切削要素 …… 185
  9.1.1 切削运动 …… 185
  9.1.2 切削要素 …… 186
 9.2 金属切削刀具 …… 187
  9.2.1 刀具材料 …… 188
  9.2.2 刀具的几何参数 …… 188
 9.3 金属切削过程中的物理现象 …… 190
  9.3.1 金属切削过程的实质 …… 190
  9.3.2 切削的形成和种类 …… 191
 9.4 关于提高切削加工质量和切削效率的问题 …… 194
  9.4.1 工件材料的切削加工性 …… 194
  9.4.2 已加工表面质量 …… 195
  9.4.3 切削液的作用与选用 …… 197
  9.4.4 刀具几何角度的合理选择 …… 197
 技能训练 …… 199
 小结 …… 200
 复习思考题 …… 201

第10章 切削加工方法 …… 202
 10.1 机床的分类与编号 …… 203
  10.1.1 机床的分类 …… 203
  10.1.2 机床型号编制方法 …… 203
 10.2 车削加工 …… 203
  10.2.1 车床 …… 203
  10.2.2 工件在车床上的安装 …… 204
  10.2.3 车削加工的工艺特点与应用 …… 205
 10.3 钻削、铰削和镗削加工 …… 205
  10.3.1 钻削加工 …… 205
  10.3.2 铰削加工 …… 208
  10.3.3 镗削加工 …… 208
 10.4 铣削加工 …… 209

  10.4.1 铣床 …… 209
  10.4.2 铣刀 …… 210
  10.4.3 铣削要素 …… 210
  10.4.4 铣削方式 …… 210
 10.5 刨削、插削和拉削加工 …… 211
  10.5.1 刨削加工 …… 211
  10.5.2 插削加工 …… 212
  10.5.3 拉削加工 …… 212
 10.6 磨削与光整加工 …… 212
  10.6.1 磨削加工 …… 212
  10.6.2 光整加工 …… 214
 10.7 螺纹、齿轮加工 …… 215
  10.7.1 螺纹加工 …… 215
  10.7.2 齿轮加工 …… 215
 技能训练 …… 216
 小结 …… 217
 复习思考题 …… 218

参考文献 …… 219

第1篇 机械工程材料

第 1 章　金属材料的性能

【教学目标】
1. 知识目标
◆ 熟悉并掌握金属材料的常用力学性能。
◆ 了解金属材料的物理、化学及工艺性能。
◆ 掌握常用硬度的测试方法和适用范围。
◆ 掌握冲击韧性、疲劳强度的概念及二者衡量指标。
2. 能力目标
◆ 能够根据强度和塑性值分析材料的承载能力。
◆ 能够根据材料和热处理状态选择硬度测试方法。
3. 素质目标
◆ 通过对金属材料性能的学习，培养学生分析问题、解决问题的能力。
◆ 锻炼学生的观察能力、动手能力。
◆ 引入中国大飞机制造案例，培育学生爱国主义精神和社会主义核心价值观。

 引例

这是一次载入史册的飞行。

2023 年 5 月 28 日 12 点 31 分，东方航空使用中国商飞全球首架交付的国产大飞机 C919 大型客机执行 MU9191 航班，平稳降落在北京首都国际机场，穿过象征民航最高礼仪的"水门"，引起现场热烈欢呼，如图 1-1 所示。

图 1-1　C919 大型客机穿过"水门"

国产大飞机 C919 是我国首次按照国际通行适航标准自行研制、具有自主知识产权的喷气式干线客机。机上近 130 名旅客共同见证了 C919 圆满完成的首个商业航班飞行,标志着该机型正式进入民航市场,开启市场化运营、产业化发展的新征程。

通过 C919 的设计研制,我国掌握了民机产业五大类、20 个专业、6000 多项民用飞机技术,带动新技术、新材料、新工艺群体性突破。与此同时,数字技术、智能装备的应用也为国产商用飞机的设计研制和试飞试验赋能。

材料在常温、静载作用下的宏观力学性能是确定各种工程设计参数的主要依据。这些力学性能均须用标准试样在材料试验机上按照规定的试验方法和程序测定,并可同时测定材料的应力-应变曲线。随着工业的迅速发展,如何有效地利用有限资源成为当今材料界关注的重点。在设计构件时,充分利用材料的力学性能不但能够保证安全使用,还能提高资源的利用效率。

1.1　金属材料的力学性能

金属材料的性能包括使用性能和工艺性能。使用性能是指材料在使用过程中表现出来的性能,它包括力学性能、物理性能和化学性能等;工艺性能是指材料对各种加工工艺适应的能力,它包括铸造性能、锻造性能、焊接性能、切削加工性能和热处理性能等。本节主要介绍金属材料的力学性能。

金属的力学性能是指材料在各种载荷(静载荷、冲击载荷、疲劳载荷等)作用下表现出来的抵抗变形和破坏的能力。常用的力学性能指标有强度、塑性、硬度、冲击韧度和疲劳强度等。

1.1.1　强度

金属材料在载荷作用下所表现出来的抵抗变形或断裂的能力称为强度。强度指标一般可通过金属拉伸试验来测定,而静载荷拉伸试验是工业上最常用的试验方法之一。按《金属材料　拉伸试验　第 1 部分:室温试验法》(GB/T 228.1—2021)规定,把标准试样装夹在试验机上,在对试样逐渐施加拉伸载荷的同时连续测量力和相应的伸长量,直至把试样拉断为止,依据测出的拉伸曲线,求出相关的力学性能。标准拉伸试样如图 1-2 所示。

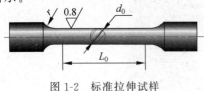

图 1-2　标准拉伸试样

1. 拉伸曲线

材料的性质不同,拉伸曲线的形状也不相同。图 1-3 所示为退火低碳钢的拉伸曲线,图中纵坐标表示力 F,单位为 N;横坐标表示绝对伸长 ΔL,单位为 mm。以退火低钢拉伸曲线为例说明拉伸过程中几个变形阶段。

1) OE——弹性变形阶段

试样的伸长量与载荷成正比增加,此时若卸载,试样能完全恢复原状。F_e 为能恢复原状最大拉力。

2) ES——屈服阶段

当载荷超过 F_e 时,试样除产生弹性变形外,开始出现塑性变形,此时若卸载,试样的伸长只能部分恢复。当载荷增加到 F_s 时,图形上出现平台,即载荷不增加,试样继续伸长,材料丧失了抵抗变形的能力,这种现象叫屈服。

3) SB——均匀塑性变形阶段

载荷超过 F_s 后,试样开始产生明显塑性变形,伸长量随载荷增加而增大。F_b 为试样拉伸试验的最大载荷。

4) BK——缩颈阶段

载荷达到最大值 F_b 后,试样局部截面开始急剧缩小,出现"缩颈"现象,由于截面积减小,试样变形所需载荷也随之降低,K 点时试样发生断裂。

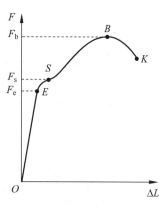

图 1-3　低碳钢的拉伸曲线

2. 强度指标

金属材料的强度是用应力来衡量的,即单位截面积上的内力称为应力,用 σ 表示。常用的强度指标有屈服点和抗拉强度。

(1) 屈服点 σ_s 为材料产生屈服时的最小应力,单位为 MPa。

$$\sigma_s = \frac{F_s}{S_0} \tag{1-1}$$

式中,F_s 为屈服时的最小载荷(N);S_0 为试样原始截面积(mm^2)。

对于无明显屈服现象的金属材料(如铸铁、高碳钢等)测定 σ_s 很困难,通常规定产生 0.2% 塑性变形时的应力作为条件屈服点,用 $\sigma_{0.2}$ 表示。

屈服点表征金属发生明显塑性变形的应力,因此它是机械设计的主要依据。

(2) 抗拉强度 σ_b 为材料在拉断前所承受的最大应力。

$$\sigma_b = \frac{F_b}{S_0} \tag{1-2}$$

式中,F_b 为试样断裂前所承受的最大载荷(N);S_0 为试样断裂处截面面积。

抗拉强度表示材料抵抗均匀塑性变形的最大能力,是设计机械零件和选材的主要依据。

> **阅读材料**
>
> 纽约世界贸易中心大楼位于曼哈顿闹市区南端,是美国纽约市最高、楼层最多的摩天大楼。它由日本的建筑师山崎实设计,于1966年开工,历时7年,1973年竣工后,以411m的高度,作为110层的摩天"巨人"而载入史册。它是由5幢建筑物组成的综合体。其主楼呈双塔形,塔柱边宽 63.5m。大楼采用钢结构,用钢 7.8×10^4 t,楼的外围有密置的钢柱,墙面由铝板和玻璃窗组成,素有"世界之窗"之称。
>
> 美国东部时间 2001 年 9 月 11 日上午 8 时 45 分,一架起飞质量达 160t 的波音 767 型飞机直接撞击纽约世界贸易中心北塔,18min 后,又一架起飞质量为 100t 的波音 757 型飞机几乎拦腰撞击世界贸易中心南塔。

在高达1000℃的烈焰煎熬下，撞击后的1.5h内，两幢塔楼最终还是坍塌了，如图1-4所示。随后，关于大楼坍塌的原因有了很多种说法，但较一致的观点是世贸中心大楼的双塔并不是由于撞击，而是由于喷气燃料的剧烈燃烧而坍塌的。撞击发生后，在撞击过程中没有立即燃尽的喷气燃料向下流去，由于碰撞，在几分钟之内又燃烧起来。钢结构表面的保护层绝缘面板随之脱落。双塔的钢结构因此完全暴露于大火之中，当时大火的温度已接近于钢的软化点。据宾夕法尼亚州立大学的秦德·库朗萨玛(QDe Kuransama)教授推测，燃烧的喷气燃料的温度高达1000～3000℉(538～1649℃)。而钢在1000℉下就会失去将近一半的强度而弯曲变形，在1400℉下只能剩下10%～20%的强度。燃烧的高温使钢柱软化，而被撞击层以上的楼层在重力作用下，以雷霆万钧之势，造成了世界贸易中心遇袭后的必然结果——坍塌。

图1-4　纽约世界世贸中心大楼被撞击瞬间及坍塌过程

"9·11"恐怖袭击发生后，美国联邦紧急事务管理局和美国民用工程师协会曾联合发表了一份调查报告。报告认为，大楼的最终倒塌是飞机冲撞和随后引发大火的共同作用。"喷气燃料燃烧放出的热量似乎并不能使大楼崩塌，但是，随着燃烧的喷气燃料向双塔各层的扩散，引着了众多的楼内物品，同时发生了多起火灾。这场大火放出的热量可以和大规模商业发电所发出的电力相匹敌。高温使已经破损的钢结构框架产生更大应力的同时软化了钢结构框架。这个附加的载荷及其产生的危害足以使双塔崩塌。"

1.1.2　塑性

金属材料在载荷作用下产生塑性变形而不断裂的能力称为塑性，塑性指标也是通过拉伸试验测定的。常用的指标有断后伸长率和断面收缩率。

1) 断后伸长率 δ

$$\delta = \frac{L_1 - L_0}{L_0} \times 100\% \tag{1-3}$$

式中,L_0、L_1 分别为试样原始标距和被拉断后的标距(mm)。

2) 断面收缩率 φ

$$\phi = \frac{S_0 - S_1}{S_0} \times 100\% \tag{1-4}$$

式中,S_0、S_1 分别为试样原始截面积和断裂后缩颈处的最小截面积(mm^2)。

δ、φ 数值越大,表明材料的塑性越好。

📖 阅读材料

利用塑性变形不仅可以把材料加工成各种形状和尺寸的制品(图1-5所示为冲压成型的车门,图1-6所示为冲压焊接成型的车身),还可以改变材料的组织和性能。如广泛应用的各类钢材,根据断面形状的不同,一般分为型材、板材、管材和金属制品四大类。通过压力加工,使钢坯、锭等产生塑性变形。

图1-5　冲压成型的车门

图1-6　冲压焊接成型的车身

1.1.3　硬度

硬度是表征材料表面局部体积内在其他物体压入时抵抗变形的能力。金属材料主要用压入法进行硬度试验,而其中应用最为广泛的是布氏硬度试验法和洛氏硬度试验法。

1. 布氏硬度试验法

1) 试验原理

图1-7所示为布氏硬度试验原理图。它是用一定直径的淬火钢球或硬质合金钢球做压头,以相应试验力压入被测材料表面,经《金属材料　布氏硬度试验　第2部分:硬度计的检验与校准》(GB/T 231.2—2022)所规定的保持时间后卸载。以压痕单位面积上所受试验力的大小来确定被测材料的硬度值,用符号 HB 表示。

$$HB = \frac{F}{S_{\text{压}}} = \frac{0.102 \times 2F}{\pi D(D - \sqrt{D^2 - d^2})} \tag{1-5}$$

式中,F 为试验力(N);$S_{\text{压}}$ 为压痕表面积(mm^2);D 为球体直径(mm);d 为压痕平均直径(mm)。

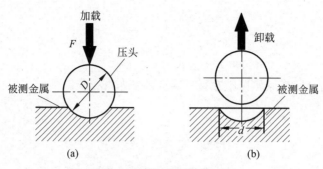

图 1-7 布氏硬度试验原理图

2) 表示方法

当表示布氏硬度值时,应同时标出压头类型。当试验压头为淬火钢球时,硬度符号为 HBS;当试验压头为硬质合金钢球时,硬度符号为 HBW。HBS 或 HBW 之前数字为硬度值,例如 120HBS、450HBW。

3) 应用范围

HBS 适用于测量布氏硬度值小于 450 的材料,HBW 适用于测量硬度值小于 650 的材料。因试样压痕大,不适宜检验薄件或成品。

2. 洛氏硬度试验法

1) 试验原理

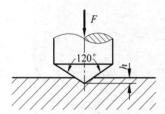

图 1-8 洛氏硬度试验原理图

图 1-8 所示为洛氏硬度试验原理图。洛氏硬度是用顶角为 120°的金刚石圆锥体或直径为 1.588mm 的淬火钢球作为压头,试验时先施加初始载荷,目的是使压头与试样表面接触良好,保证测量结果准确。然后施加主载荷,保持《金属材料 洛氏硬度试验 第 1 部分:试验方法》(GB/T 230.1—2018)所规定的时间后卸除主载荷,依据压痕深度确定硬度值。

金属越硬,压痕深度越小。为适应人们习惯上数值越大硬度越高的观念,故人为规定一常数 K 减去压痕深度 h 的值作为洛氏硬度指标,并规定每 0.002mm 为一个洛氏硬度单位,用 HR 表示,测洛氏硬度值为

$$HB = \frac{K-h}{0.002} \tag{1-6}$$

由此可见,洛氏硬度值是一个无量纲的材料性能指标。当使用金刚石压头时,常数 K 为 0.2,使用钢球压头时,常数 K 为 0.26。实际测量时,可直接从洛氏硬度计表盘上读出硬度值。

2) 表示方法

洛氏硬度计采用 A、B、C 三种标尺对不同硬度材料进行试验,硬度分别用 HRA、HRB、HRC 表示,硬度值标在符号前,如 45HRC。

3) 特点

洛氏硬度计操作简单(直接读出硬度值);测量范围大(软硬均可);压痕小,可直接测量薄件或成品。但由于压痕小,硬度波动大,因此,为提高精度,通常测定三个不同点取平均值。

1.1.4 冲击韧度

许多机械零件是在冲击载荷下工作的。冲击载荷比静载荷的破坏能力大,承受冲击

载荷的材料必须具备足够的冲击韧度。所谓冲击韧度,是指材料在冲击载荷作用下抵抗破坏的能力,通常用一次摆锤冲击试验来测定。

冲击试验原理如图 1-9 所示。将标准试样安放在摆锤试验机的支座上,试样缺口背向摆锤(见图 1-9(a))。将具有一定重力的摆锤举至一定高度 H,使其获得一定势能 GH,然后由此高度落下将试样冲断,试样断裂后摆锤上摆到 h 高度(见图 1-9(b)),在忽略摩擦和阻尼等条件下,摆锤冲断试样所做的功,称为冲击吸收功,以 A_k 表示,则有

$$A_k = G(H - h) \tag{1-7}$$

用试样的断口处截面积 S_0 除冲击吸收功即得到冲击韧度,即

$$\alpha_k = \frac{A_k}{S_0} \tag{1-8}$$

需要说明一点,使用不同类型的标准试样(U 型或 V 型缺口)进行试验时,冲击韧度分别以 α_{ku} 或 α_{kv} 表示。

α_k 值越大,材料的韧性越好,受到冲击时越不易断裂。

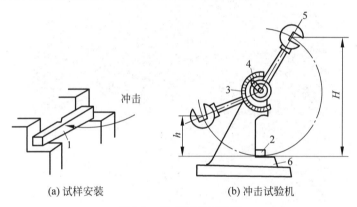

图 1-9　冲击试验原理图
1—试样;2—打击中心;3—转刻盘;4—指针;5—摆锤;6—工作台

阅读材料

　　2003 年 2 月 1 日,"哥伦比亚"号航天飞机在完成 16 天的太空研究任务后,在返回大气层时突然发生解体,机上 7 名宇航员全部遇难。调查组对飞机残骸进行了原位重组、冶金分析以及模拟试验。分析结果表明:左机翼隔热瓦上的裂缝是"哥伦比亚"号航天飞机解体的主要原因。在其返回大气层过程中,高温热离子流使机翼铝合金、铁基合金、镍基合金结构熔化,导致航天飞机失控、机翼破坏和机体解体。图 1-10 所示为航天飞机发生解体后残骸的散落位置。

　　在发射"哥伦比亚"号时,已发现一块泡沫从外燃料箱上脱落,撞上了航天飞机。美国国家航空航天局的工程师们很担心泡沫撞击会造成影响,曾请求主管领导为在轨道上运行的航天飞机拍摄卫星照片,以查看机翼受损情况,但却遭到主管领导的拒绝。若延误航天飞机飞往国际空间站执行任务的时间,按照美国国会颁布的法令,就会削减预算,终止这项计划,在进度和经费的压力下,主管领导做出了错误的决定。而正是

从外燃料箱左侧双脚架掉下的这一块冷冻的隔热泡沫砸到左翼复合材料面板下半部附近,造成了裂缝。主管领导的错误决策造成了本可避免的悲剧。

图 1-10 "哥伦比亚"号航天飞机发生解体后残骸的散落位置

1.1.5 疲劳强度

1. 疲劳概念

许多机械零件(例如轴、齿轮、轴承等)在工作时承受的是交变载荷。在这种载荷作用下,虽然零件所受应力远低于材料的屈服点,但在长期使用中往往会突然发生断裂,这种破坏过程称为疲劳断裂。

2. 疲劳强度

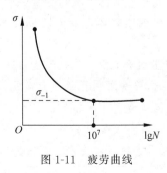

图 1-11 疲劳曲线

工程上规定,材料经无数次重复交变载荷作用而不发生断裂的最大应力称为疲劳强度。图 1-11 所示是通过试验测定的材料交变应力 σ 和断裂前应力循环次数 N 之间的关系曲线。曲线表明材料所受交变应力越大,则断裂时应力循环次数 N 越少;反之,则 N 越大。当应力低于一定值时,试样经无限次循环也不破坏,此应力值称为材料的疲劳强度,用 σ_r 表示;对称循环 $r=-1$,疲劳极限用 σ_{-1} 表示。

3. 产生疲劳的原因

金属产生疲劳同许多因素有关,目前普遍认为是由于材料内部有缺陷,如夹杂、气孔、疏松等;表面划痕、残余应力及其他能引起应力集中的缺陷导致微裂纹产生,这种微裂纹随应力循环次数的增加而逐渐扩展,致使零件突然断裂。

> **阅读材料**
>
> 钢轨的接触疲劳磨损是多年来普遍存在的缺陷,如图 1-12 所示。某铁路局反映,在其辖区内一条线路上使用仅一年多的 U71Mn 热轧钢轨,就有数十千米出现严重的裂纹和掉块损伤。经过对该线路钢轨损伤情况的调查发现,在半径为 600m 的曲线路段,钢轨的轮轨作用面上出现较突出的鱼鳞纹和剥离掉块损伤缺陷,钢轨内侧无侧磨,并出现 1~2mm 的肥边。该钢轨的这种损伤特征表明,其属于接触疲劳磨损。
>
>
>
> 图 1-12 钢轨的接触疲劳磨损
>
> 为了分析上述钢轨出现损伤的原因,有关学者对其取样进行了化学成分、拉伸性能、冲击韧性和硬度的检验分析,并在裂纹区取样,用显微镜和电镜进行裂纹形貌、组织、夹杂物分析。分析结果表明,钢轨符合 U71Mn 热轧钢轨技术条件标准的要求,并且常温冲击韧性较好,从而证明钢轨本身无质量问题,即钢轨损伤与其质量无关。那钢轨为什么还会被磨损呢?
>
> 当专家们把不同部位的 3 个试样放在显微镜下对裂纹区及轨头里层的夹杂物情况进行观察后,终于发现了钢轨磨损的原因:在裂纹缝中,包括在裂纹末端缝中几乎塞满了夹杂物。
>
> 通过能谱分析这些夹杂物的成分,结果表明,夹杂物的成分主要为 O、Al、Si、Ca、Mn、P、S,有的还含有 K、Na、Mg、Cl 等。这不是钢轨本身中的夹杂物,而是属于外来物塞入裂纹缝中的,是钢轨表面的油类物质被挤压进入裂纹缝中而形成的。当钢轨涂油量过大时,油浸入裂纹缝中,起到油契作用,增大了裂纹尖端应力,促进了裂纹扩展,加速了钢轨的接触疲劳磨损。
>
> 当钢轨接触应力超过钢轨的屈服强度时,接触表面层金属将发生塑性变形,疲劳裂纹在塑性变形层表面萌生和扩展。当在钢轨接触面表层或次表层金属处存在非金属夹杂物时,将会加速裂纹的形成和发展,这是钢轨作用面剥离掉块的原因。

1.2 金属材料的物理、化学性能

随着机械与电控技术在产品中的结合越来越紧密,材料的物理性能也越来越受到重视。在机械制造过程中,对金属材料的化学性能也有一定的要求,尤其是要求零件耐高温、耐腐蚀。

1.2.1 金属材料的物理性能

材料的物理性能主要包括材料的密度、熔点、热性能及光性能等。这些性能主要取决于材料的原子结构、原子排列和晶体结构。

1. 密度

密度是指材料单位体积的质量,常用符号 ρ 表示。在体积相同的情况下,金属的密度越大,质量越大。一般将密度小于 $5\times10 \mathrm{kg/m^3}$ 的金属称为轻金属,如铝、钛等;密度大于 $5\times10 \mathrm{kg/m^3}$ 的金属称为重金属。材料的抗拉伸强度与密度之比称为比强度,弹性模量 E 与相对密度之比称为比弹性模量。有些情况下,比弹性模量和比强度是材料的重要性能指标。

2. 熔点

熔点是指材料的熔化温度,它一般用摄氏温度(单位为℃)表示。纯金属都有固定的熔点,即熔化过程在恒定的温度下进行,而合金的熔化过程则是在一个温度范围内进行的。对金属进行成型加工和热处理时,必须考虑熔点的影响。

一般把熔点高的金属称为难熔金属(W、Mo 等),常用来生产在火箭、导弹和燃气轮机等方面应用的高温零件;把熔点低的金属称为易熔金属(Sn、Pb 等),常用来制造印刷铅字、保险丝和防火安全阀等零件。

3. 热膨胀性

热膨胀性是指材料随温度升高体积产生膨胀的性能,通常用热膨胀系数 α 表示。对于精密仪器或精密机械的零件,特别是高精度配合零件,热膨胀系数是一个尤为重要的性能参数,如发动机活塞与缸套材料的膨胀量要尽可能接近,否则将影响密封性。

一般情况下,陶瓷材料的热膨胀系数较小,金属次之,而高分子材料最大。工程上有时也利用不同材料的热膨胀系数的差异制造控制零件,如电热式仪表的双金属片。

4. 导热性

材料传导热的能力称为导热性,一般用导热系数表示。材料的导热系数越大,导热性能越好。

一般来说,金属越纯,其导热性越好。在金属中即使含有少量杂质,也会显著地影响它的导热能力,比如钢中合金元素越多,导热性也就越差。因此,合金钢的导热性一般都比碳钢的低。对材料进行热加工时,需要考虑导热性的影响。金属材料在加热和冷却过程中,表面和中心、薄壁和厚壁之间会产生一定的温差,导致零件不同部分产生不同的膨胀或收缩,从而产生内应力,引起变形和破坏。所以,在生产过程中,对于导热性差的金属材料,通常采用预热或缓慢加热和缓慢冷却等措施,以防零件变形和开裂。

5. 导电性

材料传导电流的能力称为导电性。导电性的高低用电阻率表示,电阻率小,导电性高。导电性最高的金属是银,其次是铜和铝。与纯金属相比,合金的导电性稍差。

6. 磁性

材料导磁的能力称为磁性。根据金属在磁场中磁化程度的不同,可分为铁磁性材料、顺磁性材料和抗磁性材料。铁磁性材料在外磁场中能被强烈地磁化,具有较高的磁性,如 Fe、Ni 等;顺磁性材料(Mn、Cr 等)在外磁场中只能被微弱地磁化;抗磁性材料(Cu、Zn

等)能抵抗外部磁场对材料本身的磁化作用。

铁磁性材料可用于制造变压器、电动机及测量仪器等。抗磁性材料则可用于制造要求避免电磁场干扰的零件和结构。铁磁性材料的磁性不是固定不变的,在温度升高到一定值时,磁畴被破坏,变为顺磁性材料。当温度大于770℃时,纯铁的磁性就消失了。

📖 阅读材料

由药物、磁性纳米粒子药物载体和高分子耦合剂组成的磁性药物,在外加磁场作用下具有磁导向性,可以靶向治疗肿瘤。目前,磁性药物靶向治疗中的药物载体多采用纳米磁性脂质体,所承载的化疗药物已经有阿霉素、甲氨蝶呤、丝裂霉素、顺铂、多西紫杉醇等。

铁磁性微晶玻璃具有磁滞生热所需的强磁性和良好的生物兼容性。目前,用于磁感应治疗肿瘤的铁磁性微晶玻璃主要有铁钙磷系统、锂铁磷系统和铁钙硅系统等。对于骨癌患者,在手术中将铁磁性微晶玻璃作为填充材料回填于病灶后,在交变磁场的理疗下,埋入的铁磁性微晶玻璃产生热量,杀死残余的癌细胞。

磁悬浮列车是利用磁学性质中磁-力和电-磁效应制造出的高科技交通工具。排斥力使列车悬起来,吸引力让列车开动。磁悬浮列车车厢上装有超导磁铁,铁路底部安装线圈。通电后,地面线圈产生的磁场极性与车厢的电磁体极性总保持相同,两者"同性相斥",排斥力使列车悬浮起来。常规机车的动力来自于机车头,磁悬浮列车的动力来自于轨道。轨道两侧装有线圈,交流电使线圈变为电磁体,它与列车上的磁铁相互作用。列车行驶时,车头的磁铁 N 极被轨道上靠前一点的电磁体(S极)所吸引,同时被轨道上靠后一点的电磁体(N极)所排斥,结果是前面"拉",后面"推",使列车前进。

磁悬浮列车分为超导型和常导型两大类。简单地说,就内部技术而言,两者的区别在于是利用磁斥力,还是利用磁吸力。就外部表象而言,两者存在着速度上的区别:超导型磁悬浮列车最高时速可达500km以上(高速轮轨列车的最高时速一般为300~350km),在1000~1500km的距离内可与航空竞争;而常导型磁悬浮列车时速为400~500km,它的中低速则比较适合于城市间的长距离快速运输,如图1-13所示。

图1-13 磁悬浮列车

1.2.2 金属材料的化学性能

金属材料的主要化学性能有耐腐蚀性、抗氧化性及化学稳定性等。

1. 耐腐蚀性

金属材料抵抗水蒸汽、酸、碱等介质腐蚀的能力称为耐腐蚀性。常见的钢铁生锈、铜生铜绿等都是腐蚀现象。

金属材料的耐腐蚀性是一种很重要的性能,特别是在腐蚀性介质中工作的金属材料需要重点考虑。如石油化工设备接触腐蚀介质,就要考虑材料的耐腐蚀性。

2. 抗氧化性

金属材料在高温下抵抗氧化介质氧化的能力称为抗氧化性。加热时,由于高温促使表面强烈氧化而产生氧化皮,可能造成材料氧化、脱碳等缺陷。因此在高温下工作的零件,要求材料具有一定的抗氧化性。

3. 化学稳定性

化学稳定性是指金属材料的耐腐蚀性和抗氧化性。金属材料在高温下的化学稳定性也称为热稳定性。如工业中的锅炉、汽轮机、喷气发动机等,因为有许多零件在高温下工作,所以要求材料有良好的热稳定性。

📖 阅读材料

1986年1月28日,卡纳维拉尔角上空万里无云。在离发射现场5.4km的看台上,聚集了1000多名观众,其中有19名中学生代表,他们既是来观看航天飞机发射的,又是来欢送他们的老师麦考利夫的。1984年,航天局宣布将邀请一位教师参加15天的航天飞行,计划在太空为全国中小学生讲授两节有关太空和飞行的科普课,学生还可以通过专线向教师提问。麦考利夫是从11000多名教师中精心挑选出来的。当孩子们看到航天飞机载着他们的老师升空的壮观场面时,激动得又是吹喇叭,又是敲鼓。

"挑战者"号航天飞机在顺利上升7s时,如图1-14所示,飞机翻转;16s时,机身背向地面,机腹朝天完成转变角度;24s时,主发动机推力降至预定功率的94%;42s时,主发动机按计划再降低到预定功率的65%,以避免航天飞机穿过高空湍流区时由于外壳过热而使飞机解体。这时,一切正常,航速已达每秒677m,高度8000m。50s时,地面曾有人发现航天飞机右侧固体助推器侧部冒出一丝丝白烟,这个现象没有引起人们的注意。52s时,地面指挥中心通知指令长斯克比将发动机恢复全速。59s时,高度10000m,主发动机已全速工作,助推器已燃烧了近450t固体燃料。此时,地面指挥中心和航天飞机上的计算机显示的各种数据都未见任何异常。65s时,斯克比向地面报告"主发动机已加大动力","明白,全速前进"是地面指挥中心收听到的最后一句报告词。72s时,高度16600m,航天飞机突然闪出一团亮光,外挂燃料箱凌空爆炸,航天飞机被炸得粉碎,与地面的通信突然中断,指挥中心屏幕上的数据全部消失。"挑战者"号变成了一团大火,两枚失去控制的固体助推火箭脱离火球,呈V字形喷着火焰向前飞去,眼看要掉入人口稠密的陆地,航天中心负责安全的军官比林格手疾眼快,在第100s时,通过遥控装置将它们引爆了。

"挑战者"号失事了!爆炸后的碎片在发射东南方30km处散落了1小时之久,价值12亿美元的航天飞机顷刻化为乌有,7名机组人员全部遇难。全世界为之震惊。

图 1-14 "挑战者"号航天飞机升空

事故原因最终查明：助推器两个部件之间的接头因低温变脆而破损（在航天飞机设计准则中明确规定了推进器运作的温度应为 40～90°F，而在实际运行时，整个航天飞机系统周围温度却处于 31～99°F），喷出的燃气烧穿了助推器的外壳，继而引燃了外挂燃料箱。燃料箱裂开后，液氢在空气中剧烈燃烧爆炸，从而酿成悲剧。

1.3 金属材料的工艺性能

金属材料的工艺性能是指在零件的生产制造过程中，为了能顺利地进行成型加工，金属材料应具备的适应某种加工工艺的能力是物理、化学、机械性能的综合。它是决定金属材料能否进行加工或如何进行加工的重要因素。金属材料的工艺性能好坏，会直接影响零件的制造方法、质量和制造成本。在设计零部件和选择工艺方法时，为了使工艺简单、产品质量好、成本低，必须要考虑金属材料工艺性能好坏的问题。

1. 铸造性能

铸造性能主要是指液态金属的流动性和凝固过程中的收缩与偏析倾向。流动性能好的金属或合金易充满型腔，宜浇铸薄而复杂的铸件，熔渣和气体容易上浮，不易形成夹渣和气孔。收缩小，则铸件中缩孔、缩松、变形及裂纹等缺陷较少。偏析少，则各部分成分较均匀,从而使铸件各部分的机械性能趋于一致。合金钢偏析倾向大,高碳钢偏析倾向比低碳钢大,因此合金钢铸造后要用热处理来清除偏析。在常用金属材料中,灰铸铁和锡青铜铸造性能较好。

2. 可锻性能

可锻性能是指金属材料受外力锻打变形而不破坏自身完整性的能力。可锻性能包含金属材料的可塑性和变形抗力两个参数。可塑性好,变形抗力小,则可锻性好。低碳钢的可锻性能比中、高碳钢好,而碳钢的可锻性能又比合金钢的好。铸铁是脆性材料,不能进行锻造。

3. 焊接性能

焊接性能是指金属材料是否适宜通常的焊接方法与工艺的性能。焊接性能好的金属材料易于用一般的焊接方法和工艺施焊,且焊时不易形成裂纹、气孔、夹渣等缺陷,焊后接头强度与母材相近。低碳钢具有优良的焊接性能,高碳钢和铸铁则较差。

4. 切削加工性能

切削加工性能是指金属材料是否易于切削。切削加工性能好的金属材料切削时消耗的动力小,切屑易于排除,刀具寿命长,切削后表面光洁度好。需切削加工的金属材料,硬度要适中,太硬则难以切削,且刀具寿命短;太软则切屑不易断,表面光洁度差。故通常要求金属材料的硬度为180~250HBS。金属材料太硬或太软时,可通过热处理来进行调整。

5. 热处理性能

热处理是改变金属材料性能的主要手段。在热处理过程中,金属材料的成分、组织和结构发生变化,从而引起金属材料机械性能的变化。热处理性能是指金属材料热处理的难易程度和产生热处理缺陷的倾向,其衡量的指标或参数很多,如淬透性、淬硬性、耐回火性、氧化与脱碳倾向及热处理变形与开裂倾向等。

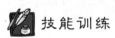 技能训练

实训项目1 金属材料拉伸试验

1. 实训目的

(1)掌握操作金属拉伸试验机及使用该试验相关仪器的方法。

(2)掌握测定金属拉伸性能指标的方法。

2. 实训地点

力学试验室。

3. 实训材料

退火20钢或淬火后450℃回火的45钢。试样的制备应按《钢及钢产品 力学性能试验取样位置及试样制备》(GB/T 2975—2018)的规定进行。

4. 实训设备

万能试验机、游标卡尺、试样分划器等。

5．实训内容

掌握《金属材料　拉伸试验　第1部分：室温试验方法》(GB/T 228.1—2021)相关规定，进一步理解拉伸曲线的含义，掌握测定材料的屈服强度 R_e、抗拉强度 R_m、断后伸长率 A 和断面收缩率 Z 的方法、操作要点及注意事项。

实训项目2　测量金属试样的布氏硬度和洛氏硬度实训

1．实训目的

（1）通过测量金属试样的布氏硬度和洛氏硬度，了解布氏硬度计和洛氏硬度计的基本构造与硬度测试原理。

（2）掌握布氏硬度和洛氏硬度测定的基本方法。

2．实训地点

金相试验室。

3．实训材料

20钢、45钢及灰铸铁试样若干组。

4．实训设备

布氏硬度计、洛氏硬度计。

5．实训内容

学习《金属材料　布氏硬度试验　第2部分：硬度计的检验与校准》(GB/T 231.2—2022)和《金属材料　洛氏硬度试验　第1部分：试验方法》(GB/T 230.1—2018)，掌握测定布氏硬度和洛氏硬度的方法、操作要点及注意事项。

实训项目3　金属材料冲击试验

1．实训目的

通过金属材料夏比摆锤冲击试验，掌握金属冲击试验的方法，理解冲击吸收能量 K 的含义。

2．实训地点

力学试验室。

3．实训材料

中碳钢淬火及调质态的夏比V形缺口和U形缺口试样若干。

4．实训设备

摆锤冲击试验机。

5．实训内容

掌握《金属材料　拉伸试验　第1部分：室温试验方法》(GB/T 228.1—2021)相关规定，进一步理解拉伸曲线的含义，掌握测定材料的屈服强度 R_e、抗拉强度 R_m、断后伸长率 A 和断面收缩率 Z 的方法、操作要点及注意事项。

小　　结

请根据本章内容画出思维导图。

复习思考题

1. 金属材料的力学性能包括哪些指标？说明各自的含义。
2. 退火低碳钢的拉伸曲线可分为哪几个变形阶段？这些阶段各有什么明显特征？
3. 材料的弹性模量 E 的工程含义是什么？它和零件的刚度有何关系？
4. 设计刚度好的零件，应根据何种指标选择材料？"材料的弹性模量 E 越大，则材料的塑性越差"这种说法是否正确？为什么？
5. 常用的硬度测试方法有几种？这些方法测出的硬度值能否进行比较？
6. 有一低碳钢试样，$d_0=10$mm，$L_0=50$mm，拉伸试验时测得 $F_s=20.5$kN，$F_b=31.5$kN，$d_k=6$mm，$L_k=66$mm，请确定此钢材的 σ_s、σ_b、δ、ϕ。
7. 疲劳破坏是怎样形成的？提高零件疲劳强度的方法有哪些？
8. 冲击韧度是表示材料何种性能的指标？为什么在设计中要考虑这种指标？
9. 金属材料的工艺性能包含哪些方面？
10. 将 6500N 的力施加于直径为 10mm、屈服强度为 520MPa 的钢棒上，试计算并说明钢棒是否会产生塑性变形。
11. 黄铜轴套和硬质合金刀片采用哪种硬度测试法较合适？

第 2 章　金属材料结构的基本知识

【教学目标】
1. **知识目标**
- 了解材料的晶体结构与非晶体结构的结构特点。
- 了解金属的结晶过程,掌握二元合金相图。
- 重点掌握铁碳相图及其应用,掌握铁碳合金成分、组织、性能、用途之间的关系及变化规律。
- 掌握铁碳合金的结晶过程,掌握碳含量对铁碳合金组织和性能的影响。
2. **能力目标**
- 能够分析晶粒大小对金属力学性能的影响。
- 能够分析合金相结构与性能之间的关系。
- 能够运用强化机理提高合金性能。
- 能够根据相图分析合金成分、组织和性能之间的关系。
3. **素质目标**
- 培养学生抽象思维的能力。
- 通过相图的分析,提高学生分析问题的能力。
- 通过案例,将科学精神与工匠精神有机融合,充分发挥专业技能。

 引例

　　古代的科学家都梦想过理想的世界。从理想气体到理想晶体,他们试图得到精美至极的世界:没有杂质、毫无缺陷、绝对真空。

　　为什么科学家如此热衷于理想境界呢?这是因为在理想条件下,可以探寻物质世界的真正奥妙。比如:在研究金属的导电性质时,物理学家提出晶体点阵的热振动和晶体缺陷对电子的散射机制,正是由于电子的散射才造成了所谓的电阻现象。那么,从晶体内部去除所有的缺陷就成为解决问题的关键。晶体学家利用各种方法企图得到绝对纯净、毫无缺陷的金属晶体。在采取了所有可能的措施之后,将热扰动和缺陷都控制在极小范围之内,他们在近乎绝对零度的温度下得到了近乎没有电阻的金属。以同样的思路出发,科学家可以在极端条件下对物质世界做十分基础的研究,从而探知自然的本原。

　　因此,在传统的基础研究中,人们一般都希望尽量地去除杂质而得到完美的晶体。但是,21 世纪的纳米科学研究表明,纳米材料几乎完全是缺陷!为什么这么说呢?试想:如果把氧化铝的块材变成直径为 5nm 的颗粒,那么纳米粒子的比表面积会大大地增加。我们完全可以把纳米颗粒的表面考虑成为一种面缺陷。可以估算一下,在1g氧化铝纳米粉末(假定颗粒直径为5nm)中,几乎大部分的材料都是缺陷了。这正是纳米材料的主要特征:晶体缺陷是材料的主体。但是,我们已经建立的物质性质,比如压电性、导电性、导热性、超导性,都是建立在具有晶体点阵结构的块材基础上的。这些块材的主体是有序的晶体点阵与数量有限的缺陷。与纳米材料相比,块材的晶体性十分显著。更为重要的是,块材的物理性质完全依赖于它们的晶体性。比如对于压电晶体,它表面电荷的产生与晶体在压力下的非对称性有直接的关联。失去了晶体性,也就失去了与其相对应的物理性质。还有许多固体性质,比如光学性质、塑性形变、导电机制都会在物质成为纳米材料时发生质的变化。因此,纳米材料的许多性质可能都是面缺陷的性质,而晶体本身的性质会大大地弱化。

在已经发现的109种元素中,有81种元素是金属元素。常见的金属不是绝对纯的,一般把没有特意加入其他元素的工业纯金属称作纯金属,实际上它往往含有微量的杂质元素。

纯金属的强度较低,很少单独作为工程材料应用,而常用的是它们的合金。纯金属主要作为合金的基础金属及合金元素来使用。常用的纯金属有 Fe、Cu、Al、Mg、Ti、Cr、W、Mo、V、Mn、Zr、Nb、Co、Ni、Zn、Sn、Pb 等。因为它们是合金的基本材料,是进一步研究合金的基础,所以必须首先研究纯金属的结构与结晶。

2.1 金属的晶体结构

自然界的固态物质,根据原子在内部的排列特征可分为晶体与非晶体两大类。晶体与非晶体的区别表现在许多方面。晶体物质的基本质点(原子等)在空间排列是有一定规律的,故有规则的外形,有固定的熔点。此外,晶体物质在不同方向上具有不同的性质,表现出各向异性的特征。在一般情况下的固态金属就是晶体。

2.1.1 晶体结构的基础知识

1. 晶格与晶胞

为了形象描述晶体内部原子排列的规律,将原子抽象为几何点,并用一些假想连线将几何点连接起来,这样构成的空间格子称为晶格,如图2-1所示。

晶体中原子排列具有周期性变化的特点,通常从晶格中选取一个能够完整反映晶格特征的最小几何单元称为晶胞,它具有很高的对称性。

2. 晶胞表示方法

不同元素结构不同,晶胞的大小和形状也有差异。结晶学中规定,晶胞大小以其各棱边尺寸 a、b、c 表示,称为晶格常数。晶胞各棱边之间的夹角分别以 α、β、γ 表示。当棱边 $a=b=c$,棱边夹角 $\alpha=\beta=\gamma=90°$ 时,这种晶胞称为简单立方晶胞。

3. 致密度

金属晶胞中原子本身所占有的体积百分数称为致密度,它用来表示原子在晶格中排列的紧密程度。

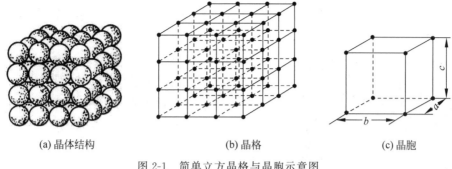

(a) 晶体结构　　　　　　(b) 晶格　　　　　　(c) 晶胞

图 2-1　简单立方晶格与晶胞示意图

2.1.2　三种典型的金属晶格

1. 体心立方晶格

体心立方晶格如图 2-2(a)所示。它的晶胞是一个立方体,立方体的 8 个顶角和体心各有一个原子,其单位晶胞原子数为 2 个,其致密度为 0.68。属于该晶格类型的常见金属有 Cr、W、Mo、V、α-Fe 等。

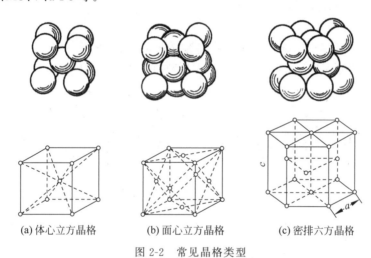

(a) 体心立方晶格　　　(b) 面心立方晶格　　　(c) 密排六方晶格

图 2-2　常见晶格类型

2. 面心立方晶格

面心立方晶格如图 2-2(b)所示。它的晶胞也是一个立方体,立方体的 8 个顶角和立方体的 6 个面中心各有一个原子,其单位晶胞原子数为 4 个,其致密度为 0.74(原子排列较紧密)。属于该晶格类型的常见金属有 Al、Cu、Pb、Au、γ-Fe 等。

3. 密排六方晶格

密排六方晶格的晶胞是一个正六方柱体,原子排列在柱体的每个顶角和上、下底面的中心,另外三个原子排列在柱体内,如图 2-2(c)所示。其单位晶胞原子数为 6 个,致密度也是 0.74。属于该晶格类型的常见金属有 Mg、Zn、Be、Cd、α-Ti 等。

2.1.3　金属实际的晶体结构

前面讨论的金属结构是理想的结构,即原子排列得非常整齐,晶格位向(原子列的方位和方向)完全一致,且无任何缺陷存在,称为单晶体。目前,只有采用特殊方法才能获得单晶体。

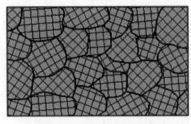

图 2-3　金属多晶体结构

1. 金属的多晶体结构

实际使用的金属大都是多晶体结构,即它是由许多不同位向的小晶体组成,每个小晶体内部晶格位向基本上是一致的,而各小晶体之间位向却不相同,如图 2-3 所示。这种外形不规则,呈颗粒状的小晶体称为晶粒。晶粒与晶粒之间的界面称为晶界。

实践表明,在每个晶粒内部,晶格位向也有位向差(1°~2°),这些位向差很小的小晶块嵌镶成一颗晶粒。这些小晶块称为亚晶或亚结构,亚晶之间边界称为亚晶界。

2. 金属的晶体缺陷

在金属晶体中,由于晶体形成条件、原子的热运动及其他各种因素影响,原子的排列规则在局部区域受到破坏,通常把这种区域称为晶体缺陷。根据晶体缺陷的几何特征,可分为点缺陷、线缺陷和面缺陷三类。

1) 点缺陷

晶体缺陷呈点状分布,最常见的点缺陷有晶格空位、间隙原子等,如图 2-4 所示。由于点缺陷出现,使周围原子发生"撑开"或"靠拢"现象,称为晶格畸变。

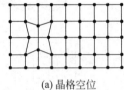
(a) 晶格空位

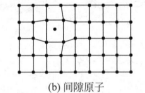
(b) 间隙原子

图 2-4　点缺陷示意图

晶格畸变的存在,使金属产生内应力,晶体性能发生变化,如强度、硬度增加,它也是强化金属的手段之一。

2) 线缺陷

晶体缺陷呈线状分布,线缺陷主要是指位错。最常见的位错是刃型位错,如图 2-5 所示。这种位错的表现形式是晶体的某一晶面上局部多出一个原子面,它如同刀刃一样插入晶体,故称为刃型位错,在位错线附近一定范围内,晶格发生了畸变。

3) 面缺陷

缺陷呈面状分布,通常指的是晶界和亚晶界。实际金属材料是多晶体结构,多晶体中两个相邻晶粒之间晶格位向是不同的,所以晶界处是不同位向晶粒原子排列无规则的过渡层,如图 2-6 所示。晶界处原子处于不稳定状态,能量较高,因此晶界与晶粒内部有着一系列不同特征,如常温下晶界有较高的强度和硬度;晶界处原子扩散速度较快;晶界处容易被腐蚀、熔点低等。

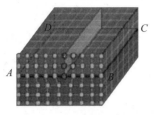

图 2-5 刃型位错示意图

图 2-6 晶界示意图

2.2 纯金属的结晶

2.2.1 结晶的基本概念

1. 结晶的概念

金属的结晶是指金属由液态转变为固态的过程。

2. 纯金属的冷却曲线

金属的结晶都是在一定温度下进行的,它的冷却结晶过程如图 2-7 所示。

由冷却曲线可见,液态金属随着冷却时间的延长,它所含的热量不断散失,温度也不断下降,但是当冷却到某一温度时,温度随时间延长并不变化,在冷却曲线上出现了"平台","平台"对应的温度是纯金属实际结晶温度。出现"平台"的原因是结晶时放出的潜在热正好

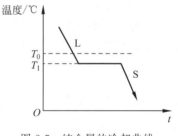

图 2-7 纯金属的冷却曲线

补偿了金属向外界散失的热量。结晶完成后,由于金属继续向环境散热,温度又重新下降。

需要指出的是,图中 T_0 为理论结晶温度,金属实际结晶温度 T_1 总是低于理论结晶温度 T_0 的现象,称为"过冷现象";理论结晶温度和实际结晶温度之差称为过冷度,以 ΔT 表示。$\Delta T = T_0 - T_1$。金属结晶时温度的高低与冷却速度有关,冷却速度越快,过冷度就越大,金属的实际结晶温度越低。

2.2.2 纯金属的结晶过程

纯金属的结晶过程发生在冷却曲线"平台"上所经历的这段时间。液态金属结晶时,都是首先在液态中出现一些微小的晶体——晶核,它不断长大,同时新晶核又不断产生并相继长大,直至液态金属全部消失为止,如图 2-8 所示。因此金属的结晶包括晶核的形成和晶核的长大两个基本过程,并且这两个过程是同时进行的。

1. 晶核的形成

晶核的形成如图 2-8 所示,当液态金属冷却至结晶温度以下时,某些类似晶体原子排列的"小集团"便成为结晶核心,这种由液态金属内部自发形成结晶核心的过程称为自发形核。而在实际金属中常有杂质的存在,液态金属依附于这些杂质更容易形成晶核。这种依附于杂质而形成晶核的过程称为非自发形核。自发形核和非自发形核在金属结晶时

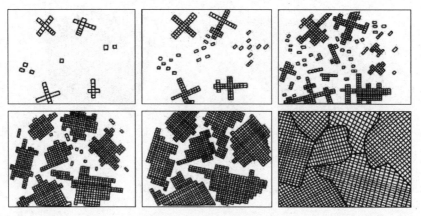

图 2-8 纯金属的结晶过程

是同时进行的,但非自发形核常起优先和主导作用。

2. 晶核的长大

晶核形成后,当过冷度较大或金属中存在杂质时,金属晶体常以树枝状的形式长大。在晶核形成初期,外形一般比较规则,但随着晶核的长大,形成了晶体的顶角和棱边,此处散热条件优于其他部位,因此在顶角和棱边处以较大成长速度形成枝干。同理,在枝干的长大过程中,又会不断生出分枝,最后填满枝干的空间,结果形成树枝状晶体,简称枝晶。

2.2.3 纯金属结晶后的晶粒大小

金属结晶后晶粒大小对金属的力学性能有重大影响,一般来说,细晶粒金属具有较高的强度和韧性。为了提高金属的力学性能,希望得到细晶组织,因此必须了解影响晶粒大小的因素及控制方法。

结晶后的晶粒大小主要取决于形核率 N 与晶核的长大速率 G。显然,凡能促进形核率 N、抑制长大速率 G 的因素,均能细化晶粒。

1. 增加过冷度

形核率和长大速率都随过冷度增大而增大,但在很大范围内形核率比晶核长大速率增长得更快。故过冷度越大,单位体积中晶粒数目越多,晶粒越细化。

实际生产中,通过加快冷却速度来增大过冷度,这对于大型零件显然不易办到,因此这种方法只适用于中、小型铸件。

2. 变质处理

在液态金属结晶前加入一些细小变质剂,使结晶时形核率 N 增加,而长大速率 G 降低,这种细化晶粒方法称为变质处理。

此外,采用机械振动、超声波和电磁波振动等增加结晶动力,使枝晶破碎,也间接增加形核核心,同样可细化晶粒。

2.3 合金的晶体结构

纯金属虽然具有优良的导电、导热等性能,但它的力学性能较差,并且价格昂贵,因此在使用上受到很大限制。机械制造领域中广泛使用的金属材料是合金,尤其是铁碳合金。

2.3.1 合金的基本概念

（1）合金。由两种或两种以上的金属元素或金属与非金属元素组成的具有金属特性的物质称为合金。

（2）组元。组成合金的最基本的独立物质称为组元，简称元。组元一般是指组成合金的元素，但一些稳定的化合物有时也可作为组元，如 Fe_3C。

（3）合金系。由两个或两个以上组元按不同比例配制成一系列不同成分的合金，称为合金系。

（4）相。在金属组织中化学成分、晶体结构和物理性能相同的组分称为相。

（5）组织。用肉眼或借助显微镜观察到材料具有独特微观形貌特征的部分称为组织。组织反映材料的相组成、相形态、大小和分布状况，因此组织是决定材料最终性能的关键。

2.3.2 合金的组织

液态时多数合金组元都能互相溶解，形成均匀液溶体。固态时由于各组分之间相互作用不同，形成不同的组织。通常固态时合金形成固溶体、金属化合物和机械混合物三类组织。

1. 固溶体

合金由液态结晶为固态时，一种组元的晶格中溶入另一种或多种其他组元而形成的均匀相称为固溶体。保留晶格的组元称为溶剂，溶入晶格的组元称为溶质。

根据溶质原子在溶剂中所占位置的不同，固溶体可分为置换固溶体和间隙固溶体。

（1）置换固溶体。溶剂结点上的部分原子被溶质原子所替代而形成的固溶体，称为置换固溶体。如图 2-9(a)所示。

溶质原子溶于固溶体中的量称为固溶体的溶解度，通常用质量百分数来表示。

（2）间隙固溶体。溶质原子溶入溶剂晶格中而形成的固溶体，称为间隙固溶体，如图 2-9(b)所示。

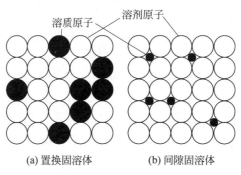

(a) 置换固溶体　　(b) 间隙固溶体

图 2-9　固溶体的两种类型

由于溶质原子的溶入，会引起固溶体晶格发生畸变。晶格畸变使合金变形阻力增大，从而提高了合金的强度和硬度，这种现象称为固溶强化。它是提高材料力学性能的重要途径之一。

2. 金属化合物

合金组元间发生相互作用而形成一种具有金属特性的物质称为金属化合物,它的晶格类型和性能完全不同于任一组元,一般可用化学分子式表示,如 Fe_3C。

金属化合物具有熔点高、硬度高、脆性大的特点,在合金中主要作为强化相,可以提高材料的强度、硬度和耐磨性,但塑性和韧性有所降低。

3. 机械混合物

两种或两种以上的相按一定质量百分数组合成的物质称为机械混合物。混合物中各组成相仍保持自己的晶格,彼此无交互作用,其性能主要取决于各组成相的性能以及相的分布状态。

2.4 合金的结晶

2.4.1 合金相图的概念

合金相图是在平衡条件下,表明合金的组成相和温度、成分之间关系的简明图解。它是进行金相分析,制订铸造、锻压、焊接、热处理等热加工工艺的重要依据。

2.4.2 二元合金相图的建立

相图大多数是通过实验方法建立起来的,目前测绘相图的方法很多,但最常用的是热分析法。

2.4.3 二元合金相图的分析

两组元在液态和固态下均能无限互溶所构成的相图称为二元匀晶相图。属于该类相图的合金有 Cu-Ni、Fe-Cr、Au-Ag 等。下面以 Cu-Ni 合金为例,对二元合金结晶过程进行分析。

1. 相图分析

图 2-10 所示为 Cu-Ni 合金相图,图中 A 点、B 点分别是纯铜和纯镍的熔点,$A2B$ 线是合金开始结晶的温度线,称为液相线;$A4B$ 线是合金结晶终了的温度线,称为固相线。

液相线以上为单一液相区,以"L"表示;固相线以下是单一固相区,以"α"表示固溶体;液相线与固相线之间为液相和固相两相共存区,以"L+α"表示。

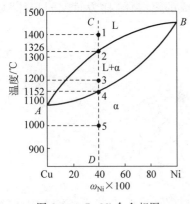

图 2-10 Cu-Ni 合金相图

2. 合金的结晶过程

以 $\omega_{Ni}=60\%$ 的合金为例说明合金的结晶过程。

由图 2-10 可见,当合金以极缓慢速度冷至 1326℃ 时,开始从液相中析出 α,随着温度不断降低,α 相不断增多,而剩余的液相 L 不断减少,并且液相和固相的成分通过原子扩散分别沿着液相线和固相线变化。当结晶终了时,获得与原合金成分相同的 α 相固溶体。

3. 枝晶偏析

合金在结晶过程中,只有在极其缓慢冷却条件下原子具有充分扩散的能力,固相的成分才能沿固相线均匀变化。但在实际生产条件下,冷却速度较快,原子扩散来不及充分进行,导致先后结晶出的固相成分存在差异,这种晶粒内部化学成分不均匀的现象称为晶内偏析(又称枝晶偏析)。

偏析的存在,严重降低了合金的力学性能和加工工艺性能,生产中常采取扩散退火工艺来消除它。

2.5 铁碳合金基本知识

2.5.1 纯铁的同素异构转变

自然界中大多数金属结晶后晶格类型都不再变化,但少数金属,如铁、锰、钴等,结晶后随着温度或压力的变化,晶格会有所不同,金属这种在固态下晶格类型随温度(或压力)变化的特性为同素异构转变,如图 2-11 所示。纯铁的同素异构转变可概括如下:

$$(液态)Fe \xleftrightarrow{1538℃} \delta\text{-}Fe \xleftrightarrow{1394℃} \gamma\text{-}Fe \xleftrightarrow{912℃} \alpha\text{-}Fe$$

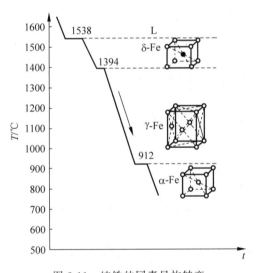

图 2-11 纯铁的同素异构转变

α-Fe 和 δ-Fe 都是体心立方晶格,γ-Fe 为面心立方晶格。纯铁具有同素异构转变的特征,是钢铁材料能够通过热处理改善性能的重要依据。纯铁在发生同素异构转变时,由于晶格结构变化,体积也随之改变,这是加工过程中产生内应力的主要原因。

2.5.2 铁碳合金的基本组织

在铁碳合金中,由于铁和碳的交互作用,可形成下列五种基本组织。

1. 铁素体(F)

铁素体是碳溶解在 α-Fe 中形成的间隙固溶体,它仍保持 α-Fe 的体心立方晶格结构,

图2-12 铁素体晶胞示意图

如图2-12所示。由于α-Fe晶粒的间隙小，溶解碳量极微，其最大溶碳量只有0.0218%（727℃），所以是几乎不含碳的纯铁。

铁素体由于溶解量小，力学性能与纯铁相似，即塑性和冲击韧度较好，而强度、硬度较低（$\sigma_b \approx 180 \sim 280$MPa，HBS＝50～80）。

显微镜下观察，铁素体呈灰色并有明显大小不一的颗粒形状。

2. 奥氏体（A）

奥氏体是碳溶解在γ-Fe中形成的间隙固溶体。它保持γ-Fe的面心立方晶格结构。因其晶格间隙较大，所以溶碳能力比铁素体强，在727℃时溶碳量为0.77%，1148℃时溶碳量达到2.11%。

奥氏体的强度、硬度较低（$\sigma_b \approx 400$MPa；HBS＝160～200），但具有良好的塑性，是绝大多数钢进行高温压力加工的理想组织。

由于γ-Fe一般存在于727～1394℃，所以奥氏体也只出现在高温区域内。显微镜观察，奥氏体呈现外形不规则的颗粒状结构，并有明显的界限，如图2-13所示。

图2-13 奥氏体晶胞示意图

3. 渗碳体（Fe_3C）

渗碳体是铁与碳形成的具有复杂斜方结构的间隙化合物，含碳量为6.69%，硬度很高（800HBW），塑性和韧性几乎为零。主要作为铁碳合金中的强化相。

显微镜下观察，渗碳体呈银白色光泽，并在一定条件下可以分解出石墨。

4. 珠光体（P）

珠光体是铁素体和渗碳体组成的共析体（机械混合物）。珠光体的平均含碳量为0.77%，在727℃以下温度范围内存在。

珠光体的力学性能介于铁素体和渗碳体之间，即综合性能良好（σ_b＝770MPa；HBS＝180）。

显微镜观察，珠光体呈层片状特征，表面具有珍珠光泽，因此得名。

5. 莱氏体（Ld）

莱氏体是由奥氏体和渗碳体组成的共晶体。铁碳合金中含碳量为3.3%的液体冷却到1148℃时发生共晶转变，生成高温莱氏体（Ld）。合金继续冷却到727℃时，其中的奥氏体转变为珠光体，故室温时由珠光体和渗碳体组成，叫低温莱氏体（L'd），统称莱氏体。

莱氏体中由于大量渗碳体的存在，其性能与渗碳体相似，即硬度高，塑性差。

2.6 铁碳合金相图

铁碳合金相图是在缓慢冷却的条件下，表明铁碳合金成分、温度、组织变化规律的简明图解，它也是选择材料和制订有关热处理工艺时的重要依据。

由于 $\omega_C > 5.69\%$ 的铁碳合金脆性很大,在工业生产中没有使用价值,所以我们只研究 ω_C 小于 5.69% 的部分。$\omega_C = 5.69\%$ 对应的正好全部是渗碳体,把它看作一个组元,实际上我们研究的铁碳相图是 $Fe-Fe_3C$ 相图,如图 2-14 所示。

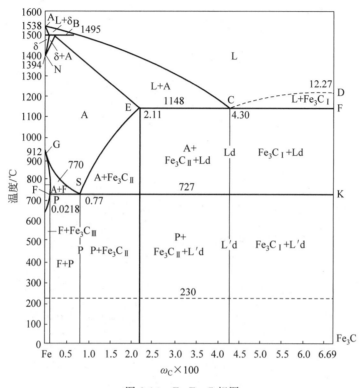

图 2-14 $Fe-Fe_3C$ 相图

2.6.1 相图分析

$Fe-Fe_3C$ 相图纵坐标为温度,横坐标为碳的质量百分数,其中包括共晶和共析 2 种典型反应。

(1) $Fe-Fe_3C$ 相图中典型点的含义如表 2-1 所示。

表 2-1 $Fe-Fe_3C$ 相图中典型点的含义

符号	温度/℃	含碳量/%	说明
A	1538	0	纯铁的熔点
C	1148	3.3	共晶点,$L_C \Leftrightarrow A + Fe_3C$
D	1227	5.69	渗碳体的熔点
E	1148	2.11	碳在 γ-Fe 中的最大溶解度
G	912	0	纯铁的同素异构转变点 α-Fe $\Leftrightarrow \gamma$-Fe
P	727	0.218	碳在 α-Fe 中的最大溶解度
S	727	0.77	共析点 $A_S \Leftrightarrow F + Fe_3C$

(2) Fe-Fe$_3$C 相图中特性线的含义如表 2-2 所示。

表 2-2　Fe-Fe$_3$C 相图中特性线的含义

特性线	含　义
ACD	液相线
AECF	固相线
GS	A3 线,冷却时不同含量的 A 中结晶 F 的开始线
ES	A$_{cm}$ 线,碳在 A 中的固溶线
ECF	共晶线,L$_C$⇔A+Fe$_3$C
PSK	共析线,A1 线,A$_S$⇔F+Fe$_3$C

(3) Fe-Fe$_3$C 相图相区分析

依据特性点和线的分析,简化 Fe-Fe$_3$C 相图主要有四单相区:L、A、F、Fe$_3$C;五个双相区:L+A、A+F、L+Fe$_3$C、A+Fe$_3$C、F+Fe$_3$C,如图 2-14 所示。

2.6.2　典型铁碳合金结晶过程分析

1. 铁碳合金分类

(1) 工业纯铁的含碳量 $\omega_C \leqslant 0.0218\%$。

(2) 钢的含碳量 $\omega_C = 0.0218\% \sim 2.11\%$,其可分为亚共析钢($\omega_C = 0.0218\% \sim 0.77\%$)、共析钢($\omega_C = 0.77\%$)和过共析钢($\omega_C = 0.77\% \sim 2.11\%$)。

(3) 白口铸铁的含碳量 $\omega_C = 2.11\% \sim 5.69\%$,其可分为亚共晶白口铸铁($\omega_C = 2.11\% \sim 3.3\%$)、共晶白口铸铁($\omega_C = 3.3\%$)和过共晶白口铸铁($\omega_C = 3.3\% \sim 5.69\%$)。

2. 典型铁碳合金结晶过程分析

依据成分垂线与相线相交的情况,分析几种典型铁碳合金结晶过程中组织转变规律。

(1) 共析钢的结晶过程分析,如图 2-15、图 2-16 所示。

$$L_S \xrightarrow{AC} L+A \xrightarrow{AE} A_S \xrightarrow[共析]{PSK} P(F+Fe_3C)$$

(2) 亚共析钢的结晶过程分析,如图 2-17、图 2-18 所示。

$$L \xrightarrow{AC} L+A \xrightarrow{AE} A \xrightarrow{GS} A+F \xrightarrow{PSK} A_S+F \xrightarrow{PSK} P+F$$

(3) 过共析钢的结晶过程分析,如图 2-19、图 2-20 所示。

$$L \xrightarrow{AC} L+A \xrightarrow{AE} A \xrightarrow{ES} A+FeC \xrightarrow{PSK} A+FeC \xrightarrow{PSK} P+Fe_3C$$

(4) 共晶白口铸铁结晶过程分析。

$$L \xrightarrow[共晶]{ECF} Ld(A+Fe_3C) \xrightarrow[共析]{PSK} L'd(P+Fe_3C)$$

(5) 亚共晶白口铸铁结晶过程分析。

$$L \xrightarrow{AC} L+A \xrightarrow{ECF} L+A \xrightarrow{ECF} Ld+A+Fe_3C \xrightarrow{PSK} L'd+P+Fe_3C$$

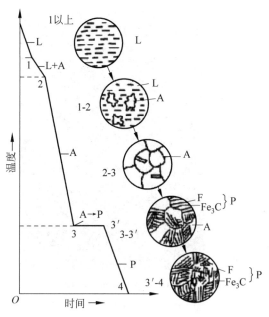

图 2-15 共析钢结晶过程示意图

图 2-16 共析钢金相组织图

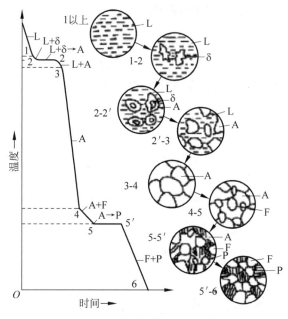

图 2-17 亚共析钢结晶过程示意图

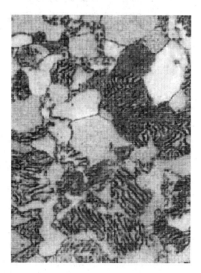

图 2-18 亚共析钢组织图

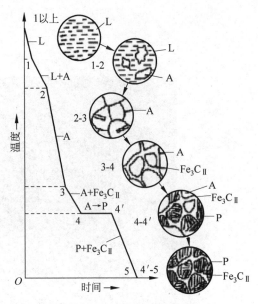

图 2-19 过共析钢结晶过程示意图

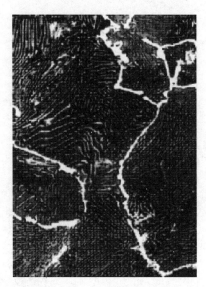

图 2-20 过共析钢组织

2.7 铁碳合金相图的应用

2.7.1 含碳量对铁碳合金组织和力学性能的影响规律

1. 含碳量对平衡组织的影响

综上所述,铁碳合金在室温的组织都是由 F 和 Fe_3C 两相组成,随着含碳量增加,F 不断减小,而 Fe_3C 逐渐增加,并且由于形成条件不同,Fe_3C 的形态和分布有所变化,如图 2-21 所示。

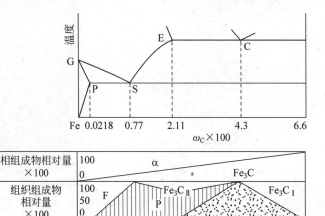

图 2-21 含碳量对平衡组织的影响

2. 含碳量对力学性能的影响

含碳量对碳钢力学性能的影响如图 2-22 所示。由图可见,随着钢中含碳量增加,钢的强度、硬度升高,而塑性和韧性下降,这是由于组织中渗碳体的量不断增多,铁素体的量不断减少的缘故。但当$\omega_C=0.9\%$时,由于网状二次渗碳体的存在,强度明显下降。

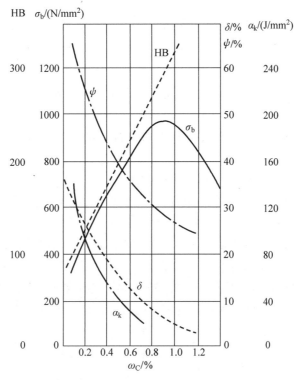

图 2-22 含碳量对碳钢力学性能的影响

工业上使用的钢含碳量一般不超过 1.4%;而含碳量超过 2.11% 的白口铸铁,组织中大量渗碳体的存在使性能硬而脆,难以切削加工,一般以铸态使用。

2.7.2 铁碳相图的应用

相图表明了钢铁材料成分、组织的变化规律,据此可判断出力学性能的变化特点,从而为选材提供了可靠的依据。例如,要求塑性好、韧性好、焊接性能良好的材料,应选低碳钢;而要求硬度高、耐磨性好的各种工具钢,应选用含碳量较高的钢。

 技能训练

实训项目　金相显微试样的制备

1. 实训目的

(1) 了解金相试样的制备过程。

(2) 掌握金相试样制备的基本方法。

2. 实训地点

力学试验室。

3. 实训材料

45 钢、铸铁等材料。

4．实训设备

金相砂纸、抛光机、抛光辅料、砂轮切割机、镶嵌机、电解槽及其辅料等。

5．实训内容

在金相显微镜下确切地、清楚地观察到金属内部的显微组织。金属试样必须进行制备，试样制备过程包括取样、镶嵌、磨制、抛光、浸蚀等工序。

1）取样

取样部位及磨面的选择，必须考虑被分析材料或零件失效的特点、加工工艺性质以及研究目的等因素。

研究铸造合金时，由于它的组织不均匀，应从铸件表面至中心等典型区域分别切取试样，全面地进行金相观察；研究零件的失效原因时，应在失效的部位取样，并在其附近的部位取样，以便做比较性的分析；研究轧材表层的缺陷和非金属夹杂物的分布时，应在垂直轧制方向上切取横向试样；研究夹杂物的类型、形状、材料的变形程序、晶粒被拉长的程度、带状组织等时，应在平行于轧制方向上切取纵向试样；在研究热处理后的零件时，因为其组织较均匀，可自由选取断面试样。对于表面热处理后的零件，要注意观察表面情况，如氧化层、脱碳层、渗碳层等。

取样时，要注意取样方式，应保证试样被观察面的金相组织不发生变化。对于软材料可用锯、车等方法；硬材料可用水冷砂轮切片机切取或电火花线切割机切割；硬而脆的材料（如白口铸铁）可用锤击；大件可用氧气切割等。

一般地，试样尺寸以高度为 10～15mm 较为合适，观察面宜为边长或直径为 15～25mm 的方形或圆柱形。

2）镶嵌

若试样尺寸过于细小，如细丝、薄片、细管或形状不规则以及有特殊要求（例如要求观察表层组织）的试样，制备时比较困难，必须进行镶嵌。

镶嵌方法很多，有低熔点合金的镶嵌、电木粉镶嵌、环氧树脂镶嵌、夹具夹持法等。目前一般多用电木粉镶嵌，采用专门的镶嵌机，用电木粉镶嵌时要具备一定的温度和压力，这样可使马氏体回火和软金属产生塑性变形。在这种情况下，可改用夹具夹持。

可以用环氧树脂加凝固剂来镶嵌试样，其配方如下：环氧树脂 100g、磷苯二甲酸二丁酯 20g、乙二胺 20g。但必须保留 7～8h 后方可使用。

3）磨制

（1）粗磨。软材料（有色金属）可用锉刀锉平。一般钢铁材料通常在砂轮机上磨平，磨样时应利用砂轮侧面，以保证试样磨平。打磨过程中，试样要不断用水冷却，以防温度升高引起试样组织变化。另外，试样边缘的棱角如果没有保存的必要，可最后磨圆（倒角），以免细磨及抛光时划伤砂纸或抛光布。

（2）细磨。细磨有手工磨和机械磨两种，手工磨是用手拿持试样，在金相砂纸上磨平。我国金相砂纸按粗细分为 01 号、02 号、03 号、04 号、05 号、06 号等几种。细磨时，依次从 01 号磨至 06 号。必须注意，每更换一道砂纸时，应将试样的磨制方向调转 90°，即与上一磨痕方向垂直，以便观察上一道磨痕是否被磨去。另外，在磨制软材料时，可在砂纸上涂一层润滑剂，如机油、汽油、甘油、肥皂水等，以免砂粒嵌入试样磨面。

为了加快磨制速度、减轻劳动强度,可采用在转盘上贴水砂纸的预磨机进行机械磨光。水砂纸按粗细有 200 号、300 号、400 号、500 号、600 号、700 号、800 号、900 号等。用水砂纸磨制时,要不断加水冷却,由 200 号逐次磨到 900 号砂纸,每换一道砂纸,将试样用水冲洗干净,并调换 90°方向。

4) 抛光

细磨后的试样还需进行抛光,目的是去除细磨时遗留下的磨痕,以获得光亮而无磨痕的镜面。试样的抛光有机械抛光、电解抛光和化学抛光等方法。

(1) 机械抛光。机械抛光是在专用抛光机上进行的。抛光机主要由一个电动机和被带动的一个或两个抛光盘组成,转速为 200~600r/min。抛光盘上旋转不同材质的抛光布。粗抛时常用帆布或粗呢,精抛时常用绒布、细呢或丝绸。抛光时在抛光盘上要不断地滴注抛光液,抛光液一般采用 Al_2O_3、MgO 或 Cr_2O_3 等粉末(粒度约为 $0.3\sim 1\mu m$)在水中的悬浮液(每升水中加入 Al_2O_3 粉末 5~10g),或在抛光盘上涂以由极细金刚石制成的膏状抛光剂。抛光时应将试样磨面均匀地、平整地压在旋转的抛光盘上。压力不宜过大,并沿盘的边缘到中心不断地做径向往复移动。抛光时间不宜过长,在试样表面磨痕全部消除而呈光亮的镜面后,抛光即可停止。试样用水冲洗干净,然后进行浸蚀,或直接在显微镜下观察。

(2) 电解抛光。电解抛光时把磨光的试样浸入电解液中,接通试样(阳极)与阴极之间的电源(直流电源)。阴极为不锈钢板或铅板,并与试样抛光面保持一定的距离。当电流密度足够大时,试样磨面即产生选择性的溶解,靠近阳极的电解液在试样表面形成一层厚度不均匀的薄膜。

由于薄膜本身具有较大电阻,并与其厚度成正比,如果试样表面高低不平,则凸起部分薄膜的厚度要比凹陷部分的薄膜厚度薄,因此凸出部分的薄膜电流密度较大,溶解较快,于是,试样最后形成平坦光滑的表面。

(3) 化学抛光。化学抛光的实质与电解抛光相类似,也是一个表层溶解过程,但它完全是靠化学药剂对试样表面不均匀溶解而得到光亮的抛光面,凸起部分溶解速度快,而凹陷部分溶解速度慢。

具体操作是用竹筷夹住浸有抛光剂的棉球均匀地擦拭磨面,待磨痕基本去掉后立即用水冲洗。化学抛光兼有化学浸蚀的作用,能显示出金相组织。因此试样经化学抛光后可直接在显微镜下观察。

5) 浸蚀

除观察试样中某些非金属夹杂物或铸铁中的石墨等情况外,金相试样磨面经抛光后,还须进行浸蚀。常用化学浸蚀来显示金属的显微组织。对不同的材料,显示不同的组织,可选用不同的浸蚀剂。钢铁材料常用 3%~4%的硝酸酒精溶液浸蚀。浸蚀时可将试样磨面浸入浸蚀剂中,也可用棉花沾浸蚀剂擦拭表面。浸蚀的深浅根据组织的特点和观察时的放大倍数来确定。高倍观察时,浸蚀要浅一些,低倍观察时,浸蚀略深一些。单相组织浸蚀重一些,双相组织浸蚀轻一些,一般浸蚀到试样磨面稍发暗时即可。浸蚀后用水冲洗,接着把试样倾斜 45°用酒精擦拭(很关键)。最后,用吹风机冷风吹干试样,置于显微镜下观察。

6. 实训报告要求

(1) 说明实验中金相试样制备的基本过程,详细说明操作的关键步骤。

(2) 说明此次实训所用材料的处理状态、观察时的放大倍数和对应的组织。

小　　结

请根据本章内容画出思维导图。

复习思考题

1. 常见的金属晶体结构有哪几种？它们的原子排列有什么特点？
2. 实际晶体中的点缺陷、线缺陷和面缺陷对金属性能有何影响？
3. 过冷度与冷却速度有何关系？它对金属结晶过程有何影响？
4. 金属结晶的基本规律是什么？晶核的形核率和长大速率受到哪些因素的影响？
5. 在铸造过程中,采用哪些措施来控制晶粒大小？在生产中如何应用变质处理？
6. 固溶体可分为哪几种类型？形成固溶体对合金有何影响？
7. 金属间化合物有几种类型？它们在钢中起什么作用？
8. 画出 $Fe-Fe_3C$ 相图,并进行以下分析。

(1) 标注出相图中各区域的组织组成物和相组成物。

(2) 分析含碳量为 0.4% 的亚共析钢的结晶过程及其在室温下组织组成物与相组成

物的质量分数。

9. 根据 Fe-Fe$_3$C 相图，说明产生下列现象的原因。

(1) 含碳量为 1.0% 的钢比含碳量为 0.5% 的钢硬度高。

(2) 低温莱氏体的塑性比珠光体的塑性差。

(3) 在 1000℃ 时，含碳量为 0.4% 的钢能进行锻造，含碳量为 4.0% 的生铁不能进行锻造。

(4) 钢锭在 950~1100℃ 正常温度下轧制，有时会造成锭坯开裂。

(5) 一般要把钢材加热到高温(1000~1250℃)下进行热轧或锻造。

(6) 钢铆钉一般用低碳钢制成。

(7) 绑扎物件一般用铁丝(镀锌低碳钢丝)，而起重机却用由 60、65、70、75 等牌号的钢制成的钢丝绳。

(8) 钳工锯 T8、T10、T12 等钢料比锯 10、20 钢费力，锯条易磨钝。

(9) 钢适宜于通过压力加工成型，而铸铁适宜于通过铸造成型。

10. 钢中常存的杂质元素有哪些？对钢的性能有何影响？

第 3 章　钢的热处理

【教学目标】
1. 知识目标
◆ 熟悉钢铁材料的热处理工艺和特点。
◆ 了解钢的表面热处理工艺及特点。
◆ 了解钢铁材料热处理过程中的组织转变及转变产物的形态与性能。
◆ 掌握常见热处理缺陷、产生原因及预防措施。
2. 能力目标
◆ 初步具备正确选用常规热处理方法、确定其工序位置的能力。
◆ 初步具备分析热处理缺陷及预防的能力。
3. 素质目标
◆ 通过对工程材料的了解和探索,培养学生查阅资料的能力。
◆ 锻炼学生的观察能力、动手能力。
◆ 通过案例学习,激发创新精神,突破技术壁垒。

 引例

如今,在钢铁耐磨材料铸件的热处理过程中,其加热炉主要通过计算机程序进行控制,并不需要操作者通过炉门位置的窥视孔对铸件颜色进行观察,因此加热炉上也不再设置窥视孔。具体热处理中,如果材料偏硬,厚度偏大,可在每 25mm 板厚保温 1h 的基础上适当延长一些保温时间,以此来达到更好的热处理效果。热处理保温时间也需要根据铸件中的合金元素种类及其含量来确定,如果其中的合金元素种类比较多,含量比较高,则需要适当延长一些保温时间。另外,保温时间也需要根据应用的加热炉种类来进行合理确定,通常情况下,此类铸件的加热炉主要有燃煤炉、燃油炉、煤气炉及电阻炉几种,尤其是对于燃煤炉、燃油炉及燃气炉,不可仅仅通过厚度来计算保温时间,还应该做好均温时间计算,否则就会出现保温时间偏短问题,从而对热处理效果造成不良影响。

3.1　钢在加热和冷却时的组织转变

钢的热处理是将钢在固态下进行加热、保温和冷却,以改变其内部组织,从而获得所需要性能的一种工艺方法。

Fe-Fe$_3$C 相图的相变点 A_1、A_3、A_{cm} 是碳钢在极缓慢的加热或冷却情况下测定的。

但在实际生产中,加热和冷却并不是极其缓慢的。因此,钢的实际相变点都会偏离平衡相变点,即加热转变相变点在平衡相变点以上,而冷却转变相变点在平衡相变点以下。通常把实际加热温度标为 Ac_1、Ac_3、Ac_{cm}、Ar_1、Ar_3、Ar_{cm},如图 3-1 所示。

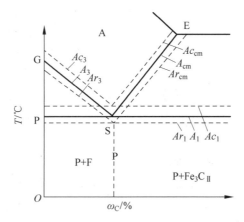

图 3-1 钢加热和冷却时各临界点的实际位置

3.1.1 钢在加热时的组织转变

钢加热到 Ac_1 点以上时会发生珠光体向奥氏体的转变,加热 Ac_3 和 Ac_{cm} 以上时,便全部转变为奥氏体,这种加热转变过程称为钢的奥氏体化。

1. 奥氏体的形成过程

珠光体转变为奥氏体是一个重新结晶的过程。由于珠光体是铁素体和渗碳体的机械混合物,铁素体与渗碳体的晶胞类型不同,含碳量差别很大,转变为奥氏体必须进行晶胞的改组和铁碳原子的扩散。下面以共析钢为例说明奥氏体化大致可分为四个过程,如图 3-2 所示。

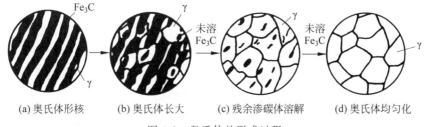

(a) 奥氏体形核　　(b) 奥氏体长大　　(c) 残余渗碳体溶解　　(d) 奥氏体均匀化

图 3-2 奥氏体的形成过程

1) 奥氏体形核

奥氏体的晶核首先在铁素体和渗碳体的相界面上形成。由于界面上的碳浓度处于中间值,原子排列也不规则,原子由于偏离平衡位置处于畸变状态而具有较高的能量。同时位错和空间密度较高,铁素体和渗碳体的交接处在浓度、结构和能量三个角度为奥氏体形核提供了有利条件,如图 3-2(a) 所示。

2) 奥氏体长大

奥氏体一旦形成,便通过原子扩散不断长大,在与铁素体接触的方向上,铁素体逐渐通过改组晶胞向奥氏体转化；在与渗碳体接触的方向上，渗碳体不断溶入奥氏体，如图 3-2(b) 所示。

3) 残余渗碳体溶解

由于铁素体的晶格类型和含碳量的差别都不大，因而铁素体向奥氏体的转变总是先完成。当珠光体中的铁素体全部转变为奥氏体后，仍有少量的渗碳体尚未溶解。随着保温时间的延长，这部分渗碳体不断溶入奥氏体，直至完全消失，如图 3-2(c) 所示。

4) 奥氏体均匀化

刚形成的奥氏体晶粒中，碳浓度是不均匀的。原先渗碳体的位置，碳浓度较高；原先属于铁素体的位置，碳浓度较低。因此，必须保温一段时间，通过碳原子的扩散获得成分均匀的奥氏体。这就是热处理应该有一个保温阶段的原因，如图 3-2(d) 所示。

对于亚共析钢与过共析钢，若加热温度没有超过 Ac_3 或 Ac_{cm}，而在稍高于 Ac_1 停留，只能使原始组织中的珠光体转变为奥氏体，而共析铁素体或二次渗碳体仍将保留。只有进一步加热至 Ac_3 或 Ac_{cm} 以上并保温足够时间，才能得到单相的奥氏体。

2. 奥氏体晶粒的长大及其控制

如果加热温度过高，或者保温时间过长，将会促使奥氏体晶粒粗化。奥氏体晶粒粗化后，热处理后钢的晶粒就粗大，会降低钢的力学性能。

3.1.2 钢在冷却时的组织转变

冷却是钢热处理的三个工序中影响性能的最重要环节，所以冷却转变是热处理的关键。

热处理冷却方式通常有两种，即等温冷却和连续冷却。

所谓等温冷却，是指将奥氏体化的钢件迅速冷却至 Ar_1 以下某一温度并保温，使其在该温度下发生组织转变，然后再冷却至室温，如图 3-3 所示。连续冷却则是将奥氏体化的钢件连续冷却至室温，并在连续冷却过程中发生组织转变。

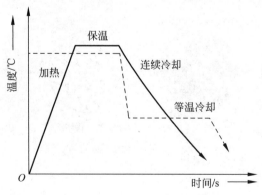

图 3-3 两种冷却方式示意图

1. 过冷奥氏体的等温转变

所谓过冷奥氏体，是指在相变温度 A_1 以下，未发生转变而处于不稳定状态的奥氏体（A′）。在不同的过冷度下，反映过冷奥氏体转变产物与时间关系的曲线称为过冷奥氏体等温转变曲线。由于曲线形状像字母 C，故又称为 C 形曲线，如图 3-4 所示。

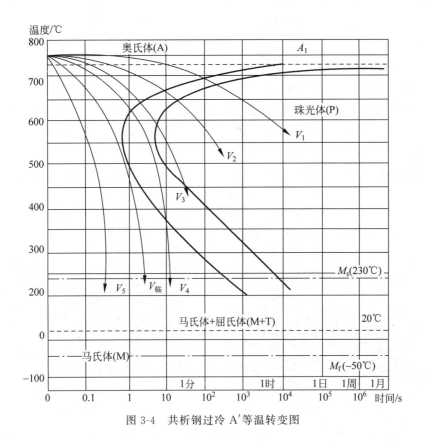

图 3-4 共析钢过冷 A′等温转变图

共析钢过冷奥氏体在 Ar_1 线以下不同温度会发生三种不同的转变,即珠光体转变、贝氏体转变和马氏体转变。

1) 珠光体转变

共析成分的奥氏体过冷到 550℃~Ar_1 高温区等温停留时,将发生共析转变,转变产物为珠光体型组织,都是由铁素体和渗碳体的层片组成的机械混合物。由于过冷奥氏体向珠光体转变温度不同,珠光体中铁素体和渗碳体片厚度也不同。在 650℃~Ar_1 范围内,片间距较大,称为珠光体(P);在 600~650℃ 范围内,片间距较小,称为索氏体(S);在 550~600℃ 范围内,片间距很小,称为托氏体(T)。

珠光体组织中的片间距越小,相界面越多,强度和硬度越高;同时由于渗碳体变薄,使得塑性和韧性也有所改善。

2) 贝氏体转变

共析成分的奥氏体过冷到 M_s~550℃ 的中温区停留时,将发生过冷奥氏体向贝氏体的转变,形成贝氏体(B)。由于过冷度较大,转变温度较低,贝氏体转变时只发生碳原子的扩散,而不发生铁原子的扩散。因此,贝氏体是由含过饱和碳的铁素体和碳化物组成的两相混合物。

按组织形态和转变温度,可将贝氏体组织分为上贝氏体($B_上$)和下贝氏体($B_下$)两种。上贝氏体是在 350~550℃ 温度范围内形成的。由于脆性较高,基本无实用价值,这里不予讨论;下贝氏体是在 M_s~350℃ 点温度范围内形成的,它由含过饱和的细小针片状铁素体和铁素体片内弥散分布的碳化物组成。因此,它具有较高的强度、硬度、塑性和韧性。在实际生产中常采用等温淬火来获得下贝氏体。

3) 马氏体转变

当过冷奥氏体被快速冷却到 M_s 点以下时,便发生马氏体转变,形成马氏体(M),它是奥氏体冷却转变最重要的产物。奥氏体为面心立方晶体结构。当过冷至 M_s 以下时,其晶体结构将转变为体心立方晶体结构。由于转变温度较低,原奥氏体中溶解的过多碳原子没有能力进行扩散,致使所有溶解在原奥氏体中的碳原子难以析出,从而使晶格发生畸变,含碳量越高,畸变越大,内应力也越大。马氏体实质上就是碳溶于 α-Fe 中过饱和间隙固溶体。

马氏体的强度和硬度主要取决于马氏体的碳含量。当 ω_C 低于 0.2% 时,可获得呈一束束尺寸大体相同的平行条状马氏体,称为板条状马氏体,如图 3-5(a)所示。

 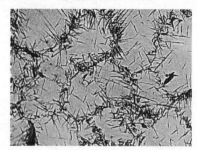

(a) 板条状马氏体　　　　　　　　(b) 针片状马氏体

图 3-5　马氏体的显微组织示意图

当钢的组织为板条状马氏体时,具有较高的硬度和强度、较好的塑性和韧性。当马氏体中 ω_C 大于 0.6% 时,得到针片状马氏体,如图 3-5(b)所示。针片状马氏体具有很高的硬度,但塑性和韧性很差,脆性大。当 ω_C 在 0.2%~0.6% 之间时,低温转变得到板条状马氏体与针片状马氏体混合组织。随着碳含量的增加,板条状马氏体含量减少而针片状马氏体含量增加。

与前两种转变不同的是,马氏体转变不是等温转变,而是在一定温度范围内(M_s~M_f)快速连续冷却完成的转变。随着温度的降低,马氏体量不断增加。而在实际进行马氏体转变的淬火处理时,冷却只进行到室温,这时奥氏体不能全部转变为马氏体,还有少量的奥氏体未发生转变而残留下来,称为残余奥氏体。过多的残余奥氏体会降低钢的强度、硬度和耐磨性,而且由于残余奥氏体为不稳定组织,在钢件使用过程中易发生转变而导致工件产生内应力,引起变形、尺寸变化,从而降低工件精度。因此,生产中常对硬度要求高或精度要求高的工件,淬火后迅速将其置于接近 M_f 的温度下,促使残余奥氏体进一步转变成马氏体,这一工艺过程称为"冷处理"。

亚共析钢和过共析钢过冷奥氏体的等温转变曲线与共析钢的奥氏体等温转变曲线相比,它们的 C 形曲线分别多出一条先析铁素体析出线或先析渗碳体析出线。

通常,亚共析钢的 C 形曲线随着含碳量的增加向右移,过共析钢的 C 形曲线随着含碳量的增加向左移。故在碳钢中,共析钢的 C 形曲线最靠右,其过冷奥氏体最稳定。

2. 过冷奥氏体连续冷却转变

在实际生产中,奥氏体的转变大多是在连续冷却过程中进行的,故有必要对过冷奥氏体的连续冷却转变曲线有所了解。

过冷奥氏体连续冷却转变曲线也是由实验方法测定的,它与等温转变曲线的区别在于连续冷却转变曲线位于曲线的右下侧,且没有 C 形曲线的下部分,即共析钢在连续冷却转变时,得不到贝氏体组织。这是因为共析钢贝氏体转变的孕育期很长,当过冷奥氏体连续冷却通过贝氏体转变区内尚未发生转变时,就已过冷到 M_s 点而发生马氏体转变,所以不出现贝氏体转变。

连续冷却转变曲线又称 CCT 曲线,如图 3-6 所示。图中 P_s 和 P_f 表示 A→P 的开始线和终了线,K 线表示 A→P 的终止线,若冷却曲线碰到 K 线,这时 A→P 转变停止,继续冷却时奥氏体一直保持到 M_s 点温度以下转变为马氏体。

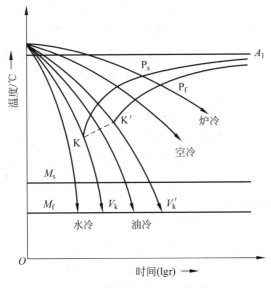

图 3-6 共析钢的 CCT 曲线

V_k 称为临界冷却速度,也称为上临界冷却速度,它是获得全部马氏体组织的最小冷却速度。V_k 越小,钢在淬火时越容易获得马氏体组织,即钢接受淬火的能力越大。

V_k' 为下临界冷却速度,是保证奥氏体全部转变为珠光体的最大冷却速度。V_k' 越小,则退火所需时间越长。

3.2 钢的普通热处理

普通热处理是将工件整体进行加热、保温和冷却,以使其获得均匀的组织和性能的一种操作。它包括退火、正火、淬火和回火。

3.2.1 钢的退火

退火是将工件加热到临界点以上或在临界点以下某一温度,保温一定时间后,以十分缓慢的冷却速度(炉冷、坑冷、灰冷)进行冷却的一种操作。根据钢的成分、组织状态和退火目的不同,退火工艺可分为:完全退火、等温退火、球化退火、去应力退火等。

1. 完全退火和等温退火

(1) 完全退火:将工件加热到 Ac_3 以上 30~50℃,保温一定时间后,随炉缓慢冷却到 500℃以下,然后在空气中冷却。用于亚共析钢成分的碳钢和合金钢的铸件、锻件及热轧型材,有时也用于焊接结构。

目的:细化晶粒,降低硬度,改善切削加工性能。这种工艺过程比较费时。为克服这一缺点,产生了等温退火工艺。

(2) 等温退火:先以较快的冷速将工件加热到 Ac_3 以上 30~50℃,保温一定时间后,先以较快的速度冷却到珠光体的形成温度并保温,待等温转变结束再快冷。这样就可以大大缩短退火的时间。

2. 球化退火

将钢件加热到 Ac_1 以上 30~50℃,保温一定时间后随炉缓慢冷却至 600℃后出炉空冷。同样,为缩短退火时间,生产上常采用等温球化退火,它的加热工艺与普通球化退火相同,只是冷却方法不同。等温的温度和时间要根据硬度要求,利用 C 曲线确定。可见球化退火(等温)可缩短退火时间。

球化退火主要用于共析或过共析成分的碳钢及合金钢。

目的:在于降低硬度,改善切削加工性,并为以后淬火做准备。

实质:通过球化退火,使层状渗碳体和网状渗碳体变为球状渗碳体,球化退火后的组织是由铁素体和球状渗碳体组成的球状珠光体。

3. 去应力退火(低温退火)

将工件随炉缓慢加热(100~150℃/h)至 500~650℃(A_1 以下),保温一段时间后随炉缓慢冷却(50~100℃/h),至 200℃出炉空冷。

去应力退火主要用于消除铸件、锻件、焊接件、冷冲压件(或冷拔件)及机加工的残余内应力。这些应力若不消除,会导致在随后的切削加工或使用中变形开裂,降低机器的精度,甚至会发生事故。在去应力退火中不发生组织转变。

3.2.2 钢的正火

将工件加热到 Ac_3 或 Ac_{cm} 以上 30~50℃,保温后从炉中取出,在空气中冷却的热处理工艺称为正火,如图 3-7 所示。

与退火不同的是,正火冷速快,组织细,强度和硬度有所提高。当钢件尺寸较小时,正火后组织为 S,而退火后组织为 P。钢的退火与正火工艺曲线如图 3-8 所示。正火的应用如下。

(1) 用于普通结构零件,作为最终热处理,细化晶粒、提高机械性能。

(2) 用于低、中碳钢,作为预先热处理,得到合适的硬度便于切削加工。

(3) 用于过共析钢,消除网状 Fe_3C,有利于球化退火的进行。

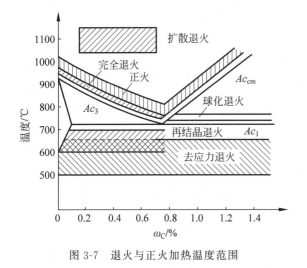
图 3-7 退火与正火加热温度范围

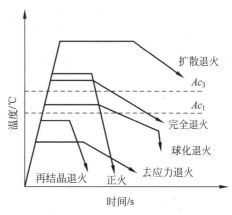
图 3-8 钢的退火和正火工艺曲线

3.2.3 钢的淬火

1. 淬火的目的

淬火就是将钢件加热到 Ac_3 或 Ac_1 以上 30~50℃，保温一定时间，然后快速冷却（一般为油冷或水冷），从而获得马氏体的一种操作。因此淬火的目的就是获得马氏体。淬火必须和回火相配合，否则淬火后的钢件虽然得到了高硬度和高强度，但韧性、塑性低，不能得到优良的综合机械性能。

2. 钢的淬火工艺

淬火是一种复杂的热处理工艺，又是决定产品质量的关键工序之一。淬火后要得到细小的马氏体组织又不至于产生严重的变形和开裂，就必须根据钢的成分、零件的大小和形状等，结合 C 形曲线合理地确定淬火加热和冷却方法。

1) 淬火加热温度的选择

马氏体针叶大小取决于奥氏体晶粒大小。为了使淬火后得到细而均匀的马氏体，首先要在淬火加热时得到细而均匀的奥氏体。因此，加热温度不宜太高。只能在临界点以上 30~50℃。淬火工艺参数如图 3-9 所示。

对于亚共析钢：$Ac_3+(30~50℃)$，淬火后的组织为均匀而细小的马氏体。

对于过共析钢：$Ac_1+(30~50℃)$，淬火后的组织为均匀而细小的马氏体和颗粒状渗碳体及残余奥氏体的混合组织。如果加热温度过高，渗碳体溶解过多，奥氏体晶粒粗大，会使淬火组织中马氏体针变粗，渗碳体含量减少，残余奥氏体含量增多，从而降低钢的硬度和耐磨性。

2) 淬火冷却介质

淬火冷却是决定淬火质量的关键，为了使工件获得马氏体组织，淬火冷却速度必须大于临界冷却速度 V_k，而快冷会产生很大的内应力，容易引起工件的变形和开裂。所以，既不能冷速过大，又不能冷速过小，理想的冷却速度应是如图 3-10 所示的速度。但到目前为止还没有找到十分理想的冷却介质能符合这一理想的冷却速度的要求。最常用的冷却

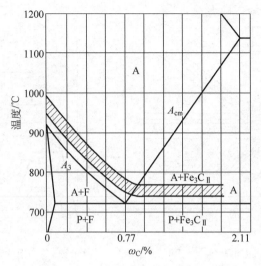

图 3-9　钢的淬火温度范围

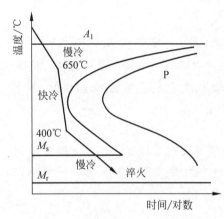

图 3-10　钢的理想淬火冷却速度

介质是水和油,水在 550~650℃ 范围内具有很快的冷却速度(>600℃/s),可防止珠光体的转变。但在 200~300℃ 时冷却速度仍然很快(约为 270℃/s),这时正发生马氏体转变,具有如此高的冷速,必然会引起淬火钢的变形和开裂。若在水中加入 10% 的盐(NaCl)或碱(NaOH),可将 550~650℃ 范围内的冷却速度提高到 1100℃/s,但在 200~300℃ 范围内冷却速度基本不变,因此水及盐水或碱水常被用作碳钢的淬火冷却介质,但都易引起材料变形和开裂。而油在 200~300℃ 范围内的冷却速度较慢(约为 20℃/s),可减少钢在淬火时的变形和开裂倾向,但在 550~650℃ 范围内的冷却速度不够大(约为 150℃/s),不易使碳钢淬火成马氏体,只能用于合金钢。常用淬火油为 10#、20# 机油。

3) 淬火方法

为了使工件淬火成马氏体并防止变形和开裂,单纯依靠选择淬火介质是不行的,还必须采取正确的淬火方法。最常用的淬火方法有以下四种。

(1) 单液淬火法(单介质淬火)。将加热的工件放入一种淬火介质中一直冷却到室温。这种方法操作简单,容易实现机械化、自动化,如碳钢在水中淬火,合金钢在油中淬火。但其缺点是不符合理想淬火冷却速度的要求,水淬容易产生变形和裂纹,油淬容易产生硬度不足或硬度不均匀等现象。

(2) 双液淬火法(双介质淬火)。将加热的工件先在快速冷却的介质中冷却到接近马氏体转变温度 M_s,然后迅速转入另一种缓慢冷却的介质中冷却至室温,以降低马氏体转变时的应力,防止变形开裂。形状复杂的碳钢工件常采用水淬油冷的方法,即先在水中冷却到 300℃ 后,在油中冷却;而合金钢则采用油淬空冷,即先在油中冷却后,在空气中冷却。

(3) 分级淬火法。将加热的工件先放入温度稍高于 M_s 的盐浴或碱浴中,保温 2～5min,在零件内外的温度均匀后,立即取出在空气中冷却。这种方法可以减少工件内外的温差和减慢马氏体转变时的冷却速度,从而有效地减少内应力,防止产生变形和开裂。但由于盐浴或碱浴的冷却能力低,只能适用于零件尺寸较小、要求变形小、尺寸精度高的工件,如模具、刀具等。

(4) 等温淬火法。将加热的工件放入温度稍高于 M_s 的盐浴或碱浴中,保温足够长的时间使其完成 B 转变。等温淬火后获得 B 下组织。下贝氏体与回火马氏体相比,在含碳量相近,硬度相当的情况下,前者比后者具有较高的塑性与韧性,而且等温淬火后一般不需进行回火,适用于尺寸较小、形状复杂、要求变形小、具有高硬度和强韧性的工具和模具等。

3. 钢的淬透性

1) 淬透性和淬硬性的概念

所谓淬透性,是指钢在淬火时获得淬硬层的能力。淬硬层一般规定为工件表面至半马氏体(马氏体含量占 50%)之间的区域,它的深度叫淬硬层深度。不同的钢在同样的条件下,淬硬层深度不同,说明不同的钢淬透性不同,淬硬层较深的钢淬透性较好。

淬硬性是指钢以大于临界冷却速度冷却时,获得的马氏体组织所能达到的最高硬度。钢的淬硬性主要决定于马氏体的含碳量,即取决于淬火前奥氏体的含碳量。淬透性好,淬硬性不一定好,同样淬硬性好,淬透性也不一定好。

2) 影响淬透性的因素

(1) 化学成分。C 形曲线距纵坐标越远,淬火的临界冷却速度越小,则钢的淬透性越好。对于碳钢,钢中含碳量越接近共析成分,其 C 形曲线越靠右,临界冷却速度越小,则淬透性越好,即亚共析钢的淬透性随含碳量增加而增大,过共析钢的淬透性随含碳量增加而减小。除 Co 和 Al 以外的大多数合金元素都使 C 形曲线右移,使钢的淬透性增加,因此合金钢的淬透性比碳钢好。

(2) 奥氏体化的条件。奥氏体化温度越高,保温时间越长,所形成的奥氏体晶粒也就越粗大,使晶界面积减小,这样就会降低过冷奥氏体转变的形核率,不利于奥氏体的分解,使其稳定性增大,淬透性增加。

3) 淬透性的应用

淬透性是设计机械零件时选择材料和制订热处理工艺的重要依据。

淬透性不同的钢材,淬火后得到的淬硬层深度不同,所以沿截面的组织和机械性能差别很大。如图 3-11 所示,表示淬透性不同的钢制成直径相同的轴经调质后机械性能的对比。(a)图表示全部淬透,整个截面为回火索氏体组织,机械性能沿截面是均匀分布的;(b)、(c)图表示仅表面淬透,由于心部为层片状组织(索氏体),冲击韧性较低。由此可见,淬透性低的钢材机械性能较差。因此,机械制造中截面较大或形状较复杂的重要零件,以及应力状态较复杂的螺栓、连杆等零件,要求截面机械性能均匀,所以应选用淬透性较好的钢材。

受弯曲和扭转力的轴类零件,应力在截面上的分布是不均匀的,其外层受力较大,心

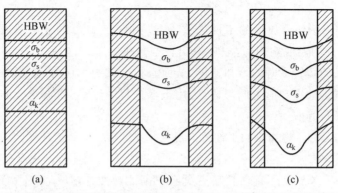

图 3-11 钢的淬透性与力学性能的关系

部受力较小,可考虑选用淬透性较低、淬硬层较浅(例如,为直径的 1/3～1/2)的钢材。有些工件(如焊接件)不能选用淬透性高的钢件,否则容易在焊缝热影响区内出现淬火组织,造成焊缝变形和开裂。

3.2.4 淬火钢的回火

1. 钢的回火及其目的

回火是将淬火钢重新加热到 A_1 点以下的某一温度,保温一定时间后,冷却到室温的一种操作。

由于淬火钢硬度高、脆性大,存在淬火内应力,且淬火后的组织马氏体和残余奥氏体都处于非平衡状态,是一种不稳定组织,在一定条件下,经过一定的时间后,组织会向平衡组织转变,导致工件的尺寸形状改变,性能发生变化,为克服淬火组织的这些弱点而采取回火处理。

回火的目的:降低淬火钢的脆性,减少或消除内应力,使组织趋于稳定并获得所需要的性能。

2. 淬火钢在回火时组织和性能的变化

淬火钢在回火过程中,随着加热温度的提高,原子活动能力增大,其组织相应发生以下四个阶段性的转变。

(1) 第一阶段(80～200℃):马氏体开始的分解。由淬火马氏体中析出薄片状细小的 ε 碳化物(过渡相分子式 $Fe_{2.4}C$)使马氏体中碳的过饱和度降低。通常把这种马氏体和 ε 碳化物的组织称为回火马氏体(见图 3-12(a)),用 $M_{回}$ 表示。这一阶段内应力逐渐减小。

(2) 第二阶段(200～300℃):残余奥氏体分解。在马氏体分解的同时,降低了残余奥氏体的压力,使其转变为下贝氏体。这个阶段转变后的组织是下贝氏体和回火马氏体,也称为回火马氏体。此阶段应力进一步降低,但硬度并未明显降低。

(3) 第三阶段(300～400℃):马氏体分解完成和渗碳体的形成。这一阶段马氏体继续分解,直到过饱和的碳原子几乎全部从固溶体内析出。与此同时,ε 碳化物转变成极细的、稳定的渗碳体。此阶段后的回火组织为尚未结晶的针状铁素体和细球状渗碳体的混

(a) 回火马氏体　　　　　　(b) 回火托氏体　　　　　　(c) 回火索氏体

图 3-12　回火组织

合组织，称为回火托氏体（见图 3-12(b)），用 $T_回$ 表示。此时钢的淬火内应力基本消除，硬度有所降低。

（4）第四阶段（400℃以上）：α 固溶体再度超过 400℃时，具有平衡浓度的 α 相开始回复，500℃以上时发生再结晶，从针叶状转变为多边形的粒状，在这一回复再结晶的过程中，粒状渗碳体聚集长大成球状，即在 500℃以上（500～650℃）得到由粒状铁素体和球状渗碳体的混合组织，称为回火索氏体（见图 3-12(c)），用 $S_回$ 表示。

3．回火的方法及应用

钢的回火按回火温度范围可分为以下 3 种。

（1）低温回火。回火温度范围为 150～250℃，回火后的组织为回火马氏体，脆性有所降低，但保持了马氏体的高硬度和高耐磨性。主要应用于高碳钢或高碳合金钢制造的工具、模具、滚动轴承及渗碳和表面淬火的零件。

（2）中温回火。回火温度范围为 350～500℃，回火后的组织为回火托氏体，具有一定的韧性和较高的弹性极限及屈服强度。主要应用于各类弹簧和模具等。

（3）高温回火。回火温度范围为 500～650℃，回火后的组织为回火索氏体，具有强度、硬度、塑性和韧性都较好的综合力学性能。广泛应用于汽车、拖拉机、机床等机械中的重要结构零件，如轴、连杆、螺栓等。

通常在生产上将淬火与高温回火相结合的热处理称为调质处理。回火后的硬度主要与回火温度和回火时间有关，而与回火后的冷却速度关系不大。因此，在实际生产中回火件出炉后通常采用空冷。

4．回火脆性

钢在某一温度范围内回火时，其冲击韧度显著下降，这种脆化现象称为回火脆性。

在 250～350℃温度范围内出现的回火脆性无论是在碳钢中还是合金钢中均会出现，它与钢的成分和冷却速度无关，即使加入合金元素及回火后快冷或重新加热回火，都无法避免，故又称"不可逆回火脆性"。防止的办法常常是避免在此温度范围内回火。在 500～600℃温度范围内出现的回火脆性称为第二类回火脆性。这类回火脆性如果在回火时快冷就不会出现，另外，如果脆性已经发生，只要再加热到原来的回火温度重新回火并快冷，则可完全消除，因此这类回火脆性又称为"可逆回火脆性"。

3.3 钢的表面热处理

一些在弯曲、扭转、冲击载荷、摩擦条件区工作的齿轮等机器零件,它们要求具有表面硬、耐磨,而心部韧,能抵抗冲击的特性,仅从选材方面去考虑是很难达到此要求的。若用高碳钢,虽然硬度高,但心部韧性不足;若用低碳钢,虽然心部韧性好,但表面硬度低,不耐磨。所以工业上广泛采用表面热处理来满足上述要求。

3.3.1 钢的表面淬火

仅对工件表层进行淬火的工艺,称为表面淬火。它是利用快速加热使钢件表面奥氏体化,而中心因尚处于较低温度迅速冷却,表层被淬硬为马氏体,而中心仍保持原来的退火、正火或调质状态的组织。

表面淬火一般适用于中碳钢($\omega_C = 0.4\% \sim 0.5\%$)和中碳低合金钢(40Cr、40MnB等),也可用于高碳工具钢和低合金工具钢(如T8、9Mn2V、GCr15等),以及球墨铸铁等。

目前应用最多的是感应加热和火焰加热表面淬火。

1. 感应加热表面淬火

它是工件中引入一定频率的感应电流(涡流),使工件表面层快速加热到淬火温度后立即喷水冷却的方法。

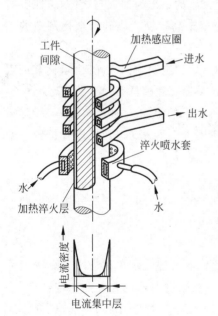

图 3-13 感应加热表面淬火

1) 工作原理

感应加热表面淬火如图3-13所示,在一个线圈中通过一定频率的交流电时,在它周围产生交变磁场。若把工件放入线圈中,工件中就会产生与线圈频率相同而方向相反的感应电流。这种感应电流在工作中的分布是不均匀的,主要集中在表面层,越靠近表面,电流密度越大;频率越高,电流集中的表面层越薄。这种现象称为"集肤效应",它是感应电流频率能使工件表面层加热的基本依据。

2) 感应加热的分类

根据电流频率的不同,感应加热可分为:高频感应加热(50~300kHz),适用于中小型零件,如小模数齿轮;中频感应加热(2.5~10kHz),适用于大、中型零件,如加热直径较大的轴和大、中型模数的齿轮;工频感应加热(50Hz),适用于大型零件,如直径大于300mm的轧轮及轴类零件等。

3) 感应加热的特点

加热速度快、生产率高;淬火后表面组织细、硬度高(比普通淬火高2~3HRC);加热时间短,氧化脱碳少;淬硬层深,易控制,变形小,产品质量好;生产过程易实现自动化,其缺点是设备昂贵,维修、调整困难,形状复杂的感应圈不易制造,不适于单件生产。另外,工件在感应加热前需要进行预先热处理,一般为调质或正火,以改善工件心部硬度、强度和韧性以及切削加工性,并减少淬火变形。工件在感应表面淬火后需要进行低温回火(180～200℃)以降低内应力和脆性,获得回火马氏体组织。

2. 火焰加热表面淬火

火焰加热表面淬火是用乙炔-氧或煤气-氧的混合气体燃烧的火焰,喷射至零件表面上,使它快速加热,达到淬火温度时立即喷水冷却,从而获得预期硬度和淬硬层深度的一种表面淬火方法。火焰表面淬火如图3-14所示。

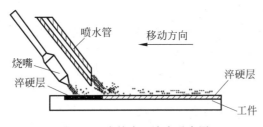

图3-14 火焰表面淬火示意图

火焰表面淬火零件的选材常用中碳钢,如35、45钢等,以及中碳合金结构钢,如40Cr、65Mn等,如果含碳量太低,则淬火后硬度较低;碳和合金元素含量过高,则易淬裂。火焰表面淬火法还可用于对铸铁件(如灰铸铁、合金铸铁)进行表面淬火。火焰表面淬火的淬硬层深度一般为2～6mm,若要获得更深的淬硬层,往往会引起零件表面过热,且易产生淬火裂纹。

由于火焰表面淬火方法简便,不需要特殊设备,可适用于单件或小批生产的大型零件和需要局部淬火的工具和零件,如大型轴类、大模数齿轮、锤子等。但火焰表面淬火较易过热,淬火质量往往不够稳定,工作条件差,因此限制了它在机械制造业中的广泛应用。

3.3.2 钢的化学热处理

化学热处理是将工件置于活性介质中加热和保温,使介质中活性原子渗入工件表层,以改变其表面层的化学成分、组织结构和性能的热处理工艺。根据渗入元素的类别,化学热处理可分为渗碳、氮化、碳氮共渗等。

1. 化学热处理的主要目的

除提高钢件表面硬度、耐磨性以及疲劳极限外,也用于提高零件的抗腐蚀性、抗氧化性,以代替昂贵的合金钢。

2. 化学热处理的一般过程

任何化学热处理方法的物理化学过程基本相同,都要经过介质分解、吸收和原子向内扩散三个过程。

(1) 介质分解:分解出活性的N或C原子。

(2) 吸收:活性原子被工件表面吸收,先固溶于基体金属,当超过固溶度后,便可能形成化合物。

(3) 原子向内扩散:形成具有一定厚度的渗层。

3. 常用的化学热处理方法

1) 渗碳

将工件放在渗碳性介质中,使其表面层渗入碳原子的一种化学热处理工艺称为渗碳。

渗碳的目的是提高工件表层含碳量。经过渗碳及随后的淬火和低温回火,提高工件表面的硬度、耐磨性和疲劳强度,而心部仍保持良好的塑性和韧性。工艺生产中渗碳钢一般都是$\omega_C=0.15\%\sim0.25\%$的低碳钢和低碳合金钢,渗碳层深度一般都在0.5~2.5mm。

钢渗碳后表面层的含碳量可达到0.8%~1.1%。渗碳件在渗碳后缓冷到室温的组织接近于铁碳相图所反映的平衡组织,从标表层到心部依次是过共析组织、共析组织、亚共析组织和心部原始组织。

渗碳主要用于表面受严重磨损,并在较大的冲击载荷下的工件或零件(受较大接触应力),如齿轮、轴类、套角等。

渗碳方法有气体渗碳、液态渗碳、固态渗碳,目前常用的是气体渗碳。

2) 渗氮(氮化)

向钢件表面渗入氮,形成含氮硬化层的化学热处理过程称为氮化。

氮化实质就是利用含氮的物质分解产生活性N原子,渗入工件的表层。其目的是提高工件的表面硬度、耐磨性、疲劳强度及热硬性。

渗氮处理有气体渗氮、离子渗氮等。目前应用较广泛的是气体氮化法。渗氮用钢通常是含Al、Cr、Mo等合金元素的钢,渗氮层由碳、氮溶于α-Fe的固溶体和碳、氮与铁的化合物组成,还含有高硬度、高弥散度的稳定的合金氮化合物如AlN、CrN、MoN、TiN、VN等,这些氮化物的存在是影响氮化钢性能的主要因素。

与渗碳相比,氮化工件具有以下特点。

(1) 氮化前需经调质处理,以便使心部组织具有较高的强度和韧性。

(2) 表面硬度、耐磨性、疲劳强度及热硬性均高于渗碳层。

(3) 氮化表面形成由致密氮化物组成的连续薄膜,具有一定的耐腐蚀性。

(4) 氮化处理温度低,渗氮后不需要再进行其他热处理,因此工件变形小。

氮化处理适用于耐磨性和精度都要求较高的零件或要求抗热、抗蚀的耐磨件。例如,发动机的汽缸、排气阀、高精度传动齿轮等。

3) 碳氮共渗

碳氮共渗是向钢的表面同时渗入碳和氮的过程。目前以中温气体碳氮共渗和低温气体碳氮共渗(即气体软氧化)应用较为广泛。

中温气体碳氮共渗的主要目的是提高钢的硬度、耐磨性和疲劳强度。

低温气体碳氮共渗以渗氮为主,其主要目的是提高钢的耐磨性和抗咬合性。

3.4 钢铁材料的表面处理

磨损和腐蚀是发生于机械设备零部件的材料损耗的过程,虽然磨损与腐蚀是不可避免的,但若采取有效措施,可以提高零件的耐磨性、耐蚀性。金属表面技术是指通过施加覆盖层或改变表面形貌、化学成分、相组成、微观结构等达到提高材料抵御环境作用能力或赋予材料表面某种功能特性的材料工艺技术。

在很多情况下,材料的失效是从表面开始的,如腐蚀、磨损及材料的疲劳破坏等。在高温使用的材料,加涂层后,不但可以减少腐蚀和磨损,也可以使基体部分保持在较低的温度,从而延长其使用寿命,所以表面技术已成为当前一个活跃的研究领域。

1. 化学镀镍

化学镀镍的基本原理是以次亚磷酸盐为还原剂,将镍盐还原成镍,同时使镀层中含有一定量的磷。沉积的镍膜具有自催化性,可以使反应持续进行下去。

化学镀镍层比电镀镍层硬度更高、更耐磨,其化学稳定性高,可以耐各种介质的腐蚀,具有优良的抗腐蚀性能;化学镀镍层的热学性能十分重要,表现在和基体一起在承受磨损和腐蚀过程中产生的热学和力学行为,二者的相溶性对镀层使用寿命的影响较大;化学镀镍层的导电性取决于磷含量,电阻率高于冶金纯镍,但它的磁性比电镀镍层要低。因此,经过化学镀镍的材料是一种优良的工程材料。

波音 727 型飞机的 JT8D 型喷气发动机,其价格昂贵,通过化学镀镍修复更新后仍能使用。一些飞机的低碳钢发射架,采用化学镀镍后,可以代替不锈钢。并且以极低的成本提供了相同的防腐和耐蚀能力。

化学镀镍也广泛应用于电子、电器和仪器仪表行业中,例如继电器、电容器的压电阻件等方面。

2. 电镀

电镀是金属电沉积技术之一,其工艺是将直流电通过电镀溶液(电解液)在阴极(工件)表面沉积金属镀层的工艺过程。电镀的目的在于改变固体材料的表面特性,改善外观,提高耐蚀、抗磨损、减摩性能,或制取特定成分和性能的金属覆层,提供特殊的电、磁、光、热等表面特性和其他物理性能等。

锌镀层常用于紧固件、冲压件。经过铬酸转化处理后,锌镀层可在电唱机上使用。

3. 热浸镀

热浸镀是将一种基体金属经过适当的表面预处理后,短时浸在熔融状态的另一种低熔点金属中,在其表面形成一层金属保护膜的工艺方法。钢铁是应用最广泛的基体材料,铸铁、铜等金属也有采用热浸镀工艺的。镀层金属主要有锌、锡、铝、铅等及其合金。

多年来,热浸镀涂层材料不断推陈出新,使热浸镀工艺有了突破性的进展。热浸镀涂层材料以优异的性能、明显的经济效益和社会效益,跻身于金属防护涂层的行业,并引起了人们的强烈关注。

4. 热喷涂

所谓热喷涂,是将喷涂材料熔融,通过高速气流、火焰流或等离子流使其雾化,喷射在基体表面上,形成覆盖层。

热喷涂工艺灵活,施工对象不受限制,可任意指定喷涂表面,覆盖层厚度范围较大,生产效率高。采用该技术,可以使基体材料在耐磨性、耐蚀性、耐热性和绝缘性等方面的性能得到改善。目前,在包括航空、航天、原子能设备和电子等尖端技术在内的几乎所有领域内,热喷涂技术都得到了广泛的应用,并取得了良好的经济效益。

5. 真空离子镀

真空离子镀是在真空条件下,利用气体放电使气体或被蒸发物质离子化,在气体离子或被蒸发物质离子轰击作用的同时,把蒸发物或其反应物蒸镀在基片上。

真空离子镀把辉光放电、等离子体技术与真空蒸发镀膜技术结合在一起,不仅明显提高了镀层的各种性能,而且扩充了镀膜技术的应用范围。离子镀除具有真空溅射性能外,还具有膜层的附着力强、绕射性好、可镀材料广泛等优点。

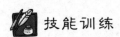 技能训练

实训项目1　奥氏体晶粒度的判别

1. 实训目的

（1）理解奥氏体晶粒度的概念。

（2）了解奥氏体晶粒大小对组织转变和力学性能的影响，掌握奥氏体晶粒度国家标准的判别方法和实际操作。

2. 实训地点

金相实训基地或有相关设备的工矿企业。

3. 实训材料

各类不同奥氏体晶粒度的试样。

4. 实训设备

金相显微镜设备和标准晶粒度图谱，1台/10人。

5. 实训内容

学习掌握国家标准《金属平均晶粒度测定方法》(GB/T 6394—2017)，理解奥氏体晶粒度的应用范围，掌握奥氏体晶粒度的判别方法、操作要点及注意事项。

实训项目2　钢的热处理操作及钢的非平衡组织观察

1. 实训目的

（1）了解普通热处理（退火、正火、淬火、回火）的方法。

（2）分析碳钢在热处理时，加热温度、冷却速度及回火温度对其组织和硬度的影响。

（3）分析碳钢的含碳量对淬火后硬度的影响。

（4）观察碳钢在普通热处理后的组织，并区分其组织特征。

2. 实训地点

金相实训基地或有相关设备的工矿企业。

3. 实训材料

实训材料如表3-1所示。

表3-1　试样材料、数量及用途

试样材料	数量(每组)	用　　途
45钢	3块	分析热处理(淬火)时，加热温度对钢组织、性能的影响
45钢	4块	分析热处理时，冷却速度对钢组织、性能的影响
淬火状态的45钢	3块	分析回火温度对钢组织、性能的影响
20钢	各1块	分析含碳量对钢淬火硬度的影响
45钢		
T12钢		
金相试样(热处理后组织，详见实验报告内容)	1套(7种)	观察显微组织

注：① 在不影响本实训目的的情况下，可根据具体情况，选用其他碳钢材料。

② 如果实训时间不够，退火处理可在实训室事先进行。

4. 实训设备

实训用箱式电阻加热炉（附测温、控温装置）、洛氏硬度计、金相显微镜。

5. 实训内容

（1）学生按组领取实训试样，并打上钢号，以免混淆。

（2）将3块45钢试样分别加热到750℃、840℃及950～980℃。保温后水冷，然后分别测定它们的硬度并做好记录。

（3）确定45钢的热处理加热温度与保温时间。调整好控温装置，并将4块45钢试样放入已升到加热温度的箱式电阻加热炉中进行加热与保温。然后，分别进行炉冷（随炉冷却到500～600℃再出炉空冷）、空冷、油冷与水冷。最后，再测定它们的硬度，并做好记录。

（4）首先测定3块淬火状态45钢的硬度，然后分别放入200℃、400℃、600℃的箱式电阻加热炉中回火30min。回火后的冷却一般可用空冷。测定回火后试样的硬度，并做好记录。

（5）各组将20钢、45钢、T12钢分别按它们的正常淬火温度加热、保温后取出，在盐水中冷却，然后测定淬火后硬度，并做好记录。

（6）观察钢热处理状态的金相试样的显微组织，区分其组织组成物及形态特征，并绘出指定的几种组织示意图。

6. 实训注意事项

（1）学生在实训中要有所分工。

（2）淬火冷却时，试样要用夹钳夹紧，动作要迅速，并要在冷却介质中不断搅动。夹钳不要夹在测定硬度的表面上，以免影响硬度值。为此，最好事先用铁丝将试样捆扎好。

（3）测定硬度前，必须用砂纸将试样表面的氧化皮除去并磨光。每个试样应在不同的部位测定3次硬度，并计算其平均值。

（4）热处理时应注意安全操作。

① 在取放试样时，应切断箱式电阻加热炉的电源。

② 炉门开、关要快，炉门打开的时间不能过长，以免炉温下降和损害炉膛耐火材料与电阻丝的寿命。

③ 在炉中取、放试样时，夹钳应擦干，不能沾有水或油。

④ 在炉中取、放试样时，操作者应戴上手套，以防烧伤。

7. 实训报告

1）热处理（淬火）时加热温度对钢组织、性能的影响

（1）整理实训数据并填写表3-2。

表3-2 实训数据记录表（一）

试样材料		热处理工艺参数			硬度值（HRC）				显微组织
钢号	尺寸 ϕ/mm	加热温度/℃	保温时间/min	冷却介质	第1次	第2次	第3次	平均值	
		750							
		840							
		950～980							

(2) 根据实训数据,说明淬火时加热温度对钢组织、性能的影响。

2) 热处理时冷却速度对钢组织、性能的影响

(1) 整理实训数据并填写表 3-3。

表 3-3 实训数据记录表(二)

试样材料		热处理工艺参数			硬度值(HRC)				显微组织
钢号	尺寸 ϕ/mm	加热温度/℃	保温时间/min	冷却方法	第1次	第2次	第3次	平均值	
				炉冷					
				空冷					
				油冷					
				水冷					

(2) 根据实训数据,说明钢加热成奥氏体后,冷却速度对钢组织、性能的影响。

3) 回火温度对淬火钢组织、性能的影响

(1) 整理实训数据并填写表 3-4。

表 3-4 实训数据记录表(三)

试样材料		热处理工艺参数			硬度值(HRC)				显微组织
钢号	尺寸 ϕ/mm	加热温度/℃	保温时间/min	冷却方法	第1次	第2次	第3次	平均值	
		200							
		400							
		600							

(2) 根据实训数据,绘出回火温度与钢硬度的关系曲线,并结合组织分析其性能变化的原因。

4) 碳钢的含碳量对淬火后硬度的影响

(1) 整理实训数据并填写表 3-5。

表 3-5 实训数据记录表(四)

试样材料		碳质量分数/%	热处理工艺参数			硬度值(HRC)			
钢号	尺寸 ϕ/mm		加热温度/℃	保温时间/min	冷却介质	第1次	第2次	第3次	平均值
20									
45					盐水				
T12									

(2) 根据实训数据,绘出钢的含碳量与淬火厚硬度的关系曲线,并分析其原因。

5）几种热处理的对比

绘出钢经过几种热处理后的显微组织示意图,指出其材料、放大倍数及所用的侵蚀剂,并填写表 3-6。

表 3-6 实训数据记录表(五)

试样材料	热处理方法		显微组织示意图	组织组成物	侵蚀剂	放大倍数
	退火					
	正火					
	淬火(油冷)					
低碳钢	淬火(水冷)					
高碳钢	淬火(水冷)					
	等温淬火	≤400℃				
		≤250℃				

6）误差分析

如果本实训数据与一般资料上的数据差别较大,试分析出现误差的原因。

小 结

请根据本章内容画出思维导图。

复习思考题

1. 正火与退火的主要区别是什么？生产中应如何选择正火及退火？

2. 淬火的目的是什么？亚共析碳钢及过共析碳钢淬火加热温度应如何选择？试从获得的组织及性能等方面加以说明。

3. 一批 45 钢试样(尺寸为 $\phi 15\times 10$mm)，因其组织、晶粒大小不均匀，须采用退火处理。拟采用以下几种退火工艺。

(1) 缓慢加热至 700℃，保温足够时间，随炉冷却至室温。

(2) 缓慢加热至 840℃，保温足够时间，随炉冷却至室温。

(3) 缓慢加热至 1100℃，保温足够时间，随炉冷却至室温。

问上述三种工艺各得到何种组织？若要得到大小均匀的细小晶粒，选何种工艺最合适？

4. 有两个含碳量为 1.2% 的碳钢薄式样，分别加热到 780℃ 和 860℃ 并保温相同时间，使之达到平衡状态，然后以大于 V_k 的冷却速度冷却至室温。试问：

(1) 哪个温度加热淬火后马氏体晶粒较粗？

(2) 哪个温度加热淬火后马氏体含碳量较多？

(3) 哪个温度加热淬火后残余奥氏体较多？

(4) 哪个温度加热淬火后未溶碳化物较少？

(5) 你认为哪个温度加热淬火后合适？为什么？

第4章　常用的工程材料

【教学目标】

1. **知识目标**
- ◆ 了解工业用钢的分类及编号。
- ◆ 熟悉铸铁本身的特点、类型及应用。
- ◆ 了解常见的非铁合金及其特点、粉末冶金的优缺点。

2. **能力目标**
- ◆ 能够根据钢的编号,分析其化学成分。
- ◆ 能够根据金相组织图,分辨出铸铁的种类。

3. **素质目标**
- ◆ 锻炼自主学习、举一反三的能力。
- ◆ 培养严谨务实的工作作风。
- ◆ 通过案例学习,将科学精神与工匠精神有机融合,充分发挥专业技能。

 引例

随着骨诱导性无机仿生支架材料的不断优化,部分金属材料也在组织工程领域崭露头角。镁是骨骼的重要微量元素,也是人体中第四丰富的阳离子,它具有较高的生物相容性,是人体植入材料的最佳选择之一。镁是生物活性元素,过量的镁可以随尿液或粪便排出,目前尚无关于镁离子毒副作用的报道。镁的生物力学性能与骨骼相似,具备生物降解性,并且其降解产物可促进骨骼的愈合。然而纯镁存在力学强度不足、降解速度过快等问题,难以直接取代传统医用金属材料,特别是用于受力部位的植入材料。近年研究表明合金化技术可改善镁及其合金的力学性能,这一技术的应用使镁合金在医用材料领域得到推广。在种植体-骨界面整合过程中,内植物的性能起着重要作用。对于骨科内植物而言,承受物理负荷的是内植物基体,但与骨组织直接接触的界面同样重要。镁-锌-钙(Mg-Zn-Ca)合金由于其生物相容性、生物降解性和与人骨相似的力学性能,在生物医学植入物应用特别是骨修复方面受到越来越多的关注。镁-锌-钙合金降解产生的离子和弱碱性环境可促进成骨相关细胞增殖及分化,进而促进新骨形成。使用镁-锌-钙合金修复小鼠股骨缺损,发现其能促进成骨和骨愈合,同时证明镁-锌-钙在促进骨修复的同时具有抗菌活性。

4.1 非合金钢

新的钢分类中已经用"非合金钢"一词取代"碳素钢",但由于许多技术标准是在新的《钢铁产品牌号表示方法》(GB 221—2000)实施之前制订的,所以,为便于衔接和过渡,非合金钢的介绍仍按原常规分类进行。

非合金钢价格低廉、工艺性能好,力学性能能满足一般工程和机械制造的使用要求,是工业生产中用量最大的工程材料。

4.1.1 非合金钢中的常存杂质元素及其影响

实际使用的非合金钢并不是单纯的铁碳合金,由于冶炼时受所用原料以及冶炼工艺方法等影响,钢中总不免有少量其他元素存在,如硅、锰、硫、磷、铜、铬、镍等,这些并非有意加入或保留的元素一般被视为杂质。它们的存在对钢的性能有较大的影响。

1. 锰(Mn)

钢中的锰来自用于炼钢的生铁及脱氧剂锰铁。一般认为锰在钢中是一种有益的元素。在碳钢中含锰量通常小于0.80%。在含锰合金钢中,含锰量一般控制在1.0%~1.2%范围内。锰大部分溶于铁素体中,形成置换固溶体,并使铁素体强化。另一部分锰溶于渗碳体中,形成合金渗碳体,提高钢的硬度。锰与硫化合成MnS,能减轻硫的有害作用。当锰含量不多,在碳钢中仅作为少量杂质存在时,它对钢的性能影响并不明显。

2. 硅(Si)

硅来自于用于炼钢的生铁和脱氧剂硅铁,在碳钢中含硅量通常小于0.35%,硅和锰一样能溶于铁素体中,使铁素体强化,从而使钢的强度、硬度、弹性提高,而塑性、韧性降低。因此,硅也是碳钢中的有益元素。

3. 硫(S)

硫是生铁中带来的而在炼钢时又未能除尽的有害元素。硫不溶于铁,而以FeS的形式存在,FeS会与Fe形成低熔点(985℃)的共晶体(FeS-Fe),并分布于奥氏体的晶界上,当钢材在1000~1200℃压力加工时,晶界处的FeS-Fe共晶体已经熔化,并使晶粒脱开,钢材将沿晶界处开裂,这种现象称为热脆。为了避免热脆,钢中含硫量必须严格控制,普通钢含硫量应不大于0.055%,优质钢含硫量应不大于0.040%,高级优质钢含硫量应不大于0.030%。在钢中增加含锰量,可消除硫的有害作用,锰能与硫形成熔点为1620℃的MnS,而且MnS在高温时具有塑性,这样避免了热脆现象。

4. 磷(P)

磷是生铁中带来的而在炼钢时又未能除尽的有害元素。磷在钢中全部溶于铁素体中,虽然可使铁素体的强度、硬度有所提高,但是,使室温下的钢的塑性、韧性急剧降低。在低温时这种表现尤其突出。这种在低温时由磷导致钢严重变脆的现象称为冷脆。磷的存在还会使钢的焊接性能变坏,因此钢中含磷量应严格控制,普通钢含磷量应不大于0.045%,优质钢含磷量应不大于0.040%,高级优质钢含磷量应不大于0.035%。

然而,在适当的情况下,硫、磷也有一些有益的作用。对于硫,当钢中的含硫量较高

(0.08%～0.3%)时,适当提高钢中的含锰量(0.6%～1.55%),使硫与锰结合成 MnS,切削时易于断屑,能改善钢的切削性能,故易切钢中含有较多的硫。对于磷,若与铜配合能增加钢抗大气腐蚀的能力,改善钢材的切削加工性能。

另外,钢在冶炼时还会吸收和溶解一部分气体,如氮、氢、氧等,给钢的性能带来有害影响。尤其是氢,它可使钢产生氢脆,也可使钢中产生微裂纹,即白点。

4.1.2 非合金钢的分类、编号和用途

1. 非合金钢的分类

非合金钢分类方法很多,比较常用的有三种,即按钢的含碳量、质量和用途分类,如图 4-1 所示。

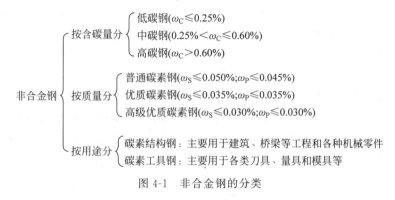

图 4-1 非合金钢的分类

2. 碳钢的牌号和用途

1) 碳素结构钢

碳钢的牌号以 Q 开头的数字表示,"Q"为屈服点,"屈"的汉语拼音首字母,数字表示屈服点数值。如 Q275 表示屈服点为 275MPa,若牌号后面标注字母 A、B、C、D,则表示钢材质量等级不同,即 S、P 含量不同,A、B、C、D 质量依次提高。"F"表示沸腾钢,"b"为半镇静钢,不标"F"和"b"的为镇静钢。如 Q235AF 表示屈服点为 235MPa 的 A 级沸腾钢;Q235C 表示屈服点为 235MPa 的 C 级镇静钢。

碳素结构钢一般情况下都不经热处理,而是在供应状态下直接使用。通常 Q195、Q215、Q235 含碳量低,有一定强度,常轧制成薄板、钢筋、焊接钢管等,用于桥梁、建筑等钢结构,也可制造普通的铆钉、螺钉、螺母、垫圈、地脚螺栓、轴套、销轴等。Q255 和 Q275 钢强度较高,塑性、韧性较好,可进行焊接,通常轧制成型钢、条钢和钢板作结构件以及制造连杆、键、销、简单机械上的齿轮、轴节等。

2) 优质碳素结构钢

优质碳素结构钢牌号由 2 位数字,或数字与特征符号组成。以 2 位数字表示碳的平均质量分数(以万分之几计),例如平均碳含量为 0.45% 的钢,钢号为 45。沸腾钢和半镇静钢在牌号尾部分别加符号"F"和"b",镇静钢一般不标符号。含锰量较高的优质碳素结构钢,在表示碳的平均质量分数的数字后面加锰元素符号。例如:$\omega_C=0.50\%$,$\omega_{Mn}=0.70\%～1.00\%$ 的钢,其牌号表示为"50Mn"。高级优质碳素结构钢,在牌号后加符号

"A",特级优质碳素结构钢在牌号后加符号"E"。

优质碳素结构钢主要用于制造机械零件,一般都要经过热处理以提高机械性能。根据碳的质量分数不同,有不同的用途,08、08F、10、10F 钢,塑性、韧性好,具有优良的冷成型性能和焊接性能,常冷轧成薄板,用于制作仪表外壳、汽车和拖拉机上的冷冲压件,如汽车车身、拖拉机驾驶室等;15、20、25 钢用于制作尺寸较小、负荷较轻、表面要求耐磨、心部强度要求不高的渗碳零件,如活塞销、样板等;30、35、40、45、50 钢经热处理(淬火+高温回火)后具有良好的综合机械性能,即具有较高的强度和较高的塑性、韧性,用于制作轴类零件;55、60、65 钢热处理(淬火+高温回火)后具有较高的弹性极限,常用作弹簧。

3) 碳素工具钢

这类钢的牌号是由代表碳的符号"T"与数字组成,其中数字表示钢中碳的平均质量分数(以千分之几计)。对于含锰量较高或高级优质碳素工具钢,牌号尾部的表示方法与优质碳素结构钢相同。例如 T12 钢,表示 ω_C=1.2% 的碳素工具钢。

碳素工具钢生产成本较低,加工性能良好,可用于制造低速、手动刀具及常温下使用的工具、模具、量具等。在使用前要进行热处理(淬火+低温回火)。

碳素工具钢常用的牌号有 T7、T8,用于制造韧性较高、承受冲击负荷的工具,如小型冲头、凿子、锤子等;T9、T10、T11 用于制造中等韧性的工具,如钻头、丝锥、车刀、冲模、拉丝模、锯条等;T12、T13 钢具有高硬度、高耐磨性,但韧性低,用于制造不受冲击的工具,如量规、塞规、样板、锉刀、刮刀、精车刀等。

4) 铸造碳钢

许多形状复杂的零件,很难通过锻压等方法加工成型,用铸铁时性能上难以满足需要,此时常用铸钢铸造获取铸钢件。所以,铸钢在机械制造尤其是重型机械制造业中应用非常广泛。

铸造碳钢的牌号有两种表示方法。以强度表示的铸造碳钢牌号,是由铸造碳钢代号"ZG"与表示力学性能的两组数字组成,第一组数字代表最低屈服点,第二组数字代表最低抗拉强度值。例如 ZG200-400,表示 $\sigma_s(\sigma_{r}0.2)$ 不小于 200MPa,σ_b 不小于 400MPa;另一种用化学成分表示的牌号在此不作介绍。

铸造碳钢中碳的质量分数一般为 ω_C=0.15%~0.60%,过高则塑性差,易产生裂纹。铸造碳钢的铸造性能比铸铁差,主要表现为铸钢流动性差,凝固时收缩比大且易产生偏析等。

4.2 合 金 钢

4.2.1 合金元素在钢中的作用

为使金属具有某些特性,在基体金属中有意加入或保留的金属或非金属元素称为合金元素,钢中常用的有铬、锰、硅、镍、钼、钨、钒、钴、铝、铜等。硫、磷在特定条件下也可以认为是合金元素,如易切削钢中的硫。

合金元素在钢中的作用主要表现为合金元素与铁、碳之间的相互作用以及对铁碳相图和热处理相变过程的影响。

1. 合金元素对钢基本相的影响

1) 强化铁素体

大多数合金元素都能溶于铁素体,引起铁素体的晶格畸变,产生固溶强化,使铁素体的强度、硬度升高,塑性、韧性下降。

2) 形成碳化物

在钢中能形成碳化物的元素称为碳化物形成元素,有铁、锰、铬、钼、钨、钒等。这些元素与碳结合力较强,生成碳化物(包括合金碳化物、合金渗碳体和特殊碳化物)。合金元素与碳的结合力越强,形成的碳化物越稳定,硬度就越高。碳化物的稳定性越高,就越难溶于奥氏体,也越不易于聚集长大。随着碳化物数量的增加,钢的硬度、强度提高,塑性、韧性下降。

2. 合金元素对 $Fe-Fe_3C$ 相图的影响

1) 合金元素对奥氏体相区的影响

(1) 镍、锰等合金元素使单相奥氏体区扩大,使 A_1 线、A_3 线下降。若其含量足够高,可使单相奥氏体扩大至常温,即可在常温下保持稳定的单相奥氏体组织(这种钢称为奥氏体钢)。

(2) 铬、钼、钛、硅、铝等合金元素使单相奥氏体区缩小,使 A_1 线、A_3 线升高。当其含量足够高时,可使钢在高温与常温时均保持铁素体组织,这类钢称为铁素体钢。

2) 合金元素对 S、E 点的影响

合金元素都使 $Fe-Fe_3C$ 相图的 S 点和 E 点向左移,即降低钢的共析含碳量和碳在奥氏体中的最大溶解度。若合金元素含量足够高,可以在含碳量为 0.4% 的钢中产生过共析组织,在含碳量为 1.0% 的钢中产生莱氏体。

3. 合金元素对钢的热处理的影响

1) 对钢加热时奥氏体形成的影响

(1) 对奥氏体形成速度的影响。合金钢的奥氏体形成过程基本上与碳钢相同,由于碳化物形成元素会阻碍碳原子的扩散,因而会减缓奥氏体的形成;同时合金元素形成的碳化物比渗碳体难溶于奥氏体,溶解后也不易均匀扩散。因此要获得均匀的奥氏体,合金钢的加热温度应比碳钢高,保温时间应比碳钢长。

(2) 对奥氏体晶粒大小的影响。由于高熔点碳化物的细小颗粒分散在奥氏体组织中,能机械地阻碍奥氏体晶粒的长大,因此热处理时合金钢(锰钢除外)不易产生过热组织。

2) 对过冷奥氏体的转变的影响

除钴以外,大多数合金元素都增加奥氏体的稳定性,使 C 形曲线右移。且碳化物形成元素使珠光体和贝氏体的转变曲线分离为两个 C 形曲线,如图 4-2 所示。

由于合金元素使 C 形曲线右移,因而使淬火的临界冷却速度降低,提高了钢的淬透性,这样就可采用较小的冷却速度,甚至在空气中冷却就能得到马氏体,从而避免了由于冷却速度过大而引起的变形和开裂。

C 形曲线右移会使钢的退火变得困难,因此合金钢往往采用等温退火使之软化。

此外,除钴、铝外,其他合金元素均使 M_s 点降低,残余奥氏体量增多。

3) 对淬火钢回火的影响

合金元素固溶于马氏体中,减缓了碳的扩散,从而减缓了马氏体及残余奥氏体的分解

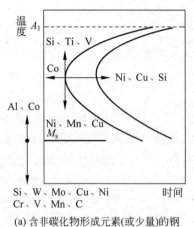 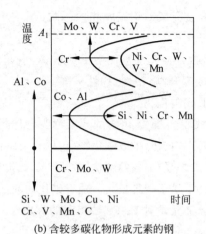

(a) 含非碳化物形成元素(或少量)的钢　　　(b) 含较多碳化物形成元素的钢

图 4-2　合金元素对过冷 A 等温转变和 M_s 点的影响示意图

过程,阻碍碳化物析出和聚集长大,因而在回火过程中合金钢的软化速度比碳钢慢,即合金钢具有较高的回火抗力,在较高的回火温度下仍保持较高的硬度,这一特性称为耐回火性(或回火稳定性)。也就是说,在回火温度相同时,合金钢的硬度及强度比相同含碳量的碳钢要高,或者说两种钢淬火后回火至相同硬度时,合金钢的回火温度较高(内应力的消除比较彻底,因此,其塑性和韧性也比碳钢好)。

此外,若钢中铬、钨、钼、钒等元素超过一定量时,除了提高耐回火性外,在 400℃ 以上还会形成弥散分布的特殊碳化物,使硬度重新升高,直到 500～600℃ 硬度达最高值,出现所谓的二次硬化现象。600℃ 以后硬度下降是这些弥散分布的碳化物聚集长大的结果。

高的耐回火性和二次硬化使合金钢在较高温度(500～600℃)仍保持高硬度,这种性能称为热硬性(或红硬性)。热硬性对高速切削刀具及热变形模具等非常重要。

合金元素对淬火钢回火后的机械性能的不利方面主要是第二类回火脆性。这种脆性主要在含铬、镍、锰、硅的调质钢中出现,而钼和钨可降低第二类回火脆性。

4.2.2　低合金高强度结构钢

低合金钢是一类可焊接的低碳低合金工程结构钢,主要用于房屋、桥梁、船舶、车辆、铁道、高压容器等工程结构件。其中低合金高强度钢是结合我国资源条件(主要加入锰)而发展起来的优良低合金钢之一。钢中 $\omega_C \leqslant 0.2\%$(低碳具有较好的塑性和焊接性),$\omega_{Mn}=0.8\%～1.7\%$,辅以我国富产资源钒、铌等元素,通过强化铁素体、细化晶粒等作用,使钢件具备了较高的强度和韧性、良好的综合力学性能、良好的耐蚀性等。

低合金高强度结构钢通常是在热轧经退火(或正火)状态下供应的,使用时一般不进行热处理。

低合金高强度结构钢分为镇静钢和特殊镇静钢,在牌号的组成中没有表示脱氧方法的符号,其余表示方法与碳素结构钢相同。例如 Q345A,表示屈服强度为 345MPa 的 A 级低合金高强度结构钢。

4.2.3 机械结构用合金钢

机械结构用合金钢主要用于制造各种机械零件,是用途广、产量大、钢号多的一类钢,大多数需经热处理后才能使用。按其用途及热处理特点可分为合金渗碳钢、合金调质钢、弹簧钢等。

机械结构用合金钢牌号由数字与元素符号组成。用2位数字表示碳的平均质量分数(以万分之几计),放在牌号头部。合金元素含量表示方法为:平均质量分数小于1.5%时,牌号中仅标注元素,一般不标注含量;平均质量分数为1.5%~2.49%、2.5%~3.49%……时,在合金元素后相应写成2,3……例如碳、铬、镍的平均质量分数为0.2%、0.75%、2.95%的合金结构钢,其牌号表示为"20CrNi3"。高级优质合金钢和特级优质合金钢的表示方法同优质碳素结构钢。

1. 合金渗碳钢

1) 成分特点

用于制造渗碳零件的钢称为渗碳钢。渗碳钢中 $\omega_C=0.12\%\sim0.25\%$,低的碳含量保证了淬火后零件心部有足够的塑性、韧性。主要合金元素是铬,还可加入镍、锰、硼、钨、钼、钒、钛等元素。其中,铬、镍、锰、硼的主要作用是提高淬透性,使大尺寸零件的心部淬回火后有较高的强度和韧性;少量的钨、钼、钒、钛能形成细小、难溶的碳化物,以阻止渗碳过程中,在高温、长时间保温条件下晶粒长大。

2) 热处理及性能特点

预备热处理为正火;最终热处理一般采用渗碳后直接淬火或渗碳后二次淬火加低温回火的热处理。渗碳后的钢件,表层经淬火和低温回火后,获得高碳回火马氏体加碳化物,硬度一般为58~64HRC;而心部组织则视钢的淬透性及零件的尺寸的大小而定,可得低碳回火马氏体(40~48HRC)或珠光体加铁素体组织(25~40HRC)。20CrMnTi是应用最广泛的合金渗碳钢,用于制造汽车和拖拉机的变速齿轮、轴等零件。

2. 合金调质钢

40、45和50三种优质碳素调质钢虽然常用并价廉,但由于存在着淬透性差、耐回火性差,综合力学性能不够理想等缺点。所以,对重载作用下同时又受冲击的重要零件必须选用合金调质钢。

1) 成分特点

调质钢 $\omega_C=0.25\%\sim0.5\%$。调质钢中主要合金元素是锰、硅、铬、镍、钼、硼、铝等,主要作用是提高钢的淬透性;钼能防止高温回火脆性;钨、钒、钛可细化晶粒;铝能加速渗氮过程。

2) 热处理及性能特点

调质钢锻造毛坯应进行预备热处理,以降低硬度,便于切削加工。合金元素含量低,淬透性低的调质钢可采用退火;淬透性高的调质钢则采用正火加高温回火。例如40CrNiMo钢正火后硬度在400HBS以上,经高温回火后硬度能降低到230HBS左右,满足了切削要求。调质钢的最终热处理为淬火后高温回火(500~600℃),以获得回火索氏体组织,使钢件具有高强度和高韧性相结合的良好综合力学性能。如果除了要求具备良好的综合力学性能外,还要求表面有良好的耐磨性,则可在调质后进行表面淬火或渗氮处理。

3) 用途

调质钢主要用来制造受力复杂的重要零件,如机床主轴、汽车半轴、柴油机连杆螺栓等。40Cr 是最常用的一种调质钢,有很好的强化效果。38CrMoAl 是专用渗氮钢,经调质和渗氮处理后,表面具有很高的硬度、耐磨性和疲劳强度,且变形很小,常用来制造一些精密零件,如镗床镗杆、磨床主轴等。

3. 合金弹簧钢

弹簧钢主要用于制造弹簧等弹性元件,例如汽车、拖拉机、坦克、机车车辆的减振板簧、螺旋弹簧、钟表发条等。

1) 成分特点

弹簧钢 $\omega_C=0.45\%\sim0.7\%$。常加入硅、锰、铬等合金元素,主要作用是提高淬透性,并提高弹性极限。硅使弹性极限提高的效果很突出,也使钢加热时表面易脱碳;锰能增加淬透性,但也使钢的过热和回火脆性倾向增强。另外,弹簧钢中还加入了钨、钼、钒等,它们可减弱硅锰弹簧钢脱碳和过热的倾向,同时可进一步提高弹性极限、耐热性和耐回火性。

2) 热处理及性能特点

弹簧钢的热处理一般是淬火加中温回火,获得回火托氏体组织,具有较高的弹性极限和屈服强度。60Si2MnA 是典型的弹簧钢,广泛用于汽车、拖拉机上的板簧、螺旋弹簧等。

4. 滚动轴承钢

滚动轴承钢主要用来制造各种滚动轴承元件,如轴承内外圈、滚动体等。此外,还可以用来制造某些工具,例如模具、量具等。

滚动轴承钢有自己独特的牌号。牌号前面以"G"(滚)为标志,其后为铬元素符号 Cr,其质量分数以千分之几表示,其余与合金结构钢牌号规定相同,例如平均 $\omega_{Cr}=1.5\%$ 的轴承钢,其牌号表示为"GCr15"。

1) 成分特点

轴承钢在工作时承受很高的交变接触压力,同时滚动体与内外圈之间还产生强烈的摩擦,并受到冲击载荷的作用、大气和润滑介质的腐蚀作用。这就要求轴承钢必须具有较高而均匀的硬度和耐磨性,较高的抗压强度和接触疲劳强度,足够的韧性和对大气、润滑剂的耐蚀能力。为获得上述性能,一般 $\omega_C=0.95\%\sim1.15\%$,$\omega_{Cr}=0.4\%\sim1.65\%$。高碳是为了获得高硬度、耐磨性,铬的作用是提高淬透性,增加回火稳定性。轴承钢对纯度要求很高,磷、硫含量限制极严,故它是一种高级优质钢(但在牌号后不加"A"字)。

2) 热处理及性能特点

轴承钢的热处理包括预备热处理(球化退火)和最终热处理(淬火与低温回火)。GCr15 为常用的轴承钢,具有较高的强度、耐磨性和稳定的力学性能。

4.2.4 合金工具钢和高速工具钢

合金工具钢与合金结构钢基本相同,只是含碳量的表示方法不同。当平均含碳量

ω_C<1.0%时,牌号前以千分之几(一位数)表示;当ω_C≥1.0%时,牌号前不标数字。合金元素表示方法与结构钢相同。

高速钢牌号中不标出含碳量。

1. 合金工具钢

合金工具钢通常以用途分类,主要分为量具刃具钢、合金模具钢。

(1) 量具刃具钢主要用于制造形状复杂、截面尺寸较大的低速切削刃具和机械制造过程中控制加工精度的测量工具,如卡尺、块规、样板等。量具刃具钢碳的质量分数高,一般为ω_C=0.9%~1.5%,合金元素总量少,主要有铬、硅、锰、钨等,提高淬透性,获得较高的强度、耐磨性,保证较高的尺寸精度。该钢的热处理与非合金(碳素钢)工具基本相同。预备热处理采用球化退火,最终热处理采用淬火(油淬、马氏体分级淬火或等温淬火)加低温回火。

9SiCr 是常用的低合金量具刃具钢。

(2) 合金模具钢。

① 冷作模具钢用于制作使金属冷塑性变形的模具,如冷冲模、冷挤压模等。冷作模具钢工作时承受较大的弯曲应力、压力、冲击及摩擦。因此要求具备高硬度、高耐磨性和足够的强度和韧性。热处理采用球化退火(预备热处理)淬火后低温回火(最终热处理)。

② 热作模具钢用于制作高温金属成形的模具,如热锻模、热挤压模等。热作模具钢工作时承受很大的压力和冲击,并反复受热和冷却。因此,要求模具钢在高温下具有足够的强度、硬度、耐磨性和韧性,以及良好的耐热疲劳性,即在反复的受热、冷却循环中,表面不易热疲劳(龟裂)。另外,还应具有良好的导热性和高淬透性。

为了达到上述性能要求,热作模具钢的ω_C=0.3%~0.6%。若过高,则塑性、韧性不足;若过低,则硬度、耐磨性不足。加入的合金元素有铬、锰、镍、钼、钨等。其中铬、锰、镍主要作用是提高淬透性;钨、钼提高耐回火性;铬、钨、钼、硅还能提高耐热疲劳性。预备热处理为退火,以降低硬度利于切削加工;最终热处理为淬火加高温回火。

2. 高速工具钢

高速工具钢(高速钢)主要用于制造高速切削刃具,在切削温度高达 600℃时硬度仍无明显下降,能以比低合金工具钢更高的速度进行切削。

1) 成分特点

高速工具钢具有较高的碳含量(ω_C=0.7%~1.2%),但在牌号中不标出,同时也具有较高的合金含量,加入的合金元素有钨、钼、铬、钒,主要是提高热硬性,铬主是提高淬透性。

2) 热处理及性能特点

热处理特点主要是具有较高的加热温度(1200℃以上)、较高的回火温度(560℃左右)和较多的回火次数(3 次)。采用较高的淬火加热温度是为了让难溶的特殊碳化物能充分溶入奥氏体,最终使马氏体中钨、钼、钒等含量足够高,保证热硬性足够高;高回火温度是因为马氏体中的碳化物形成元素含量高,阻碍回火,因此耐回火性高;多次回火是因为高速钢淬火后残余奥氏体含量很高,多次回火才能消除。正因为如此,高速钢回火时的硬化效果很显著。

4.2.5 特殊性能钢

特殊性能钢是指具有某些特殊的物理、化学、力学性能,因而能在特殊的环境、工作条件下使用的钢。主要包括不锈钢、耐热钢、耐磨钢。

1. 不锈钢

在腐蚀性介质中具有抗腐蚀性能的钢,一般称为不锈钢。铬是不锈钢获得耐蚀性的基本元素。

1) 分类

不锈钢可按成分和组织进行分类,如图 4-3 所示。

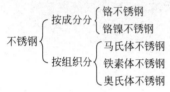

图 4-3 不锈钢的分类

2) 牌号

不锈钢牌号的表示方法与合金结构钢基本相同,只是当 $\omega_C \leqslant 0.08\%$ 及 $\omega_C \leqslant 0.03\%$ 时,在牌号前分别冠以"0"及"00",例如 0Cr19Ni9。

3) 铬不锈钢

铬不锈钢包括马氏体不锈钢和铁素体不锈钢两种类型。其中 Cr13 型属于马氏体不锈钢,可淬火获得马氏体组织。Cr13 型中铬的质量分数平均为 13%, $\omega_C = 0.1\% \sim 0.4\%$。1Cr13 和 2Cr13 可制作塑性、韧性较高,受冲击载荷,在弱腐蚀条件工作的零件(1000℃淬火加 750℃高温回火);3Cr13 和 4Cr13 可制作强度较高、硬度较高、耐磨,在弱腐蚀条件下工作的弹性元件和工具等(淬火加低温回火)。

当含铬量较高($\omega_{Cr} \geqslant 15\%$)时,铬不锈钢的组织为单相奥氏体,如 1Cr17 钢,其耐蚀性优于马氏体不锈钢。

4) 铬镍不锈钢

铬镍不锈钢含铬 $\omega_{Cr} = 18\% \sim 20\%$,含镍 $\omega_{Ni} = 8\% \sim 12\%$,经 1100℃水淬固溶化处理(加热 1000℃以上保温后快冷),在常温下呈单相奥氏体组织,故称为奥氏体不锈钢。奥氏体不锈钢无磁性,耐蚀性优良,塑性、韧性、焊接性优于别的不锈钢,是应用最为广泛的一类不锈钢。由于奥氏体不锈钢固态下无相变,所以不能热处理强化,冷变形强化是有效的强化方法。近年应用最多的是 0Cr18Ni10。

2. 耐热钢

耐热钢是指在高温下具有热化学稳定性和热强性的钢,它包括抗氧化钢和热强钢等。热化学稳定性是指钢在高温下对各类介质化学腐蚀的抗力;热强性是指钢在高温下对外力的抗力。对这类钢的主要要求是优良的高温抗氧化性和高温强度。此外,还应有适当的物理性能,如热膨胀系数小和良好的导热性,以及较好的加工工艺性能等。

为了提高钢的抗氧化性,加入合金元素铬、硅和铝,在钢的表面形成完整的稳定的氧化物保护膜。但硅、铝含量较高时钢材变脆,所以一般以加铬为主。加入钛、铌、钒、钨、钼等合金元素来提高热强性。常用牌号有 3Cr18Ni25Si2、Cr13 型、1Cr18Ni9Ti 等。

3. 耐磨钢

对耐磨钢的主要性能要求是很高的耐磨性和韧性。高锰钢能很好地满足这些要求,它是目前最重要的耐磨钢。

耐磨钢高碳高锰,一般 $\omega_C=1.0\%\sim1.3\%$, $\omega_{Mn}=11\%\sim14\%$。高碳可以提高耐磨性(过高时韧性下降,且易在高温下析出碳化物),高锰可以保证固溶化处理后获得单相奥氏体。单相奥氏体塑性、韧性很好,开始使用时硬度很低,耐磨性差,当工作中受到强烈的挤压、撞击、摩擦时,工件表面迅速产生剧烈的加工硬化(加工硬化是指金属材料发生塑性时,随变形度的增大,所出现的金属强度和硬度显著提高,塑性和韧性明显下降的现象),并且还发生马氏体转变,使硬度显著提高,心部则仍保持为原来的高韧性状态。耐磨钢主要用于运转过程中承受严重磨损和强烈冲击的零件,如车辆履带板、挖掘机铲斗等。Mn13是较典型的高锰钢,应用最为广泛。

4.3 铸　　铁

从铁碳相图知道,含碳量大于2.11%的铁碳合金称为铸铁,工业上常用的铸铁的成分范围是 $\omega_C=2.5\%\sim4.0\%$, $\omega_{Si}=1.0\%\sim3.0\%$, $\omega_{Mn}=0.5\%\sim1.4\%$; $\omega_P=0.01\%\sim0.50\%$, $\omega_S=0.02\%\sim0.20\%$,有时还含有一些合金元素,如 Cr、Mo、V、Cu、Al 等,可见在成分上铸铁与钢的主要区别是铸铁的含碳和硅量较高,杂质元素 S、P 含量较多。

虽然铸铁的机械性(抗拉强度、塑性、韧性)较低,但是由于其生产成本低廉,具有优良的铸造性、减震性及耐磨性,可切削加工性,因此在现代工业中仍得到了普遍的应用,典型的应用是制造机床的床身、内燃机的汽缸、汽缸套、曲轴等。

铸铁的组织可以理解为在钢的组织基体上分布有不同形状、大小、数量的石墨。

4.3.1　铸铁的石墨化

在铁碳合金中,碳除了少部分固溶于铁素体和奥氏体外,以两种形式存在:碳化物状态——渗碳体(Fe_3C)及合金铸铁中的其他碳化物;游离状态——石墨(以 G 表示)。渗碳体和其他碳化物的晶体结构及性能在前面章节中已经介绍。石墨的晶格类型为简单六方晶格,其基面中的原子间距为 0.142nm,结合力较强;而两基面间距为 0.340nm,结合力弱,故石墨的基面很容易滑动,其强度、硬度、塑性和韧性很低,常呈片状形态存在。影响铸铁组织和性能的关键是碳在铸铁中存在的形式、形态、大小和分布。研究工程应用铸铁的中心问题是如何改变石墨的数量、形状、大小和分布。

铸铁组织中石墨的形成过程称为石墨化过程。一般认为石墨可以从液态中直接析出,也可以自奥氏体中析出,还可以由渗碳体分解得到。

1. 铁碳合金的双重相图

实验表明,渗碳体是一个亚稳定相,石墨才是稳定相。通常在铁碳合金的结晶过程中,之所以自液体或奥氏体中析出的是渗碳体而不是石墨,这主要是因为渗碳体的含碳量(5.69%)较之石墨的含碳量($\approx100\%$)更接近合金成分的含碳量(2.5%~4.0%),析出渗碳体时所需的原子扩散量较小,渗碳体的晶核形成较易。但在极其缓慢冷却(即提供足够的扩散时间)的条件下,或在合金中含有可促进石墨形成的元素(如 Si 等)时,在铁碳合金的结晶过程中便会直接从液体或奥氏体中析出稳定的石墨相,而不再析出渗碳体。因此对铁碳合金的结晶过程来说,实际上存在两种相图,即 $Fe-Fe_3C$ 和 Fe-G 相图,如图 4-4 所示,其中实线表示 Fe-Fe₃C 相图,虚线表示 Fe-G 相图。显然,按 Fe-Fe₃C 系相图进行结晶,就得到白口铸铁;按 Fe-G 系相图进行结晶,就析出和形成石墨。

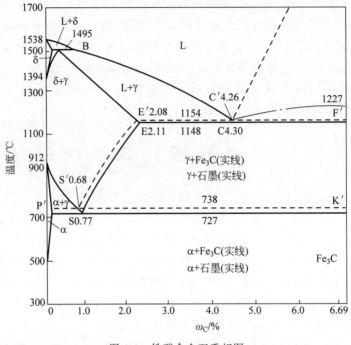

图 4-4 铁碳合金双重相图

2. 铸铁冷却和加热时的石墨化过程

按 Fe-G 相图进行结晶,则铸铁冷却时的石墨化过程应包括:从液体中析出一次石墨 G_I;通过共晶反应产生共晶石墨 $G_{共晶}$;由奥氏体中析出 2 次石墨 G_{II}。

铸件加热时的石墨化过程:当亚稳定的渗碳体在比较高的温度下长时间加热时,会发生分解,产生石墨,即 $Fe_3C \rightarrow 3Fe + G$。加热温度越高,分解速度相对就越快。无论是冷却还是加热时的石墨化过程,凡是发生在 Fe-G 系相图以上,统称为第一阶段石墨化;凡是发生在 Fe-G 系相图以下,统称为第二阶段石墨化。

3. 影响铸铁石墨化的因素

(1)化学成分的影响。碳、硅、磷是促进石墨化的元素,锰和硫是阻碍石墨化的元素。碳、硅的含量过低,铸铁易出现白口组织,力学性能和铸造性能都较差;碳、硅的含量过高,铸铁中石墨数量多且粗大,性能变差。

(2)冷却速度的影响。冷却速度越慢,即过冷度越小,越有利于按照 Fe-G 相图进行结晶,对石墨化越有利;反之,冷却速度越快,过冷度增大,不利于铁和碳原子的长距离扩散,越有利于按 Fe-Fe₃C 相图进行结晶,不利于石墨化的进行。

4.3.2 常用铸铁

根据碳在铸铁中存在的形式及石墨的形态,可将铸铁分为灰铸铁、球墨铸铁、可锻铸铁和蠕墨铸铁等。灰铸铁、球墨铸铁和蠕墨铸铁中石墨都是自液体铁水在结晶过程中获得的,而可锻铸铁中石墨则是由白口铸铁通过在加热过程中石墨化获得。

1. 灰铸铁

1) 灰铸铁的组织

灰铸铁的组织由片状石墨和钢的基体两部分组成。因石墨化程度不同,得到珠光体(P)、铁素体(F)+珠光体(P)、铁素体(F)三种不同基体的灰铸铁,如图4-5所示。

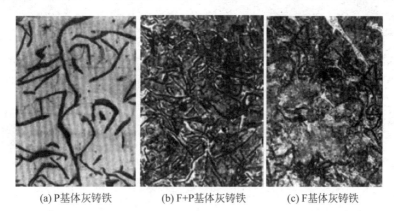

(a) P基体灰铸铁　　(b) F+P基体灰铸铁　　(c) F基体灰铸铁

图 4-5　灰铸铁的显微组织

2) 灰铸铁的性能

灰铸铁的性能主要取决于基体组织以及石墨的形态、数量、大小和分布。因石墨的力学性能极低,在基体中起割裂作用、缩减作用,片状石墨的尖端处易造成应力集中,使灰铸铁的抗拉强度、塑性、韧性比钢低很多。

3) 灰铸铁的孕育处理

为提高灰铸铁的力学性能,在浇注前向铁水中加入少量孕育剂(常用硅铁和硅钙合金),使大量高度弥散的难熔质点成为石墨的结晶核心,灰铸铁得到细珠光体基体和细小均匀分布的片状石墨组织,这样的处理称为孕育处理,得到的铸铁称为孕育铸铁。孕育铸铁强度较高,且铸件各部位截面上的组织和性能比较均匀。

4) 灰铸铁的牌号和应用

灰铸铁的牌号由"HT"("灰铁"二字汉语拼音首字母)及后面一组数字组成。数字表示最低抗拉强度 σ_b 值。例如 HT300,代表抗拉强度 $\sigma_b \geqslant 300\text{MPa}$ 的灰铸铁。由于灰铸铁的性能特点及便于生产,灰铸铁产量占铸铁总产量的80%以上,应用广泛。常用的灰铸铁牌号是 HT150、HT200,前者主要用于机械制造业承受中等应力的一般铸件,如底座、刀架、阀体、水泵壳等;后者主要用于一般运输机械和机床中承受较大应力和较重要零件,如汽缸体、缸盖、机座、床身等。

5) 灰铸铁的热处理

去应力退火:铸件凝固冷却时,因壁厚不同等原因造成冷却不均,会产生内应力,或工件要求精度较高时,都应进行去应力退火;消除白口、降低硬度退火:铸件较薄截面处,因冷速较快会产生白口,使切削加工困难,应进行退火使渗碳体分解,以降低硬度;表面淬火:目的是提高铸件表面硬度和耐磨性,常用方法有火焰淬火、感应淬火等。

2. 球墨铸铁

1）球墨铸铁的组织

按基体组织不同，分为铁素体(F)球墨铸铁、铁素体(F)-珠光体(P)球墨铸铁、珠光体(P)球墨铸铁、贝氏体(B)球墨铸铁四种，金相显微组织如图 4-6 所示。

 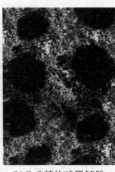 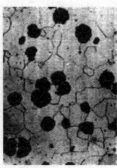 

(a) F 基体球墨铸铁　　(b) F+P 基体球墨铸铁　　(c) P 基体球墨铸铁　　(d) $B_下$ 基体球墨铸铁

图 4-6 球墨铸铁的显微组织

2）球墨铸铁的性能

由于石墨呈球状，其表面积最小，大大减少了对基体的割裂和尖口敏感作用。球墨铸铁的力学性能比灰铸铁高得多，强度与钢接近，屈强比($\sigma_{r0.2}/\sigma_b$)比钢高，塑性、韧性虽然大为改善，仍比钢差。此外，球墨铸铁仍有灰铸铁的一些优点，如较好的减震性、减摩性、低的缺口敏感性、优良的铸造性和切削加工性等。

但球墨铸铁存在收缩率较大、白口倾向大、流动性稍差等缺陷，故它对原材料和熔炼、铸造工艺的要求比灰铸铁高。

3）球墨铸铁的牌号和应用

球墨铸铁的牌号由"QT"（"球铁"两字汉语拼音首字母）及后面两组数字组成。第一组数字表示最低抗拉强度 σ_b；第二组数字表示最低断后伸长率 δ。例如 QT600-3，代表 $\sigma_b \geqslant 600\text{MPa}$，$\delta \geqslant 3\%$ 的球墨铸铁。

球墨铸铁的力学性能好，又易于熔铸，经合金化和热处理后；可代替铸钢、锻钢，制作受力复杂、性能要求高的重要零件，在机械制造中得到广泛应用。

4）球墨铸铁的热处理

球墨铸铁的热处理与钢相似，但因含碳、硅量较高，有石墨存在，热导性较差，因此在球墨铸铁热处理时，加热温度要略高，保温时间要长，加热及冷却速度也要慢。常用的热处理方法有以下四种。

（1）退火。分为去应力退火、低温退火和高温退火。目的是消除铸造内应力，获得铁素体基体，提高韧性和塑性。

（2）正火。分为高温正火和低温正火。目的是增加珠光体数量并提高其弥散度，提高强度和耐磨性，但正火后需回火，消除正火内应力。

（3）调质处理。目的是得到回火索氏体基体，获得较高的综合力学性能。

（4）等温淬火。目的是获得下贝氏体基体，使其具有高硬度、高强度和较好的韧性。

3. 可锻铸铁

1) 可锻铸铁的组织

可锻铸铁组织与石墨化退火方法有关,可得到两种不同基体的铁素体(F)可锻铸铁(又称黑心可锻铸铁)和珠光体(P)可锻铸铁,其显微组织如图4-7所示。

 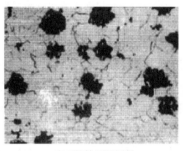

(a) F基体可锻铸铁　　　　　　(b) P基体可锻铸铁

图 4-7　可锻铸铁的显微组织

2) 可锻铸铁的性能

由于石墨呈团絮状,对基体的割裂和尖口作用减轻,故可锻铸铁的强度、韧性比灰铸铁提高很多。

3) 可锻铸铁牌号及用途

可锻铸铁牌号由"KT"("可铁"两字汉语拼音首字母)和代表类别的字母(H、Z)及后面两组数字组成。其中,H代表"黑心",Z代表珠光体基体。两组数字分别代表最低抗拉强度σ_b和最低断后伸长率δ。例如,KTH370-12,代表$\sigma_b \geqslant 370$MPa,$\delta \geqslant 12\%$的黑心可锻铸铁(铁素体可锻铸铁)。可锻铸铁主要用于形状复杂、要求强度和韧性较高的薄壁铸件。

4. 蠕墨铸铁

1) 蠕墨铸铁组织

蠕墨铸铁组织为蠕虫状石墨形态,介于球状和片状之间,它比片状石墨短、粗,端部呈球状,如图4-8所示。蠕墨铸铁的基体组织有铁素体、铁素体+珠光体、珠光体三种。

2) 蠕墨铸铁的性能

力学性能介于灰铸铁和球墨铸铁之间。与球墨

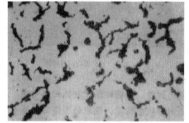

图 4-8　蠕墨铸铁的显微组织

铸铁相比,有较好的铸造性、良好的热导性、较低的热膨胀系数,是近三十年来迅速发展的新型铸铁。

3) 蠕墨铸铁牌号及用途

蠕墨铸铁的牌号由"RuT"("蠕"字的全拼和"铁"字汉语拼音首字母)加一组数字组成,数字表示最低抗拉强度,例如:RuT300。

4.3.3　合金铸铁

合金铸铁是指常规元素硅、锰高于普通铸铁规定含量或含有其他合金元素,具有较高力学性能或某些特殊性能的铸铁。主要有耐磨合金铸铁、耐热合金铸铁、耐蚀合金铸铁。

1. 耐磨合金铸铁

在无润滑干摩擦条件下工作的零件应具有均匀的高硬度组织。白口铸铁是较好的耐磨铸铁,但脆性大,不能承受冲击载荷。因此,生产中常采用冷硬铸铁(也称激冷铸铁),即用金属型铸造耐磨的表面,而其他部位用砂型,同时适当调整铁液化学成分(如减少含硅量),保证白口层的深度,而心部为灰口组织,从而使整个铸件既有较高的强度和耐磨性,又能承受一定的冲击。

我国试制成功的中锰球墨铸铁,即在稀土镁球墨铸铁中加入锰($\omega_{Mn}=5.0\%\sim9.5\%$,$\omega_{Si}$控制在$3.3\%\sim5.0\%$),并适当提高冷却速度,使铸铁基体获得马氏体、大量残余奥氏体和渗碳体。这种铸铁具有高的耐磨性和抗冲击性,可代替高锰钢或锻钢,适用于制造农用耙片、犁铧、饲料粉碎机锤片、球磨机磨球、衬板和煤粉机锤头等。

在润滑条件下工作的耐磨铸铁,其组织应为软基体上分布有较硬的组织组成物,使软基体磨损后形成沟槽,保持油膜。珠光体灰铸铁基本上能满足这样的要求,其中铁素体为软基体,渗碳体层片为硬的组成物,同时石墨片起储油和润滑作用。为了进一步改善其耐磨性,通常将ω_P提高到$0.4\%\sim0.6\%$,做成高磷铸铁。由于普通高磷铸铁的强度和韧性较差,故常在其中加入铬、铂、钨、钛和钒等合金元素,做成合金高磷铸铁,主要用于制造机床床身、汽缸套和活塞环等。此外,还有钒钛耐磨铸铁、铬铝铜耐磨铸铁及硼耐磨铸铁等。

2. 耐热合金铸铁

铸铁的耐热性主要是指在高温下的抗氧化能力和抗热生长能力。

在铸铁中加入硅、铝、铬等合金元素,使表面形成一层致密的SiO_2、Al_2O_3和Cr_2O_3保护膜等。此外,这些元素还会提高铸铁的临界点,使铸铁在使用温度范围内不发生固态相变,使基体组织为单相铁素体,因而提高了铸铁的耐热性。

耐热合金铸铁按其成分可分为硅系、铝系、硅铝系及铬系等。其中,铝系耐热铸铁脆性较大,铬系耐热铸铁价格较贵,故我国多采用硅系和硅铝系耐热铸铁。该类耐热铸铁主要用于制造加热炉附件,如炉底、烟道挡板和传递链构件等。

3. 耐蚀合金铸铁

耐蚀合金铸铁是指在腐蚀性介质中工作时具有耐腐蚀能力的合金铸铁。普通铸铁的耐蚀性差,这是因为组织中的石墨或渗碳体促进了铁素体的腐蚀。

加入Al、Si、C和Mo等合金元素,在铸铁件表面形成保护膜或使基体电极电位升高,可以提高铸铁的耐蚀性能。耐蚀铸铁分高硅耐蚀铸铁及高铬耐蚀铸铁。其中,应用最广的是高硅耐蚀铸铁,其中ω_{Si}高达$14\%\sim18\%$,在含氧酸(硝酸、硫酸等)中的耐蚀性不亚于1C18N9,而在碱性介质和盐酸、氢氟酸中,由于表面SiO_2保护膜遭到破坏,耐蚀性降低。在铸铁中加入$6.5\%\sim8.5\%$的铜,可改善高硅铸铁在碱性介质中的耐蚀性;为改善其在盐酸中的耐蚀性,可向铸铁中加入$2.5\%\sim4.0\%$的钼。

耐蚀合金铸铁主要用于化工机械,如制造容器、管道、泵和阀门等。

4.4 非铁合金粉末冶金

工业中通常将钢铁材料以外的金属或合金统称为非铁金属及非铁合金。因其具有优良的物理、化学和力学性能而成为现代工业中不可缺少的重要工程材料。

4.4.1 铝及铝合金

1. 工业纯铝

工业上使用的纯铝,其纯度(质量分数)为 99.7%～98.00%。

纯铝呈银白色,密度为 2.7g/cm³,熔点为 660℃,具有面心立方晶格,无同素异晶转变,有良好的电导性、热导性。纯铝强度低,塑性好,易加工成材;熔点低,可铸造各种形状的零件;与氧的亲和力强,在大气中表面会生成致密的 Al_2O_3 薄膜,耐蚀性良好。

纯铝的牌号为 1070A、1060、1050A。工业纯铝主要用于制造电线、电缆、管、棒、线、型材和配制合金。

2. 铝合金的分类及热处理特点

铝合金按其成分和工艺特点不同,分为变形铝合金和铸造铝合金两类。铝合金相图如图 4-9 所示。凡合金成分在 D'点右边的铝合金都具有低熔点共晶组织,流动性好,称为铸造铝合金。合金成分在 D'点左边的铝合金,在加热时都能形成单相固溶体组织,这类合金塑性较高,称为变形铝合金。

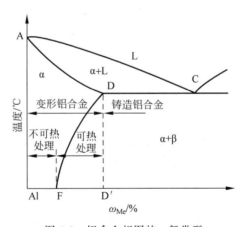

图 4-9 铝合金相图的一般类型

变形铝合金又分为两类,成分在 F 点左边的合金称为不可热处理强化铝合金;成分在 F 与 D'点之间的铝合金称为可热处理强化铝合金。

1) 变形铝合金

不可热处理强化的变形铝合金主要有防锈铝合金;可热处理强化的变形铝合金主要有硬铝、超硬铝和锻铝。

(1) 防锈铝合金。防锈铝合金属于 Al-Mn 或 Al-Mg 系合金。加入锰主要用于提高合金的耐蚀能力和产生固溶强化。加入镁用于起固溶强化作用和降低密度。防锈铝合金强度比纯铝高,并有良好的耐蚀性、塑性和焊接性,但因其不能热处理强化而只能进行冷塑性变形强化,切削加工性较差。其典型牌号是 5A05、3A21,主要用于制造构件、容器、管道及需要拉伸、弯曲的零件和制品。

(2) 硬铝合金。硬铝合金属于 Al-Cu-Mg 系合金。加入铜和镁是为了时效过程产生强化相。将合金加热至适当温度并保温,使过剩相充分溶解,然后快速冷却以获得过饱和固溶体的热处理工艺称为固溶处理。固溶处理后,铝合金的强度和硬度并不立即升高,且塑性较好,在室温或高于室温的适当温度保持一段时间后,强度会有所提高,这种现象称为时效。在室温下进行的称自然时效,在高于室温下进行的称人工时效。硬铝合金典型牌号是 2A01、2A11,主要用于航空工业中。

(3) 超硬铝合金。超硬铝合金属于 Al-Cu-Mg-Zn 系合金。这类合金经淬火加人工时效后,可产生多种复杂的第二相,具有很高的强度和硬度,切削性能良好,但耐蚀性差。典型牌号 7A04,主要用于航空。

(4) 锻铝合金。锻铝合金属于 Al-Cu-Mg-Si 系合金。元素种类多,但含量少,因而合金的热塑性好,适于锻造,故称"锻铝"。锻铝通过固溶处理和人工时效来强化。典型牌号是 2A05、0A07,主要用于制造外形复杂的锻件和模锻件。

2) 铸造铝合金

铸造铝合金按主加元素不同,分为 Al-Si 系、Al-Cu 系、Al-Mg 系和 Al-Zn 系四类。应用最广的是 Al-Si 系铸造合金,通常称为硅铝明。

ω_{Si}＝10%～13% 的 Al-Si 二元合金 ZAlSi12(ZL102),成分在共晶点附近,其铸造组织为粗大针状硅晶体与 α 固溶体组成的共晶,铸造性能良好,但强度、韧性较差。通过变质处理,得到塑性好的初晶 α 固溶体加细粒状共晶体组织,力学性能显著提高,应用很广。

4.4.2 铜及铜合金

1. 纯铜

纯铜呈紫红色,又称紫铜。

铜的密度为 $8.96g/cm^3$,熔点为 1083℃,具有面心立方晶格,无同素异晶转变。其有良好的导电性、导热性、耐蚀性和塑性。纯铜易于热压和冷压力加工;但强度较低,不宜作结构材料。

工业纯铜的纯度为 99.50%～99.90%,其代号用"T"("铜"字汉语拼音首字母)加顺序号表示,共有 T1、T2、T3、T4 四个代号。序号越大,纯度越低。

纯铜广泛用于制造电线、电缆、电刷、铜管、铜棒及配制合金。

2. 铜合金

铜合金有黄铜、青铜和白铜。白铜是铜镍合金,主要用作精密机械、仪表中的耐蚀零件,由于价格较高,一般机械零件很少使用。

1) 黄铜

黄铜是以锌为主要添加元素的铜合金。

(1) 普通黄铜。铜锌二元合金称为普通黄铜。其牌号由"H"("黄")加数字(表示铜的平均含量)组成,如 H68 表示铜含量为 68%,其余为锌。

锌加入铜中不但能使强度增高,也能使塑性增高。当 $\omega_{Zn}<32\%$ 时,形成单相 α 固溶体,随锌含量增加,其强度增加、塑性改善,适于冷、热变形加工;当 $\omega_{Zn}>32\%$ 时,组织中出现硬而脆的 β 相,使强度升高而塑性急剧下降;当 $\omega_{Zn}>45\%$ 时,全部为 β 相组织,强度急剧下降,合金已无使用价值。

(2) 特殊黄铜。在普通黄铜中再加入其他合金元素制成特殊黄铜,可提高黄铜强度和其他性能。如加铝、锡、锰能提高耐蚀性和抗磨性;加铅可改善切削加工性;加硅能改善铸造性能等。

特殊黄铜的牌号依旧由"H"与主加合金元素符号、铜含量百分数、合金元素含量百分数组成。如 HPb59-1,表示 $\omega_{Cu}=59\%$、$\omega_{Pb}=1\%$,其余为锌的铅黄铜。铸造黄铜牌号表示方法与铸造铝合金相同。

2) 青铜

青铜原主要是指铜锡合金,又叫锡青铜。但目前已经将含铝、硅、铍、锰等的铜合金都包括在青铜内,统称为无锡青铜。

(1) 锡青铜。锡青铜是以锡为主要添加元素的铜基合金。按生产方法,锡青铜可分为压力加工锡青铜和铸造锡青铜两类。

压力加工锡青铜含锡量一般小于 10%,适宜于冷、热压力加工。这类合金经形变强化后,强度、硬度提高,但塑性有所下降。

铸造锡青铜含锡量一般为 10%~14%,在这个成分范围内的合金,结晶凝固后体积收缩很小,有利于获得尺寸接近铸型的铸件。

(2) 无锡青铜。无锡青铜是指不含锡的青铜,常用的有铝青铜、铍青铜、铅青铜、锰青铜等。

铝青铜是无锡青铜中用途最广泛的一种,其强度高、耐磨性好,且具有受冲击时不产生火花之特性。铸造时,由于流动性好,可获得致密的铸件。

4.4.3 轴承合金

滑动轴承中用于制作轴瓦和轴衬的合金称为轴承合金。当轴承支撑轴进行工作时,由于轴的旋转,使轴和轴瓦之间产生强烈的摩擦。为了减少轴承对轴颈的磨损,确保机器的正常运转,轴承合金应具有以下性能要求:较高的抗压强度和疲劳强度;摩擦系数小、表面能储存润滑油、耐磨性好;良好的抗蚀性、导热性和较小的膨胀系数;良好的磨合性;加工性能好、原料来源广、价格便宜。

为了满足以上性能要求,轴承合金的组织应是在软基体上分布硬质点(如锡基、铅基轴承合金)或硬基体上分布软质点(如铜基、铝基轴承合金),如图 4-10 所示。轴承工作时,硬组织起支承抗磨作用;软组织被磨损后形成小凹坑,可储存润滑油,减小摩擦和承受振动。最常用的轴承合金是锡基或铅基巴氏合金。

4.4.4 粉末冶金与硬质合金

1. 粉末冶金

将几种金属或非金属粉末混合后压制成型,并在低于金属熔点的温度下进行烧结,而

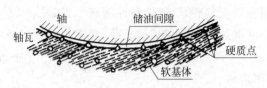

图 4-10 轴承合金结构示意图

获得材料或零件的加工方法。其生产过程包括粉末的生产、混料、压制成型、烧结及烧结后的处理等工序。粉末冶金能生产具有特殊性能的材料和制品,是一种少(无)切削精密加工工艺。随着科技发展对新材料的要求不断增长,粉末冶金材料在民用和国防工业中得到广泛应用。

2. 硬质合金

硬质合金是指以一种或几种高熔点、高硬度的碳化物(如碳化钨、碳化钛等)的粉末为主要成分,加入起黏结作用的金属钴粉末,用粉末冶金法制得的材料。硬质合金具有硬度高(69～81HRC)、热硬性好(900～1000℃,保持 60HRC)、耐磨和高抗压强度等特点。

硬质合金刀具比高速钢切削速度高 4～7 倍,刀具寿命长 5～80 倍。制造模具、量具,寿命比合金工具钢长 20～150 倍。可切削 50HRC 左右的硬质材料。

但硬质合金脆性大,不能进行切削加工,难以制成形状复杂的整体刀具,因而常制成不同形状的刀片,采用焊接、粘接、机械夹持等方法安装在刀体或模具体上使用。

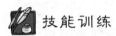 技能训练

实训项目　铸铁金相组织观察

1. 实训目的

(1) 了解铸铁组织中不同组织组成物和组成相形态、分布对铸铁性能的影响。

(2) 掌握金相试样的制备和金相显微镜的使用方法和操作要点。

2. 实训地点

金相实训基地或有相关设备的工矿企业。

3. 实训材料

各种金相试样和金相图谱。

4. 实训设备

金相显微镜设备。

5. 实训内容

各小组领取各种不同类型的铸铁试样后,在显微镜下进行观察,并分析其组织形态和特征。

小　　结

请根据本章内容画出思维导图。

复习思考题

1. 钢中常存杂质元素有哪些？它们对钢的性能有何影响？
2. 指出下列材料牌号的含义：Q235A、60Si2Mn、9SiCr、GCr2W8、3Cr2W8、W18Cr4V、1C18Ni9、HT200、QT600-3 和 KTH300-6。
3. 铸铁与钢相比,有哪些特点？
4. 机床底座是用铸钢好,还是用铸铁好？为什么？
5. 从综合力学性能和工艺性能来考虑,排列球墨铸铁、可锻铸铁和灰铸铁的优劣顺序,并说明原因。
6. 耕地用的犁铧可用什么样的铸铁来制造？加热炉的炉底板用什么样的铸铁来制造？
7. 变形铝合金和铸造铝合金是怎样区分的？铝合金能否热处理强化是根据什么确定的？
8. 不同铝合金可通过哪些途径达到强化的目的？
9. 常用滑动轴承合金有哪几种？简单说明其组织和性能特点,并指出其主要应用范围。

第 2 篇　热加工工艺基础

第 2 篇　冷加工工艺基础

第5章 铸造成型

【教学目标】
1. **知识目标**
   ◆ 掌握铸造生产的基本概念、工艺过程和特点。
   ◆ 熟悉常用铸造方法和合金的铸造性能。
   ◆ 学会铸件成型工艺设计,能够分析常见铸造缺陷的产生原因及制订预防措施。
2. **能力目标**
   ◆ 能够进行铸造工艺设计,绘制毛坯图。
   ◆ 能够分析常见铸造缺陷的产生原因并制订预防措施。
3. **素质目标**
   ◆ 帮助学生养成主动学习的习惯。
   ◆ 培养学生实际工作的能力。
   ◆ 通过潍柴动力股份有限公司攻克重型特种运输车发动机缸体材料和铸造工艺难关的案例,树立民族自豪感,激发社会责任心;通过奥运金镶的铸造,确立文化自信。

引例

在世界内燃机工业史长河中,中国无疑是一名"后来者"。当1897年德国工程师鲁道夫狄赛尔首创压缩点火式内燃机,世界上第一台柴油机成功面世时,中国尚处于晚清的衰落期,民族工业在洋务运动的"催生"下艰难萌芽。

一百多年后,这名"后来者"改写了历史格局,开启了中国人领跑的新篇章。

2020年9月16日,中国装备制造业的领军企业潍柴动力股份有限公司(以下简称"潍柴")发布了全球首款热效率突破50%的商业化商用车柴油机。中国内燃机国家检测机构中国汽车技术研究中心有限公司、国际权威内燃机检测机构德国 TüV 南德意志集团将热效率达到50.26%的认证证书颁发给潍柴。

消息一经发布,世界内燃机行业震惊了。短短2周内,国内外媒体点击量高达4亿人次,10月1日中国中央电视台《经济半小时》、10月2日中国中央电视台《新闻联播》重磅播出;美国柴油机网(Diesel Net)、德国《商用车指南》(KFZ Anzeiger)和《动力世界》(Power World)、意大利 ANSA(安莎社)和《24小时太阳报》(Il Sole 24 ORE)、英国《工程师》(The Engineer)、北欧《国际柴油机械》(Diesel Progress International)、俄罗斯 HTAP-TACC(俄塔社)等国际权威媒体纷纷进行了报道。

热效率达到 50.26% 是世界内燃机的一座里程碑。热效率是衡量内燃机燃油利用效率的标准,热效率越高,燃油消耗越少,节能减排的效果就越显著。纵观世界,柴油机的发展历史就是一部热效率不断提升的历史。自 1897 年,世界上第一台柴油机成功面世,历经百年的改造升级与新技术应用,直到今日,柴油机平均热效率才从 26% 提升到了 46%。尤其是近年来,排放法规日益严格,热效率提升遇到了巨大的瓶颈,提升难度越来越大,进展十分缓慢。此次,潍柴一举突破 50% 的热效率,犹如人类史上首次百米跑进 10 秒。

铸造是熔炼金属,制造铸型,并将熔融金属浇入铸型,凝固后获得具有一定形状、尺寸和性能金属零件毛坯的成型方法。铸造的生产适应性强、成本低廉,机械新产品中铸件占有很大的比例,如机床中铸件重量占 60%~80%。但铸件易产生铸造缺陷、力学性能不如锻件,因此铸件多用于受力不大的零件。

5.1 铸造成型工艺基础

合金在铸造过程中所表现出来的工艺性能,称为金属的铸造性能。金属的铸造性能主要是指流动性、收缩性、偏析、吸气性、氧化性等。铸造性能对铸件质量影响很大,其中流动性和收缩性对铸件的质量影响最大。

5.1.1 合金的流动性

1. 流动性和充型能力的概念

液态金属的充型过程是铸件形成的第一阶段,在充型不利的情况下,易产生浇不足、冷隔、砂眼、抬箱、卷入性气孔和夹渣等铸造缺陷。为了获得优质的铸件,必须首先了解液态金属充填铸型的能力及其影响因素,从而采取相应措施提高或改善合金的充型能力,防止一些铸造缺陷的产生,以满足生产合格铸件最基本的要求。

液态金属的充型能力是指液态金属充满铸型型腔,获得形状完整、轮廓清晰的完整铸件的能力,是一个很重要的铸造性能。液态金属的充型能力首先取决于金属本身的流动能力,同时又受铸型性质、浇注条件、浇注方法、铸件结构等外界条件的影响,因此充型能力是上述各因素的综合反映。

合金的流动性是指其流动的能力。它是合金重要的铸造性能,是影响熔融金属充型能力的主要因素之一。一般来说,流动性较好的铸造合金,在多数情况下其充型能力较强,在浇注后可以获得轮廓清晰、尺寸正确、薄壁和形状复杂的铸件,同时有利于液态金属中非金属夹杂物和气体的上浮与排除,使合金净化,得到不含气孔和夹渣的铸件。此外,铸件凝固期间产生的缩孔可得到液态金属的及时补缩,在凝固后期因尺寸收缩受阻所出现的热裂纹能及时得到液态金属的充填而弥合,因此可以防止这些缺陷的产生。若铸造合金的流动性差,其充型能力就差,铸件容易产生浇不足、冷隔、夹渣、气孔、缩孔和热裂等缺陷。但是可通过改善外界条件提高其充型能力。

2. 影响流动性和充型能力的因素

影响流动性和充型能力的因素主要有合金成分、浇注条件、铸型和铸件结构等。

1) 合金性质方面的因素

合金性质方面的因素包括合金的种类、成分、结晶特征及其他物理性能等。常用合金中,铸铁和硅黄铜的流动性最好,铝硅合金次之,铸钢最差。在铸铁中,流动性随碳、硅含量的增加而提高,普通灰铸铁的流动性比孕育铸铁、可锻铸铁好。合金的结晶特性对流动性影响很大,结晶温度范围窄的合金流动性较好,而结晶温度范围宽的合金流动性较差。

2) 铸型的性质

铸型的性质对液态合金的充型能力有重要的影响,这是因为铸型的阻力会影响液态金属的充型速度,铸型与金属的热交换又会影响金属液保持流动的时间。因此,通过调整铸型的性质来改善合金的充型能力,也能取得较好的效果。铸型的性质对充型能力的影响主要表现在以下几个方面。

(1) 铸型的蓄热系数。铸型的蓄热系数表示铸型从浇注的金属中吸取并储存热量的能力,它与铸型材料的导热系数、比热和密度有关。铸型材料的导热系数、比热和密度越大,铸型的蓄热系数越大,铸型的激冷能力就越强,金属液在其中保持液态的时间也就越短,使充型能力降低。金属型比砂型的蓄热系数大得多,所以液态合金在金属型中的充型能力比在砂型中差。但由于金属型可使液态合金迅速降温,使铸件受到激冷,因此从控制铸件温度分布和凝固顺序或细化晶粒出发,往往要在铸件的局部或整体上采用金属型。为了使金属型浇口、冒口中的金属液缓慢冷却,常在一般涂料中加入蓄热系数很小的石棉粉,以降低涂料的蓄热系数。砂型的蓄热系数与造型材料的性质、型砂成分的配比和其紧实度等因素有关。在砂型铸造中,在铸型表面涂刷蓄热系数很小的烟黑涂料,以解决大型薄壁合金件浇不足的问题,已在实际生产中收到较好的效果。

(2) 铸型的温度。预热铸型可以减小液态金属与铸型的温差,减慢液态金属的散热,从而提高其充型能力。例如,用金属型浇注铝合金铸件时,若将铸型温度由340℃提高到520℃,在相同的浇注温度(760℃)下,螺旋线长度可从525mm增加到950mm;用金属型浇注灰铸铁和球墨铸铁件时,铸型的温度不仅影响充型能力,而且还影响铸件是否会产生白口组织。提高铸型的温度可以防止白口组织的产生。

(3) 铸型的表面状态和铸型中的气体。提高铸型壁表面的光滑度或在型腔表面涂蓄热系数较小的涂料,均可提高充型能力。如果铸型具有适当的发气量,能在金属液与铸型之间形成一层气膜,就可减小合金充型流动时的摩擦阻力,有利于提高充型能力。例如,湿砂型中含有小于6%的水和小于7%的煤粉,能提高液态金属的充型能力,若高于此值,充型能力反而降低,如图5-1所示。这是因为水分含量过多,会加大液态金属的冷却能力,而且高温液态金属会使水分大量汽化或煤粉燃烧,产生大量气体,若铸型的排气能力小或浇注速度太快,则会增大型腔中的气体压力,从而阻碍液态金属的流动,使充型能力降低。因此,适当控制砂型中的含水量和发气物质的含量,提高砂型的透气性,在砂型上扎通气孔,或在离浇注端最远或最高部位布置通气冒口,增加型砂的排气能力,可减小铸型中气体压力对充型能力的不利影响。

3. 浇注条件

浇注条件主要是指浇注温度、充型压力和浇注系统的结构。

1) 浇注温度

浇注温度对液态合金的充型能力有决定性的影响,在一定温度范围内,充型能力随浇注温度的提高明显增大。这是因为提高浇注温度可增大液态合金的过热度,从而延长液

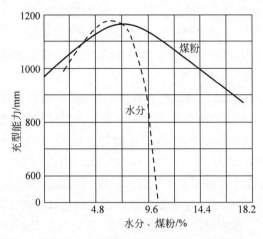

图 5-1 铸型中水分和煤粉含量对低硅铸铁冲型的影响

态合金保持流动的时间,同时也提升了铸型的温度,使合金散热减缓。此外,还降低了液态金属的黏度,使流动阻力减小、流速加快,因此可大大提高合金的充型能力。在生产中,对于薄壁铸件或流动性较差的合金,为有效且方便地改善它们的充型能力,常采用在一定温度范围内提高浇注温度的措施,以防止铸件产生浇不足、冷隔、气孔及夹渣等缺陷。但是温度超过一定范围后,随着浇注温度的提高,则会使合金吸气增多、氧化严重,充型能力的提高幅度越来越小,而且过高的浇注温度还会使铸件一次结晶的晶粒粗大,容易产生缩孔、缩松、黏砂等缺陷。为此,根据生产经验,每种铸造合金都有一个合适的浇注温度范围。例如,一般铸钢的浇注温度为 1520~1620℃,铝合金的浇注温度为 680~780℃,薄壁复杂铸件取上限,厚大铸件取下限。不同壁厚的灰铸铁的浇注温度见表 5-1。在实际生产中,对铸铁常采用高温出炉、低温浇注的工艺措施,其目的就是使高温出炉的金属液能把一些高熔点的杂质全部熔化,使金属液黏度降低,提高合金的流动性,从而改善金属液的充型能力。而液态金属经过一段时间静置后,可使一些难熔杂质上浮至金属表面,起到净化金属液的作用。

表 5-1 不同壁厚的灰铸铁的浇注温度

铸件壁厚/mm	<4	4~10	10~20	20~50	50~100	100~150	>150
浇注温度/℃	360~1450	340~1430	1320~1400	1300~1380	1230~1340	1200~1300	1180~1280

2) 充型压力

液态合金在流动方向上所受的压力越大,充型能力越好。在生产中经常采用增大直浇口的高度以增加液态合金静压头的工艺措施来提高充型能力。此外,还可采用人工加压方法提高充型压头。例如,压力铸造、低压铸造和真空吸铸等,都能提高合金液的充型能力。但是,要注意合金液的充型速度不能过高,否则会发生合金液飞溅,产生铁豆缺陷,而且由于填充速度过快,型腔内气体来不及排出,使反压力增加,以致造成浇不足或冷隔等缺陷。

3) 浇注系统的结构

浇注系统的结构越复杂,液态金属的流动阻力越大,在静压头相同的情况下,液态金属的充型能力越低。例如,在铸造铝合金和镁合金时,为使液态合金流动平稳,常采用蛇形片状直浇道,流动阻力大,充型能力显著降低。在铸铁件上常采用阻流式和缓流式浇注系统,以改变金属液的充型能力。在实际生产中,采用简化浇注系统,增大浇口面积,可在线速度较小的情况下提高充填速度,使铸型很快充满,此方法非常有利于大型薄壁铸件的成型。在设计浇注系统时,除选择恰当的浇注系统结构外,还必须合理布置内浇道在铸件上的位置以及选择合适的直浇道、横浇道和内浇道的截面面积,否则,即使液态金属有较好的流动性,也会产生浇不足和冷隔等缺陷。

4. 铸件结构

铸件结构对充型能力的影响主要表现在铸件的折算厚度和结构复杂程度上。

1)铸件的折算厚度

铸件的折算厚度是指铸件的实际体积与铸件的全部表面积之比。如果铸件的体积相同,在相同的浇注条件下,折算厚度较大的铸件,由于它与铸型的接触表面积相对较小,热量散失较慢,所以充型能力较强。在铸件壁厚相同时,竖壁比水平壁更容易充满。因此,为提高薄壁铸件的充型能力,除采取适当提高浇注温度和压头、增加浇口数量和尺寸等措施外,还应正确选择浇注位置。

2)铸件的结构复杂程度

结构越复杂的铸件,厚、薄部分的过渡面越多,型腔结构越复杂,流动阻力越大,填充铸型越困难。

5. 提高充型能力的措施

从上述对液态金属充型能力影响因素的分析可知,提高充型能力可从以下三个方面采取措施。

1)正确选择合金的成分和合理的熔炼工艺

在不影响铸件使用性能的前提下,可根据铸件的结构尺寸和铸型的性质等因素,将合金成分尽可能调整到共晶成分附近,或选用结晶温度范围较小的合金,以保证液态金属具有良好的流动性,从而有较好的充型能力。熔炼合金所采用的原材料要洁净、干燥,严格控制熔炼操作过程,并进行充分脱氧或精炼除气,以减少液态金属中气体和非金属夹杂物。此外,对某些合金进行变质处理,使晶粒细化,也有利于提高充型能力。

2)调整铸型的性质

适当降低型砂中的含水量和发气物质的含量,减小型砂的发气性;在型砂上扎通气孔,在离浇注端最远或最高部位设通气冒口,提高砂型的透气性;提高金属铸型和熔模壳等铸型的温度。以上措施均有利于提高充型能力。

3)改善浇注条件

适当提高浇注温度和充型压头以及简化浇注系统,也是提高充型能力经常采取的工艺措施。

5.1.2 合金的收缩

1. 收缩的概念

收缩是指铸造合金从液态到凝固再到冷却至室温过程中产生的体积和尺寸的缩减。

包括液态收缩、凝固收缩和固态收缩三个阶段。

1）液态收缩

液态收缩是指合金从浇注温度冷却到凝固开始温度之间的体积收缩,此时的收缩表现为型腔内液面的降低。合金的过热度越大,则液态收缩也越大。

2）凝固收缩

凝固收缩是指合金从凝固开始温度冷却到凝固终止温度之间的体积收缩,在一般情况下,这个阶段仍表现为型腔内液面的降低。

3）固态收缩

固态收缩是指合金从凝固终止温度冷却到室温之间的体积收缩,它表现为三个方向上线尺寸的缩小,即三个方向的线收缩。

金属的总体收缩为上述三个阶段收缩之和。液态收缩和凝固收缩（这两个过程称为体收缩）是铸件产生缩孔和缩松的主要原因,固态收缩是铸件产生内应力、变形和裂纹等缺陷的主要原因。

2. 影响收缩的因素

影响收缩的因素主要为化学成分、浇注温度、铸件结构与铸型材料等。

（1）化学成分。不同种类和不同成分的合金,其收缩率不同。铁碳合金中灰铸铁的收缩率较小,铸钢的收缩率较大。

（2）浇注温度。浇注温度越高,液态收缩越大,因此浇注温度不宜过高。

（3）铸件结构与铸型材料。型腔形状越复杂,型芯的数量越多,铸型材料的退让性越差,对收缩的阻碍越大。产生的铸造收缩应力越大,越容易产生裂纹。

阅读材料

无冒口铸造是追求高经济效益所采取的方法。只要铁液的冶金质量高、铸件模数大,采用低温浇注和紧实牢固铸型,就能保证浇注铸型型腔内的铁液从凝固开始就出现膨胀,导致自补缩从而避免出现缩孔。尽管以后的共晶膨胀率较小,但模数大,即铸件壁厚大,仍可以得到很高的膨胀内压（高达 5MPa）,在加固的铸型内,足以克服 2 次收缩缺陷,因此不需要冒口。为实现无冒口铸造,在生产中要严格满足下列条件。

（1）要求铁液的冶金质量好,球铁件的平均模数应在 2.5cm 以上。当铁液的冶金质量非常好时,模数比 2.5cm 小的铸件也能应用无冒口工艺。

（2）使用强度高、刚性大的铸型,可用自硬砂型、水玻璃砂型等铸型。上、下箱体之间要用机械法（螺栓、卡钩等）牢靠地锁紧。

（3）低温浇注,浇注温度控制在 1300～1350℃。

（4）快浇,防止铸型顶部被过分地烘烤和减少膨胀的损失。

（5）采用小的扁薄内浇道,分散引入铁液,每个内浇道的截面面积不超过 15mm×60mm,尽早凝固,以促使铸件内部尽快建立膨胀压力。

（6）设置明出气孔,直径 20mm,相距 1m,均匀布置。

---

3. 缩孔和缩松的形成及防止

铸件凝固结束后常常在某些部位出现孔洞,大且集中的孔洞称为缩孔,细小且分散的孔洞称为缩松。缩孔和缩松可使铸件的力学性能、气密性和物理化学性能大大降低，以致成为废品，是极其有害的铸造缺陷之一。

1) 缩孔的形成

缩孔常产生在铸件的厚大部位或上部最后凝固部位，常呈倒锥状，内表面粗糙。缩孔的形成过程如图 5-2 所示。液态合金充满铸型型腔后（见图 5-2(a)），由于铸型的吸热，液态合金温度下降，靠近型腔表面的金属凝固成一层外壳（见图 5-2(b)），此时内浇道已凝固，壳中金属液的收缩因被外壳阻碍，不能得到补缩，故其液面开始下降（见图 5-2(c)）。温度继续下降，外壳加厚，内部剩余的液体由于液态收缩和补充凝固层的收缩，使体积缩减，液面继续下降（见图 5-2(d)）。此过程一直延续到凝固终止，在铸件上部形成了缩孔（见图 5-2(e)），温度继续下降至室温，因固态收缩使铸件的外轮廓尺寸略有减小。纯金属和共晶成分的合金，易形成集中的缩孔。

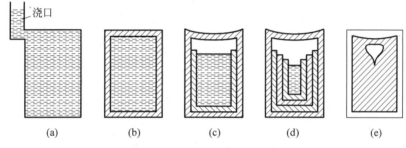

图 5-2 缩孔的形成过程示意图

2) 缩松的形成

结晶温度范围较宽的合金易形成缩松，其形成的基本原因与缩孔相同，也是由于铸件最后凝固区域得不到补充而形成的。

缩松的形成过程如图 5-3 所示。当液态合金充满型腔后，由于温度下降，紧靠型壁处首先结壳，且在内部存在较宽的液-固两相共存区（见图 5-3(b)）。温度继续下降，结壳加厚，两相共存区逐步推向中心，发达的树枝晶将中心部分的合金液分隔成许多独立的小液体区（见图 5-3(c)、(d)）。这些独立的小液体区最后趋于同时凝固，因得不到液态金属的补充而形成缩松（见图 5-3(e)、(f)）。

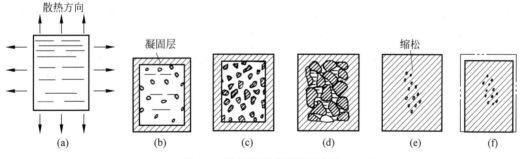

图 5-3 缩松的形成过程示意图

缩松分为宏观缩松和显微缩松两种。宏观缩松是用肉眼或放大镜可以看出的分散细小缩孔。显微缩松是分布在晶粒之间的微小缩孔,要用显微镜才能观察到,这种缩松分布面积更为广泛,甚至遍布铸件的整个截面。

3) 缩孔和缩松的防止

缩孔和缩松都使铸件的机械性能下降,缩松还可使铸件因渗漏而报废。因此,缩孔和缩松都属于铸件的严重缺陷,必须根据技术要求,采取适当的工艺措施予以防止。实践证明,只要能使铸件实现顺序凝固,尽管合金的收缩较大,也可获得没有缩孔的致密铸件。

所谓顺序凝固,就是在铸件上可能出现缩孔的厚大部位通过安放冒口等工艺措施,使铸件远离冒口的部位先凝固,如图 5-4 所示,然后是靠近冒口部位凝固,最后才是冒口本身凝固。按照这样的凝固顺序,先凝固部位的收缩,由后凝固部位的金属液来补充;后凝固部位的收缩,由冒口中的金属液来补充,从而使铸件各个部位的收缩均能得到补充,而将缩孔转移到冒口中。冒口为铸件的多余部分,在铸件清理时将其去除。

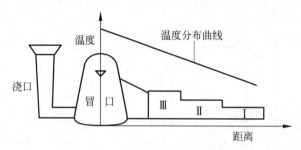

图 5-4 顺序凝固方式示意图

必须指出,对于结晶温度范围较宽的合金,结晶开始之后,发达的树枝状骨架会布满整个截面,使冒口的补缩道路严重受阻,因此难以避免显微缩松的产生。显然,选用近共晶成分或结晶温度范围较窄的合金生产铸件是适宜的。

4. 铸造内应力、变形和裂纹

铸件的固态收缩因受到阻碍而引起的内应力,称为铸造内应力。它是铸件产生变形、裂纹等缺陷的主要原因。

1) 铸造内应力

按其产生原因,可分热应力、固态相变应力和收缩应力三种。热应力是指铸件各部分冷却速度不同,造成在同一时期内,铸件各部分收缩不一致而产生的应力;固态相变应力是指铸件由于固态相变,各部分体积发生不均衡变化而引起的应力;收缩应力是铸件在固态收缩时因受到铸型、型芯、浇冒口、箱挡等外力的阻碍而产生的应力。

铸造内应力可能是暂时的,当引起应力的原因消除以后,应力随之消失,称为临时应力;也可能是长期存在的,称残留应力。

减小和消除铸造内应力的方法有:①采用同时凝固的原则,通过设置冷铁、布置浇口位置等工艺措施,使铸件各部分在凝固过程中温差尽可能小;②提高铸型温度,使整个铸件缓冷,以减小铸型各部分温度差;③改善铸型和型芯的退让性,避免铸件在凝固后的冷却过程中受到机械阻碍;④去应力退火,是一种消除内应力最彻底的方法。

2) 变形

当铸件中存在内应力时,如内应力超过合金的屈服点,会使铸件产生变形。

为防止变形,在铸件设计时,尽量壁厚均匀、形状简单且对称。对于细且长、大且薄等易变形铸件,可将模样制成与铸件变形方向相反的形状,待铸件冷却后变形正好与相反的形状抵消(此方法称"反变形法")。

3) 裂纹

当铸件的内应力超过了合金的强度极限时,铸件便会产生裂纹。裂纹是铸件的严重缺陷。

防止裂纹的主要措施是:①合理设计铸件结构;②合理选用型砂和芯砂的黏结剂与添加剂,以改善其退让性;③大的型芯可制成中空的或内部填以焦炭;④严格限制钢和铸铁中硫的含量;⑤选用收缩率较小的合金等。

5.1.3 合金的吸气和氧化性

合金在熔炼和浇注时吸收气体的能力称为合金的吸气性。如果液态时吸收气体较多,在凝固时,侵入的气体来不及逸出,就会出现气孔、白点等缺陷。

为了减少合金的吸气性,可缩短熔炼时间,选用已烘干的炉料,提高铸型和型芯的透气性,降低造型材料中的含水量并对铸型进行烘干等。合金的氧化性是指合金液与空气接触,被空气中的氧气氧化,形成氧化物。氧化物若不及时清除,会在铸件中出现夹渣缺陷。

5.2 铸造成型方法

📖 **阅读材料**

在材料成型工艺的发展过程中,铸造是历史上最悠久的一种工艺,在我国已有 6000 多年的历史了。商代时期我国就掌握了青铜器铸造技术。河南安阳出土的商代祭器后母戊鼎(又称司母戊鼎),重达 832.84kg,长、高都超过 1m,四周饰有精美的蟠龙纹及饕餮(传说中一种贪吃的野兽),如图 5-5 所示。

北京明代永乐青铜大钟,重达 46.5t,钟高 6.75m,唇厚 18.5cm,外径 3.3m,如图 5-6 所示。体内铸有经文 22.7 万字,击钟时尾音长达 2min 以上,传距达 45km。永乐青铜大钟外形和内腔如此复杂、重量如此巨大、质量要求如此之高,充分体现出我国明代精湛的铸造技术与方法。

图 5-5 商代祭器后母戊鼎

图 5-6 明代永乐青铜大钟

5.2.1 砂型铸造

砂型铸造是实际生产中应用最广泛的一种铸造方法,其基本工艺过程如图 5-7 所示。主要工序为制造模样、制备造型材料、造型、造芯、合型、熔炼、浇注、落砂清理与检验等。

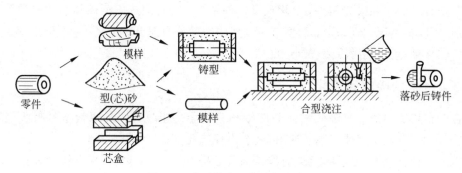

图 5-7 砂型铸造工艺过程示意图

1. 制造模样

造型时需要模样和芯盒。模样用来形成铸件外部轮廓,芯盒用来制造砂芯,形成铸件内部轮廓。制造模样和芯盒所用的材料,根据铸件大小和生产规模的大小而有所不同。产量少的一般用木材制作模样和芯盒;产量大的铸件可用金属或塑料制作模样和芯盒。在设计、制造模样和芯盒时,必须考虑下列问题。

(1) 分型面的选择。分型面是两半铸型相互接触的表面,分型面选择要恰当。

(2) 起模斜度的确定。一般木模斜度为 $1°\sim3°$,金属模斜度为 $0.5°\sim1°$。

(3) 考虑到铸件冷却凝固过程中的体积收缩,为了保证铸件的尺寸,模样的尺寸应比铸件的尺寸大一个收缩量。

(4) 铸件上凡是需要机械加工的部分,都应在模样上增加加工余量。加工余量的大小与加工表面的精度、加工面尺寸、造型方法以及加工面在铸件的位置有关。

(5) 为了减少铸件出现裂纹,且为了造型、造芯方便,应将模样和芯盒的转角处做成圆角。

(6) 当有型芯时,为了能安放型芯,应考虑在模样上设置芯座头。

2. 造型

造型是砂型铸造的最基本工序,通常分为手工造型和机器造型两种。

1) 手工造型

手工造型时,紧砂和起模两道工序是用手工来进行的。手工造型操作灵活,适应性强,造型成本低,生产准备时间短。缺点是铸件质量差,生产率低,劳动强度大,对工人技术水平要求较高。因此主要用于简单件、小批量生产,特别是重型和形状复杂的铸件。在实际生产中,由于铸件的尺寸、形状、生产批量、铸件的使用要求,以及生产条件不同应选择的手工造型方法也不同。表 5-2 列出了常用的手工造型方法。

表 5-2　常用的手工造型方法

分类方法	造型方法	说　　明	应 用 场 景
按砂箱特征区分	两箱造型	铸型由上型和下型组成,造型、起模、修型等操作方便	适用于各种生产批量,各种大、中、小铸件
	三箱造型	铸型由上、中、下三部分组成,中型的高度须与铸件两个分型面的间距相适应。三箱造型费工,应尽量避免使用	主要用于单件、小批量生产具有两个分型面的铸件
	地坑造型	在车间地坑内造型,用地坑代替下砂箱,只要一个上砂箱,可减少砂箱的投资。但造型费工,而且对操作者的技术水平要求较高	常用于砂箱数量不足、制造批量不大的大、中型铸件
	脱箱造型	铸型合型后,将砂箱脱出,重新用于造型。浇注前,须用型砂将脱箱后的砂型周围填紧,也可在砂型上加套箱	主要用于生产小铸件,砂箱尺寸较小
按模样特征区分	整模造型	模样是整体的,多数情况下,型腔全部在下半型内,上半型无型腔。造型简单,铸件不会产生错型缺陷	适用于一端为最大截面,且为平面的铸件
	挖砂造型	模样是整体的,但铸件的分型面是曲面。为了起模方便,造型时用手工挖去阻碍起模的型砂。每造一件,挖砂一次,费工、生产率较低	用于单件或小批量生产分型面不是平面的铸件
	假箱造型	为了克服挖砂造型的缺点,先将模样放在一个预先制作完成的假箱上,然后放在假箱上造下型,省去挖砂操作。操作简便,分型面整齐	用于成批生产分型面不是平面的铸件

续表

分类方法	造型方法	说　　明	应 用 场 景
按模样特征区分	分模造型	将模样沿最大截面处分为两半,型腔分别位于上、下两个半型内。造型简单,节省工时	常用于最大截面在中部的铸件
	活块造型	铸件上有妨碍起模的小凸台、肋条等。制模时将此部分做成活块,在主体模样起出后,从侧面取出活块。造型费工,对操作者的技术水平要求较高	主要用于单件、小批量生产带有突出部分、难以起模的铸件
	刮板造型	用刮板代替模样造型。可大大降低模样成本,节约木材,缩短生产周期。但生产率低,要求操作者的技术水平较高	主要用于有等截面或回转体的大、中型铸件的单件或小批量生产

2) 机器造型

机器造型是将手工造型中的紧砂和起模工步实现了机械化的方法。与手工造型相比,不仅提高了生产率、改善了劳动条件而且提高了铸件精度和表面质量。但是机器造型所用的造型设备和工艺装备费用高、生产准备时间长,只适用于中、小铸件成批或大量的生产。

机器造型按照不同的紧砂方式分为震实、压实、震压、抛砂、射砂造型等多种方法,其中以震压式造型和射砂造型应用最广泛,如图5-8所示。工作时打开砂斗门向砂箱中放入型砂。压缩空气从震实出口进入震实活塞,工作台上升过程中先关闭震实进气通路,然后打开震实排气口,于是工作台带着砂箱下落,与活塞顶部产生撞击。如此反复震击,可使型砂在惯性力作用下被初步紧实。砂型紧实后,压缩空气推动压力油进入起模压缸,四根起模顶杆将砂箱顶起,使砂型与模样分开,完成起模。

机器造型采用单面模样来造型,其特点是上、下型以各自的模板,分别在两台配对的造型机上造型,造好的上、下半型用箱锥定位合型。对于小铸件生产,有时采用双面模样进行脱箱造型。双面模板把上、下两个模样及浇注系统固定在同一模样的两侧,此时,上、下两型均在同一台造型机制出,铸型合型后砂箱脱除,并在浇注前在铸型上加套箱,以防错箱。

机器造型不能进行三箱造型,同时也应避免活块,因为取出活块时,会使造型机的生产效率显著降低。

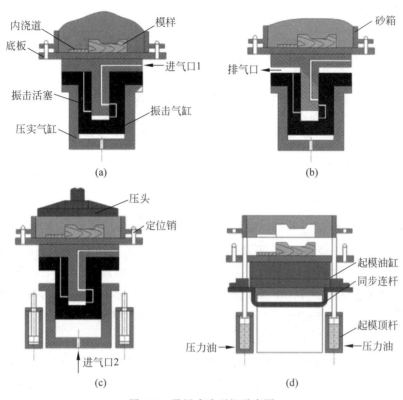

图 5-8 震压式造型机示意图

3. 造芯

造芯也可分为手工造芯和机器造芯。在大批量生产时采用机器造芯比较合理,但在一般情况下用得最多的还是手工造芯。手工造芯主要是用芯盒造芯。

为了提高砂芯的强度,造芯时应在砂芯中放入铸铁芯骨(大芯)或铁丝制成的芯骨(小芯)。为了提高砂芯的透气能力,在砂芯里应做出通气孔。做通气孔的方法是:用通气针扎或用埋蜡线的方法形成复杂的通气孔。

4. 浇注系统

浇注时,金属液流入铸型所经过的通道称为浇注系统。浇注系统一般包括浇口盆、直浇道、横浇道和内浇道,如图 5-9 所示。

5. 砂型和砂芯的干燥及合型

干燥砂型和砂芯目的是增加砂型和砂芯的强度和透气性,减少浇注时可能产生的气体。为提高生产率和降低成本,砂型只有在不干燥就不能保证铸件质量的时候,才进行烘干。

将砂芯及上、下箱等装配在一起的操作过程称为合型。合型时,首先应检查砂型和砂芯是否完好、干净,然后将砂芯安装在芯座上,在确认砂芯位置正确后,盖上上箱,并将上、下箱扣紧或在上箱上方压上压铁,以免浇注时出现抬箱、跑火、错型等问题。

6. 浇注

将熔融金属从浇包注入铸型的操作称为浇注。在浇注过程中必须掌握以下两点。

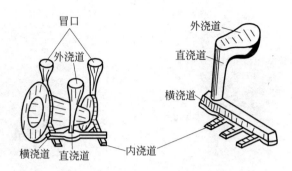

图 5-9 浇注系统示意图

（a）带有浇注系统和冒口铸件　　（b）典型浇注系统组成

（1）浇注温度的高低对铸件的质量影响很大。温度高时，液体金属的黏度下降、流动性提高，可以防止铸件浇不到、冷隔及某些气孔、夹渣等铸造缺陷。但温度过高会增加金属的总收缩量、吸气量和氧化现象，使铸件容易产生缩孔、缩松、黏砂和气孔等缺陷。因此在保证流动性足够的前提下，应尽可能做到高温出炉，低温浇注。通常，灰铸铁的浇注温度为 1200～1380℃，碳素铸钢为 1500～1550℃。形状简单的铸件取较低的温度，形状复杂或薄壁铸件则取较高的浇注温度。

（2）较高的浇注速度可使金属液更好地充满铸型，铸件各部温差小，冷却均匀，不易产生氧化，避免吸气。但速度过高，会使铁液强烈冲刷铸型，容易产生冲砂缺陷。实际生产中，薄壁件应采取快速浇注，厚壁件则应按慢-快-慢的原则浇注。

7．铸件的出砂清理

铸件的出砂清理一般包括落砂、去除浇冒口和表面清理。

1）落砂

用手工或机械使铸件和型砂、砂箱分开的操作称为落砂。落砂时铸件的温度不得高于 500℃，如果过早取出，则会产生表面硬化或出现变形、开裂的现象。

2）去除浇冒口

对脆性材料，可采用锤击的方法去除浇冒口。为防止损伤铸件，可在浇冒口根部先锯槽然后击断。对于韧性材料，可用锯割、氧气割等方法。

3）表面清理

铸件从铸型取出后，还需要进一步清理表面的黏砂。手工清除时一般用钢刷或扁铲加工，这种方法劳动强度大，生产率低，且妨害健康。因此现代化生产主要是用震动机和喷砂、喷丸设备清理表面。喷砂和喷丸就是用砂子或铁丸，在压缩空气的作用下，通过喷嘴射到被清理工件的表面进行清理的方法。

8．铸件检验及铸件常见缺陷

铸件清理后进行质量检验。根据产品要求不同，检验的项目主要有：外观、尺寸、金相组织、力学性能、化学成分和内部缺陷等。其中最基本的是外观检验和内部缺陷检验。铸件常见缺陷的特征及其产生原因如表 5-3 所示。

表 5-3　铸件常见缺陷的特征及其产生原因

序号	缺陷名称	缺陷特征	预防措施
1	气孔	在铸件内部、表面或近于表面处,有大小不等的光滑孔眼,形状有圆的、长的及不规则的,有单个的,也有聚集成片的。颜色有白色的或带一层暗色,有时覆有一层氧化皮	降低熔炼时金属的吸气量。减少砂型在浇注过程中的发气量,改进铸件结构,提高砂型和型芯的透气性,使型内气体顺利排除
2	缩孔	在铸件厚断面内部、两交界面的内部及厚断面和薄断面交接处的内部或表面,形状不规则,孔内粗糙不平,晶粒粗大	壁厚小且均匀的铸件要采用同时凝固,壁厚大且不均匀的铸件需采用由薄向厚的顺序凝固,合理放置冒口的冷铁
3	缩松	在铸件内部微小而不连贯的缩孔,聚集在一处或多处,晶粒粗大,各晶粒间存在很小的孔眼,水压实验时渗水	壁间连接处尽量减少热节,尽量降低浇注温度和浇注速度
4	渣气孔	在铸件内部或表面形状不规则的孔眼。孔眼不光滑,里面全部或部分充满熔渣	提高铁液温度。降低浇渣黏性。提高浇注系统的挡渣能力。增大铸件内圆角
5	砂眼	在铸件内部或表面有充塞型砂的孔眼	严格控制型砂性能和造型操作,合型前注意打扫型腔
6	热裂	在铸件上有穿透或不穿透的裂纹(主要是弯曲形的),开裂处金属表皮氧化	严格控制铁液中 S、P 含量。铸件壁厚尽量均匀。提高型砂和型芯的退让性。浇冒口不应阻碍铸件收缩。避免壁厚的突然改变。开型不能过早。不能激冷铸件
7	冷裂	在铸件上有穿透或不穿透的裂纹(主要是直的),开裂处金属表皮氧化	
8	黏砂	在铸件表面全部或部分覆盖着一层金属(或金属氧化物)与砂(或涂料)的混合物或一层烧结的型砂,致使铸件表面粗糙	减少砂粒间隙。适当降低金属的浇注温度。提高型砂、芯砂的耐火度
9	夹砂	在铸件表面有一层金属瘤状物或片状物,在金属瘤片和铸件之间夹有一层型砂	严格控制型砂、芯砂性能。改善浇注系统,使金属流动平稳。大平面铸件要倾斜浇注
10	冷隔	在铸件上有一种未完全融合的缝隙或注坑,其交界边缘是圆滑的	提高浇注温度和浇注速度。改善浇注系统。浇注时不断流
11	浇不足	由于金属液未完全充满型腔而产生的铸件缺陷	提高浇注温度和浇注速度。不要断流并防止跑火

9. 铸件的修补

当铸件的缺陷经修补后可以达到技术要求时,可作合格品使用。铸件的修补方法有以下 5 种。

(1) 气焊或电焊修补。常用于修补裂纹、气孔、缩孔、冷隔、砂眼等。焊补的部位能达到与铸件本体相近的力学性能,可承受较大载荷。

(2) 金属喷镀。在缺陷处喷镀一层金属。先进的等离子喷镀效果较好。

(3) 浸渍法。此法用于承受气压不高,渗漏不严重的铸件。方法是:将稀释后的酚醛清漆、水玻璃压入铸件隙缝,或将硫酸铜或氯化铁和氨的水溶液压入黑色金属空隙,硬化后即可将空隙填塞堵死。

(4) 填腻修补。用腻子填入孔洞类缺陷。但只用于装饰,不能改变铸件的质量。腻子由铁粉5%+水玻璃20%+水泥5%混合而成。

(5) 金属液熔补。大型铸件上有浇不足等尺寸缺陷或损伤较大的缺陷,修补时可将缺陷处铲除、造型,浇入高温金属液将缺陷处填满。此法适用于青铜、铸钢件的修补。

> **阅读材料**
>
> 　　至今为止,砂型铸造仍是铸件最主要的生产方式。要实施可持续发展战略,必须立足节约资源,提高效率和降低成本,推行清洁生产,开发新型、无毒、无公害的绿色造型材料和工艺。推广应用气冲、高压、射压和挤压造型等高度机械化、自动化、高密度湿砂型造型工艺,提高铸件的内在、外部质量和减少加工余量是中小型铸件生产的主要发展方向。采用纳米技术改性膨润土,或采用在膨润土中加助黏结剂来提高膨润土质量是提升湿型砂造型工艺的关键。优先选用树脂自硬砂、冷芯盒、温芯盒和壳型(芯)制芯工艺,及不用或少用污染黏结剂、催化剂和硬化剂。大中型铸件应采用酯硬化水玻璃砂,选用高模数水玻璃、VRH和微波硬化工艺,在减少水玻璃加入量的条件下,得到相应的强度,溃散性和回用性大幅提高。Laempe公司研发的Beach-Box无机水溶性黏结剂为含多种矿物质的奶状流体,只要加2.5%的水就可以重复使用,是绿色造型材料的发展方向。

5.2.2 特种铸造

特种铸造是指与砂型铸造不同的其他铸造方法。常用的有熔模铸造、金属型铸造、压力铸造、低压铸造和离心铸造。

1. 熔模铸造

熔模铸造是用易熔材料(如石蜡)制成模样,然后在表面涂覆多层耐火材料,待硬化干燥后,将蜡模熔去,得到具有与蜡模形状相应空腔的型壳,再经焙烧后进行浇注而获得铸件的一种方法。

1) 熔模铸造的工艺过程

熔模铸造的工艺过程如图5-10所示。

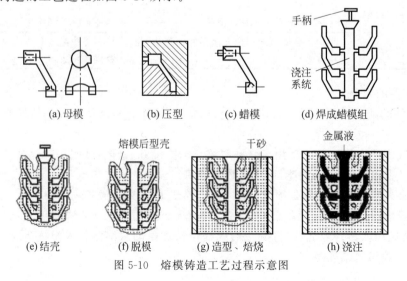

图 5-10　熔模铸造工艺过程示意图

(1) 母模是铸件的基本模样(见图 5-10(a)),材料为钢或铜。用它制造压型。

(2) 压型是用来制造蜡模的特殊铸型(见图 5-10(b))。为保证蜡模质量,压型必须具有很高的精度和低粗糙度。当铸件精度要求较高或大批量生产时,压型常用钢或铝合金加工而成;小批量时,可采用易熔合金(Sn、Pb、Bi 等组成的合金)、塑料或石膏直接在模样(母模)上浇注而成。

(3) 制造蜡模的材料有石膏、蜂蜡、硬脂酸和松香等,常用 50% 石蜡硬脂酸的混合料。蜡模压制时,将蜡料加热至糊状后,在 2~3at 下,将蜡料压入压型中,待蜡料冷却凝固便可从压型中取出,然后修分型面上的毛刺,即可得到单个蜡模(见图 5-10(c))。为了一次能铸出多个铸件,还需要将单个蜡模粘焊在预制的蜡质烧口棒上,制成蜡模组(见图 5-10(d))。

(4) 蜡模制成后,再进行制壳,制壳包括结壳和脱壳。结壳就是在蜡模上涂挂耐火涂料层,制成具有一定强度的耐火型壳的过程(见图 5-10(e))。首先用黏结剂(水玻璃)和石英粉配成涂料,将蜡模组浸挂涂料后,在其表面撒上一层硅砂,然后放入硬化剂(氯化铵溶液)中,利用化学反应产生的硅酸溶胶将砂粒粘牢并硬化。如此反复涂挂 4~8 层,直到型壳厚度达到 5~10mm。型壳制作完成后,便可进行脱蜡。将其浸泡到 90~95℃ 的热水中,蜡模溶化而流出,就可得到一个中空的型壳(见图 5-10(f))。

(5) 为进一步排除型壳内残余挥发物,蒸发水分,提高质量,提高型壳的强度,防止浇注时型壳变形或破裂,可将型壳放入铁箱中,周围用干砂填紧,将装着型壳的铁箱在 900~950℃ 下焙烧(见图 5-10(g))。

(6) 为提高金属液的充型能力,防止浇不足、冷隔等缺陷产生,焙烧后立即进行浇注(见图 5-10(h))。

(7) 待铸件冷却凝固后,将型壳打碎取出铸件,切除浇口,清理毛刺。对于铸钢件,还需进行退火或正火处理。

2) 熔模铸造的特点及适用范围

(1) 熔模铸造获得铸件精度高,尺寸公差可达 IT11~IT13;表面粗糙度低,Ra 值为 12.5~1.6μm。因此采用熔模铸造获得的涡轮发动机叶片等零件,不需要机加工即可直接使用。

(2) 适合于各种合金的铸件,无论是有色合金还是黑色金属。尤其适用于熔点高、难切削的高合金铸钢件的制造,如耐热合金、不锈钢和磁钢等。

(3) 可铸出形状较复杂、不能分型的铸件。其最小壁厚可达 0.3mm,可铸出孔的最小孔径为 0.5mm。

(4) 铸件的质量一般不超过 25kg。

总之,熔模铸造是实现少切削或无切削的重要方法。主要用于制造汽轮机、燃气轮机、涡轮发动机的叶片和叶轮,切削刀具,以及航空、汽车、拖拉机、机床的小零件等。

2. 金属型铸造

将金属液浇注到金属铸型中,待其冷却后获得铸件的方法称为金属型铸造。由于金属型能反复使用很多次,所以又称为永久型铸造。

1) 金属型的结构

金属型一般用铸铁或铸钢制成。铸件的内腔既可用金属芯、也可用砂芯。金属型的结构有多种,如垂直分型、水平分型及复合分型。其中垂直分型便于开设内浇口和取出铸件;水平分型多用来生产薄壁轮状铸件;复合分型的上半型是由垂直分型的两半型采用铰链联结而成,下半型为固定不动的水平底板,主要用于较复杂铸件的铸造。

2) 金属型铸造的工艺特点

金属型的导热速度快和无退让性,使铸件易产生浇不足、冷隔、裂纹及白口等缺陷。此外,金属型反复经受灼热金属液的冲刷,会降低使用寿命,为此应采用以下辅助工艺措施。

(1) 保持铸型合理的工作温度(预热)。浇注前预热金属型,可减缓铸型的冷却能力,有利于金属液的充型及铸铁的石墨化过程。生产铸铁件,金属型应预热至250~350℃;生产有色金属件应预热至100~250℃。

(2) 刷涂料。为保护金属型和方便排气,通常在金属型表面喷刷耐火涂料层,以免金属型直接受金属液冲蚀和热作用。调整涂料层厚度可以改变铸件各部分的冷却速度,并有利于金属型中的气体排出。浇注不同的合金,应喷刷不同的涂料。如铸造铝合金件,应喷刷由氧化锌粉、滑石粉和水玻璃制成的涂料;对灰铸铁件则应采用由石墨粉、滑石粉、耐火黏土粉及桃胶和水组成的涂料。

(3) 浇注。金属型的导热性较强,因此采用金属铸型时,合金的浇注温度应比采用砂型高出20~30℃。通常铝合金为680~740℃;铸铁为1300~1370℃;锡青铜为1100~1150℃。薄壁件取上限,厚壁件取下限。铸铁件的壁厚不小于15mm,以防出现白口组织。

(4) 控制开型时间。开型越晚,铸件在金属型内收缩量越大,而且铸件易产生较大的内应力和裂纹。通常铸铁件的出型温度为700~950℃,开型时间为浇注后10~60s。

3) 金属型铸造的特点和应用范围

与砂型铸造相比,金属型铸造有以下优点。

(1) 复用性好,可"一型多铸",节省了造型材料和造型工时。

(2) 金属型对铸件的冷却能力较强,可使铸件的组织致密并提高机械性能。

(3) 铸件的尺寸精度高,公差等级为IT12~IT14;表面粗糙度较低,Ra 为 5.3m。

(4) 金属型铸造不用砂或用砂较少,改善了劳动条件。

然而金属型的制造成本高、周期长、工艺要求严格,不适用于单件小批量铸件的生产,主要适用于有色合金铸件的大批量生产,如飞机、汽车、内燃机、摩托车等的铝活塞、汽缸体、汽缸盖、油泵壳体及铜合金的轴瓦、轴套等。对黑色合金铸件,也只限于形状较简单的中、小铸件。

3. 压力铸造

压力铸造是使液体或半液体金属在高压作用下,以极高的速度充填压型,并在压力作用下凝固而获得铸件的一种方法。

1) 压铸机

压铸机是压铸生产最基本的设备。根据压室的不同,压铸机分为热压室和冷压室两种。

2) 压力铸造的特点及应用

(1) 压铸的生产率高,可达50~500件/h,便于实现自动化。

(2) 获得铸件的尺寸精度高,可达 IT11~IT13;表面粗糙度低,Ra 为 2.6~0.8μm。一些铸件无须机加工就可直接使用,可压铸结构复杂的薄壁件。

(3) 由于金属铸型的冷却能力强,可获得细晶粒组织的铸件,所以其机械强度比砂型铸件提高了 25%~40%。

总之,压铸是实现少切削、无切削的一种重要方法,但也存在以下不足。

(1) 压铸设备投资大,压铸型的制造成本高,只有在大量生产时才使用。

(2) 可压铸的合金种类受到限制,很难适用于钢和铸铁等高熔点合金。

(3) 由于压铸时的充型速度快,型腔中的空气很难完全排出,且厚壁处也很难补缩,所以铸件内部不能避免气孔和缩松缺陷。

(4) 压铸件不宜进行热处理或在高温下使用,以免压铸件气孔中的气体膨胀,引起零件的变形和破坏。

基于压铸的以上特点,其广泛应用于大批量有色合金铸件的生产中。其中铝合金压铸件占的比重最大,约为 30%~50%,其次是锌合金和铜合金铸件。

4. 低压铸造

低压铸造是采用比压力铸造低的压力(一般为 0.02~0.06MPa),将金属液从铸型的底部压入,并在压力下凝固获得铸件的方法。

1) 低压铸造的工艺过程

(1) 将金属、升液管和铸型装配好,盖好密封盖。

(2) 向密封金属液的坩埚中,通入干燥的压缩空气(或惰性气体),使金属液在压力作用下,自下而上地通过升液管进入铸型,并在压力下凝固。

(3) 解除压力,使升液管和浇注系统中未凝固的金属液流回坩埚。

(4) 打开铸型,取出铸件。

2) 低压铸造的特点及应用

低压铸造介于重力铸造和压力铸造之间,它具有以下优点。

(1) 浇注及凝固时的压力容易调整、适应性强,可用于各种铸型、各种合金及各种尺寸的铸件。

(2) 底注式浇注充型平稳,减少了金属液的飞溅和对铸型的冲刷,可避免铝合金件的针孔缺陷。

(3) 铸件在压力下充型和凝固,其浇口能提供金属液进行补缩,因此铸件轮廓清晰,组织致密。

(4) 低压铸造的金属利用率高,约在 90% 以上。

(5) 设备简单,劳动条件较好,易于机械化和自动化。

主要缺点是升液管寿命短,且在保温过程中金属液易氧化和产生夹渣。

总之,低压铸造主要用来铸造一些质量要求较高的铝合金和镁合金铸件,如汽缸体、缸盖、曲轴箱和高速内燃机的铝活塞等薄壁件。

5. 离心铸造

离心铸造是将金属液浇入高速旋转(250~1500r/min)的铸型中,并在离心力作用下充型和凝固的铸造方法。其铸型可以是金属型,也可以是砂型。既适合制造中空铸件,也能用来生产成型铸件。

根据旋转空间位置不同,离心铸造机可分为立式和卧式两类。

1) 立式离心铸造机

立式离心铸造机的铸型绕垂直轴旋转,金属液的自由表面在离心力作用下呈抛物面,所以它主要用来生产高度小于直径的盘、环类铸件,也可用于浇注成型铸件,如图 5-11 所示。

2) 卧式离心铸造机

卧式离心铸造机的铸型绕水平轴旋转,铸件的各部分冷却速度和成型条件相同,所以其壁厚沿径向和轴向都均匀。主要用来生产长度大于直径的套、管类铸件,如图 5-12 所示。

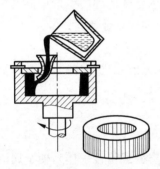
图 5-11 立式离心铸造机示意图

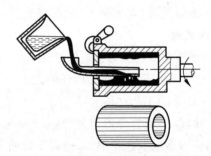
图 5-12 卧式离心铸造机示意图

3) 离心铸造的特点及应用

(1) 铸件组织致密、无缩孔、缩松、气孔和夹渣等缺陷,所以机械性能较好。因为金属液在离心力的作用下充型和凝固,铸件的凝固从外向内进行,不仅易于补缩,而且使气体、夹渣聚集在内表面便于消除。

(2) 由于离心力的作用,金属液的充型能力好,可以浇注流动性较差的合金和薄壁铸件。

(3) 便于铸造双层金属的铸件。如钢套镶铜轴承,可节约铜合金。

(4) 生产中空铸件不需要芯子和浇注系统,节约了金属。

(5) 易产生比重偏析缺陷,且内表面粗糙。

总之,离心铸造主要用来生产大批套、管类铸件,如铸铁管、铜套、缸套、双金属钢背铜套等。此外,还可以用于轮盘类铸件,如泵轮、电机转子等铸件的制造。

5.3 铸造成型设计

5.3.1 浇注位置的选择

浇注位置是浇注时铸件相对铸型分型面所处的位置。当分型面为水平、垂直或倾斜时,分别对应水平浇注、垂直浇注或倾斜浇注。浇注位置的正确与否,对铸件的质量影响很大,因此应考虑以下 4 个原则。

(1) 铸件的重要加工面或对质量要求较高的面,应尽可能置于铸型的下部或处于侧立位置。在液体金属的浇注过程中,其中的气体和熔渣会往上浮,而且由于静压力较小的原因也使铸件上部组织不如下部组织致密。图 5-13 所示为车床床身的浇注位置,床身的导轨面是关键部分,要求组织致密且不允许有任何铸造缺陷,因此通常采用导轨面朝下的浇注位置。

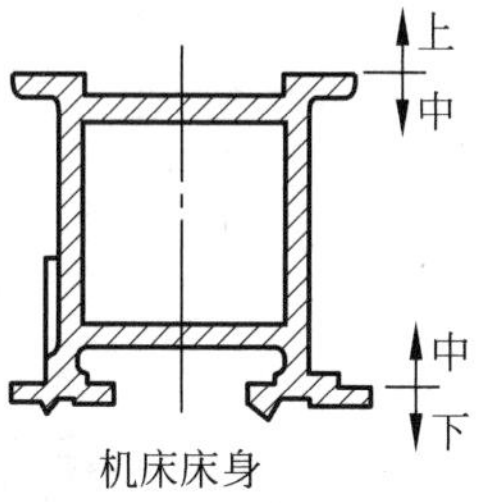

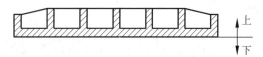

图 5-13 床身的浇注位置

(2) 将铸件的大平面朝下,以免在此面出现气孔和夹砂等缺陷。因为在金属液的充型过程中,灼热的金属液会对砂型上表面产生强烈的热辐射作用,使该表面的型砂拱起或开裂,导致金属液钻进裂缝,从而使铸件的该表面产生夹砂缺陷,如图 5-14 所示。

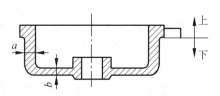

图 5-14 平板的浇注位置

(3) 具有大面积薄壁的铸件,应将薄壁部分放在铸型的下部或处于侧立位置,以免产生浇不足和冷隔等缺陷。电机箱盖的浇注位置如图 5-15 所示。

图 5-15 电机箱盖的浇注位置

(4) 为防止铸件产生缩孔缺陷,应把铸件上易产生缩孔的厚大部位置于铸型顶部或侧面,以便安放冒口进行补缩。

5.3.2 铸型分型面的选择

分型面的选择合理与否,会对铸件质量及制模、造芯、合型或清理等工序产生很大的影响。在选择铸型分型面时应考虑以下原则。

(1) 尽可能使铸件全部或主要部分置于同一砂箱中,以避免错型而造成尺寸偏差。如图 5-16 所示。

① 在图 5-16(a)中,铸件分别处于两个砂箱中,为不合理情形。

② 在图 5-16(b)中,铸件处于同一个砂箱中,既便于合型,又可避免错型,为合理情形。

(2) 尽可能使分型面为一个平面,如图 5-17 所示。

① 若采用俯视图弯曲对称面作为分型面,则需要采用挖砂或假箱造型,使铸造工艺复杂化(见图 5-17(a))。

② 起重臂按图中所示分型面为一个平面,可用分模造型、起模方便(见图 5-17(b))。

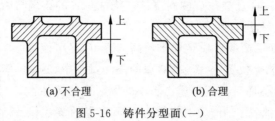

图 5-16　铸件分型面(一)

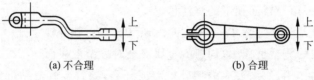

图 5-17　铸件分型面(二)

(3) 尽量减少分型面,如图 5-18 所示。

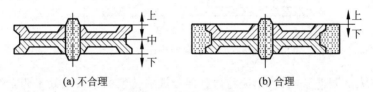

图 5-18　铸件分型面(三)

① 若槽轮铸件采用三箱手工造型,操作复杂(见图 5-18(a))。

② 若槽轮部分用环形芯形成,可有两箱造型,既简化了造型过程,又保证了铸件质量,还可提高生产率(见图 5-18(b))。

对于某个具体铸件,在选择浇注位置和分型面时,很难同时满足以上所有原则,这些原则有时甚至是相互矛盾的,因此必须抓住主要矛盾。对于质量要求很高的重要铸件,应以浇注位置为主,在此基础上,考虑简化造型工艺。对于质量要求一般的铸件,则应以简化铸造工艺,提高经济效益为主,不必过多考虑铸件的位置,仅对朝上的加工表面留较大的加工余量即可。

5.3.3　工艺参数的选择

1. 机械加工余量

铸件的机械加工余量是指为了进行机械加工而增大的尺寸。零件图上所有标注粗糙度符号的表面均需机械加工,均应留出机械加工余量。其具体值的大小随铸件的大小、材质、批量、结构的复杂程度及加工面在铸型中的位置等的不同而变化。通常,由于铸钢件表面粗糙、变形较大,其加工余量应比铸铁件大;有色合金铸件表面较光洁、平整,其加工余量可小些;铸铁件中灰铸铁件的加工余量较可锻铸铁和球墨铸铁小。

2. 收缩率

金属液浇注到铸型中后,随温度的降低将发生凝固、冷却及铸件各部分尺寸的缩减。这种缩减的百分率称为该金属的铸造收缩率。

在制造模型或芯盒时,应根据铸造合金收缩率的大小,将模型或芯盒放大,以保证该合金的铸件冷却至室温时能符合尺寸要求。

铸造合金收缩率的大小,随铸造合金种类、成分及铸件的尺寸和结构的不同而改变。通常灰铸铁的收缩率为 0.7%～1.0%,铸钢为 1.5%～2.0%,有色合金为 1.0%～1.5%。

3. 起模斜度(又称拔模斜度)

在造型和制芯时,为了方便地把模型从铸型中或将芯子从芯盒中取出,需要在模型或芯盒的起模方向上做出一定的斜度。若零件在设计时没有给出足够的结构斜度,就应在设计铸造工艺时确定拔模斜度。

拔模斜度的大小取决于该垂直壁的高度、造型方法及表面粗糙度等因素。通常,随着垂直壁高度的增加,其拔模斜度应减小;机器造型的拔模斜度较手工造型小;外壁的拔模斜度也小于内壁。一般拔模斜度在 0.5°～5°之间。

4. 型芯头

型芯头主要用于定位和固定砂芯,使砂芯在铸型中有准确的位置。芯头可分为垂直芯头和水平芯头两类。垂直芯头一般都有上、下芯头,但短而粗的型芯也可不留芯头。

为便于铸型的装配,芯头与铸型芯座之间应留有 1～4mm 的间隙。

5. 最小铸出孔及槽

铸件上的孔和槽铸出与否,取决于铸造工艺的可行性和必要性。一般来说,较大的孔和槽应该铸出,以减少切削工时和节约金属材料。表 5-4 是铸件的最小铸出孔尺寸。

表 5-4　铸件的最小铸出孔尺寸　　　　　　　　　　单位:mm

生产批量	最小铸出孔的直径	
	灰铸铁	铸钢件
大量	12～15	—
成批	15～30	30～50
单件、小批	30～50	50

5.4　铸件结构工艺性

在设计铸件结构时,不仅应考虑能否满足铸件的使用性能和力学性能,还应考虑铸造工艺和所选用合金的铸造性能对铸件结构的要求。铸件结构工艺性好坏,对铸件的质量、生产率及成本有很大的影响。

5.4.1　砂型铸造工艺对铸件结构设计的要求

为简化造型、制芯、合箱和清理等铸造生产工序,节约工时,减少废品,并为实现生产机械化创造条件,在设计铸件时应考虑以下因素。

(1) 减少和简化分型面。铸件分型面的数量应尽量少且尽量为平面,以利于减少砂箱数量和造型工时,而且能简化造型工艺,减少错型、偏芯等缺陷,提高铸件尺寸精度,如图 5-19 所示。

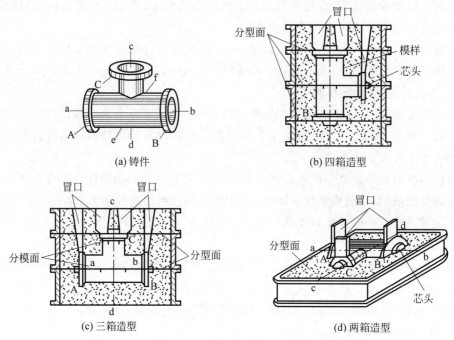

图 5-19 减少和简化分型面

（2）铸件外形应力求简单。采用型芯和活块虽然可以制造各种复杂的铸件，但型芯和活块的使用会使造型、造芯和合型的工作量增加，且易出现废品，故应尽量避免不必要的型芯。

（3）应有一定的结构斜度。凡垂直于分型面的不加工面都应有一定的斜度。

（4）铸件结构要有利于节省型芯，以及便于型芯的定位、固定、排气和清理。

5.4.2 合金铸造性能对铸件结构设计的要求

在设计铸件结构时，若不充分考虑铸件所用合金的铸造性能，铸件会出现浇不足、冷隔、缩孔、缩松、铸造应力、变形和裂纹等缺陷。因此，在设计铸件的结构时，除考虑使用要求外，还应考虑以下 4 个方面。

（1）合理设计铸件的壁厚。由于各种铸造合金的流动性不同，在相同铸型条件下，获得铸件的最小壁厚也不同。当然在不同铸型条件下，同一种铸造合金铸件的最小厚度也不相同，冷却能力愈强的铸型，获得铸件的最小壁厚应愈大。表 5-5 列出了砂型条件下几种铸造合金的最小壁厚值，其值的大小主要取决于铸造合金的种类和铸件的尺寸大小。

总之，在确定铸件的壁厚时，不仅要保证铸件的强度和刚度等机械性能，而且应使铸件的壁厚大于所用合金的"最小壁厚值"，以免产生浇不足和冷隔缺陷。但铸件壁太厚，又易产生缩孔和缩松缺陷。因此，一般铸件的最大壁厚应不超过最小壁厚的 3 倍，尤其是铸铁件，其强度并非随壁厚的增大而成比例地增加。

表 5-5　砂型铸造条件下铸件的最小壁厚值　　　　　　　　单位：mm

铸造方法	铸件尺寸/mm	合金种类					
		铸钢	灰铸铁	球墨铸铁	可锻铸铁	铝合金	铜合金
砂型铸造	<200×200	8	5~6	6	5	3	3~5
	200×200~500×500	10~12	6~10	12	8	4	6~8
	>500×500	15~20	15~20	15~20	10~12	6	10~12

注：对于结构复杂、高牌号铸铁的大件宜取上限。

（2）铸件壁厚应均匀。铸件壁厚不均会造成铸造合金的局部积聚，在积聚处易产生缩孔和缩松。同时，由于铸件壁厚不均，即铸件各部分冷却速度不同，会使铸件产生较大的铸造应力，造成铸件的变形和开裂。

（3）铸件的连接和圆角。铸件的壁厚应力求均匀，如果因结构不能达到厚壁均匀的要求，则铸件各部分不同壁厚的连接应采用圆角过渡。

（4）铸件应尽量避免有过大的水平面。较大的水平面不利于金属液体的充填，易造成浇不足、冷隔等缺陷，同时还易产生夹砂，不利于气体和非金属夹杂物的排除等缺点。

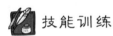 技能训练

实训项目　铸造加工的内容、要求、安排和注意事项（包括安全技术）

1. 实训目的

（1）了解砂型铸造生产工艺过程及其特点和应用。

（2）了解手工造型和机器造型的基本方法及铸造合金熔化方法。

（3）了解常见铸造缺陷及其产生原因；能独立进行手工两箱造型。

（4）了解铸造生产的安全规范、环境保护措施以及简单的经济成本分析。

2. 实训地点

铸造实训基地。

3. 实训材料

砂。

4. 实训设备

模具。

5. 实训内容

（1）造型操作练习：整模、分模、挖砂、活砂等造型方法。

（2）进行手工造型，参加浇注、落砂、筛砂和清理所做铸件。

（3）铸型工艺分析：选择典型零件的造型工艺方案，进行试做与比较。

小　　结

请根据本章内容画出思维导图。

复习思考题

1. 试述铸件产生热裂和冷裂的原因、裂纹形态特征及防止措施。
2. 铸件的凝固方式分为几种？哪一种凝固方式更有利于铸件质量的提高？
3. 铸造合金的收缩经历了哪几个阶段？
4. 铸件中的侵入气孔是如何形成的？预防侵入气孔的基本途径有哪些？
5. 铸件浇注位置的选择应遵循哪些原则？
6. 什么是分型面？分型面的确定应考虑哪些因素？

第 6 章　锻 压 成 型

【教学目标】

1. 知识目标
◆ 理解金属压力加工的基本原理。
◆ 学会锻件、冲压、轧制、挤压等结构工艺性的设计及工艺方案的确定。
◆ 熟悉常用金属压力加工方法。
◆ 了解先进工艺方法在金属压力加工成型中的应用。

2. 能力目标
◆ 能够进行常见金属压力加工成型零件工艺方案的确定。
◆ 能够进行金属压力加工成型零件的结构工艺设计。

3. 素质目标
◆ 锻炼自主学习、举一反三的能力。
◆ 培养严谨务实的工作态度。
◆ 通过8万吨模锻压力机助力中国大飞机制造的案例,理解社会主义核心价值观。

引例 1

锻造是一种通过模具和工具利用压力使工件成型的工艺方法,它是最古老的金属加工方法之一,可以追溯到公元前4000年,甚至公元前8000年。锻造最初是指通过石制工具捶的方法制造珠宝、钱币和各种器具,继而发展成"铁匠"这一古老的职业,如图6-1所示。

图 6-1　古代打铁匠

 引例 2

大型模锻压力机是象征重工业实力的国宝级战略装备。2013 年,中国成功自主设计制造出 8 万吨模锻压力机,一举打破了苏联 7.5 万吨模锻液压机保持了 51 年的世界纪录,这标志着中国正式成为拥有世界最高等级模锻装备的国家。这个"钢铁巨无霸"实现了在航空、航天、海洋、核电、高铁等所需的高端大型模锻件的自主制造。它的存在使我国航空航天大型模锻件实现了自给自足,为我国航空航天模锻件自主创新提供了研发平台,已经成为助推航空航天装备飞跃发展必不可少的基础装备。

锻压是对坯料施加外力,使其产生塑性变形、改变尺寸、形状并改善性能,用以制造机械零件、工件或毛坯的成型加工方法,它是锻造与冲压的总称。锻压能改善金属组织,提高力学性能,重要零件应采用锻件毛坯。锻压不足之处不能加工脆性材料(如铸铁)和形状毛坯。

6.1 锻压成型工艺基础

6.1.1 金属塑性变形的实质

金属在外力作用下首先会产生弹性变形,当外力增大到使内应力超过材料的屈服点时,就会产生塑性变形。锻压成型加工就是利用材料的塑性变形。

金属塑性变形是金属晶体每个晶粒内部变形、晶粒间相对移动和晶粒转动的综合结果。单晶体的塑性变形主要是通过滑移的形式实现。即在切应力的作用下,晶体的一部分相对于另一部分沿着一定的晶面产生滑移,如图 6-2 所示。

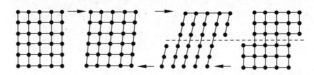

图 6-2 单晶体滑移示意图

单晶体的滑移不是滑移面上所有的原子同时刚性移动的结果,而是通过晶体内的位错运动实现的,所以滑移所需要的切应力比理论值低得多。位错运动的滑移机制如图 6-3 所示。

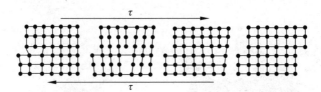

图 6-3 位错运动引起塑性变形示意图

6.1.2 塑性变形对金属组织和性能的影响

1. 冷塑性变形后的组织变化

金属在常温下经塑性变形,其显微组织出现晶粒伸长、破碎、晶粒扭曲等特征,并伴随内应力的产生。

2. 冷变形强化

金属在塑性变形过程中,随着变形程度的增加,强度和硬度提高而塑性和韧性下降的现象称为冷变形强化(也称加工硬化)。

冷变形强化在生产中具有重要的意义,它是提高金属材料强度、硬度和耐磨性的重要手段之一。但冷变形硬化后由于塑性和韧性进一步降低,从而给进一步变形带来困难,甚至导致开裂和断裂。冷变形的材料各向异性还会引起材料的不均匀变形。

3. 回复与再结晶

冷变形强化是一种不稳定状态,该过程具有恢复到稳定状态的趋势。当金属温度提高到一定程度,原子热运动加剧,使不规则原子排列变为规则排列,消除了晶格扭曲,内应力大为下降,但晶粒的形状、大小和金属的强度、塑性变形不大,这种现象称为回复。当温度继续升高,金属原子活动具有足够动能时,则开始以碎晶或杂质为核心结晶出新的晶粒,从而消除了冷变形强化现象,这个过程称为再结晶。金属开始再结晶的温度称为再结晶温度,一般为该金属熔点的 0.4 倍,即 $T_{再} \approx 0.4 T_{熔}$。

图 6-4 所示为冷变形后的金属在加热过程中发生回复与再结晶的组织变化示意图。

通过再结晶后,金属的性能恢复到变形前的水平。金属在常温下进行压力加工,常在中间安排再结晶退火工序。在实际生产中为缩短生产周期,通常再结晶退火温度比再结晶温度高 100~200℃。

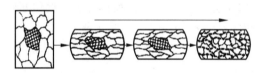

图 6-4 金属回复与再结晶过程组织变化示意图

再结晶过程完成后,如果继续延长加热时间或提高温度,则晶粒会产生明显长大,成为粗晶组织,导致材料力学性能下降,使锻造性能恶化。

6.1.3 金属的冷变形和热变形

金属在再结晶温度以下进行的塑性变形称为冷变形,例如钢在常温下进行的冷冲压、冷轧、冷挤压等。在冷变形过程中,有冷变形强化现象而无再结晶组织。

冷变形工件没有氧化皮,可获得较高的公差等级,较小的表面粗糙度,强度和硬度较高。由于冷变形金属存在残余应力和塑性差等缺点,因此常常需要中间退火,才能继续变形。

热变形是在再结晶温度以上进行的,变形后只有再结晶组织而无冷变形强化现象,例如热锻、热轧、热挤压等。

热变形与冷变形相比,其优点是塑性良好,变形抗力低,容易加工变形,但高温下金属容易产生氧化皮,所以工件的尺寸精度低,表面粗糙。

金属经塑性变形及再结晶,可使原来存在的不均匀、晶粒粗大的组织得以改善,或将铸锭组织中的气孔、缩松等压合,从而得到更致密的再结晶组织,提高金属的力学性能。

6.1.4 锻造流线及锻造比

热变形使铸锭中的脆性杂质粉碎,并沿着金属主要伸长方向呈碎粒状分布,而塑性杂质则随金属变形,并沿着主要伸长方向呈带状分布,金属中的这种杂质的定向分布通常称为铸造流线。

热变形对金属组织和性能的影响主要取决于热变形的程度,而热变形的大小可用锻造比 Y 来表示。锻造比是金属变形程度的一种表示方法,通常用变形前后的截面比、长度比或高度比来计算。

拔长锻造比
$$Y_{拔} = \frac{F_0}{F} = \frac{L}{L_0} \tag{6-1}$$

镦粗锻造比
$$Y_{镦} = \frac{F}{F_0} = \frac{H_0}{H} \tag{6-2}$$

式中,F_0、L_0、H_0 分别为变形前坯料的截面积、长度和高度;F、L、H 分别为变形后坯料的截面积、长度和高度。

锻造比越大,热变形程度越大,则金属的组织、性能改善越明显,锻造流线也越明显。锻造流线使金属的性能呈各向异性,当分别沿着流线方向和垂直流线方向拉伸时,前者有较高的抗拉强度;当分别沿着流线方向和垂直方向剪切时,后者有较高的抗剪强度。

在设计和制造机器零件时,必须考虑锻造流线的合理分布,使零件工作时的正应力与流线方向垂直,并尽量使锻造流线与零件的轮廓相符而不被切断。

图 6-5(a)所示为采用棒料直接切削加工制造的螺栓,受横向切应力时使用性能较好,受纵向切应力时易损坏;若采用图 6-5(b)所示局部镦粗方法制造的螺栓,其受横向、纵向切应力时使用性能均较好。

 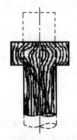

(a) 切削加工的螺栓毛坯　　(b) 局部镦粗加工的毛坯

图 6-5　螺栓的纤维组织与加工方法关系示意图

6.1.5 合金的锻造性能

合金的锻造性能是指材料在锻压加工时的难易程度。若金属及合金材料在锻压加工时塑性好,变形抗力小,则锻造性能好;反之,则锻造性能差。因此,金属及合金的锻造性能常用其塑性及变形抗力来衡量。

合金的锻造性能主要取决于材料的本质及其变形条件。

1. 材料的本质

1) 化学成分

不同化学成分的合金材料具有不同的锻造性能。纯金属比合金塑性好,变形抗力小,因此纯金属比合金锻造性能好。合金元素的含量越高,锻造性能越差,因此低碳钢比高碳钢的锻造性能好。相同碳含量的碳钢比合金钢的锻造性能好,低合金钢比高合金钢的锻造性能好。

2) 组织结构

金属的晶粒越细,塑性越好,但变形抗力越大。金属的组织越均匀,塑性也越好。相同成分的合金,单相固溶体比多相固溶体塑性好,变形抗力小,锻造性能好。

2. 变形条件

1) 变形温度

随着变形温度的升高,金属原子的动能增大,削弱了原子间的引力,滑移所需的应力下降,金属及合金的塑性增加,变形抗力降低,锻造性好。但变形温度过高,晶粒会迅速长大,从而降低了金属及合金材料的力学性能,这种现象称为"过热"。若变形温度进一步升高,接近金属材料的熔点时,金属晶界会产生氧化,锻造时金属及合金易沿晶界产生裂纹,这种现象称为"过烧"。过热可通过重新加热锻造和再结晶使金属或合金恢复原来的力学性能,但过热会使锻造火次增加,而过烧则使金属或合金报废。因此,金属及合金的锻造温度必须控制在一定的温度范围内,其中碳钢的锻造温度范围可根据铁-碳平衡相图确定。

2) 变形速度

变形速度是指单位时间内的变形量。金属在再结晶以上温度进行变形时,加工硬化与回复、再结晶同时发生。采用普通锻压方法(低速)时,回复、再结晶不足以消除由塑性变形所产生的加工硬化,随着变形速度的增加,金属的塑性下降,变形抗力增加,锻造性会降低。因此塑性较差的材料(如铜和高合金钢)宜采用较低的变形速度(即用液压机而不用锻锤)成型。当变形速度高于临界速度时,产生大量的变形热,加快了再结晶速度,金属的塑性增加,变形抗力下降,锻造性提高。因此生产上常用高速锤锻造高强度、低塑性等难以锻造的合金。

3) 变形方式(应力状态)

变形方式不同,变形金属的内应力状态也不同。拉拔时,坯料沿轴向受到拉应力,其他方向为压应力,这种应力状态的金属塑性较差。镦粗时,坯料中心部位受到三向压应力,周边部位上下和径向受到压应力,而切向为拉应力,周边受拉部分塑性较差,易镦裂。挤压时,坯料处于三向压应力状态,金属呈现良好的塑性状态。实践证明,拉应力的存在会使金属的塑性降低,三向受拉金属的塑性最差。三个方向上压应力的数目越多,则金属的塑性越好。

6.2 自 由 锻

利用自由锻设备的上、下砧或一些简单的通用性工具,直接使坯料变形而获得所需的几何形状及内部质量的锻件,这种方法称为自由锻。

由于自由锻所用的工具简单,并具有较大的通用性,因此自由锻应用较为广泛。生产的自由锻件质量可以从1g的小件到300t的大件。对于特大型锻件,自由锻是唯一可行的加工方法,所以自由锻在重型工业中具有重要的意义。自由锻不足之处是锻件精度低,生产率低,生产条件差。自由锻适用于单件小批量生产。

6.2.1 自由锻的基本工序

自由锻工序分为基本工序、辅助工序、精整(或修整)工序三大类。

1. 基本工序

基本工序是使金属材料产生一定程度的塑性变形,以达到所需形状和尺寸的工件的工艺过程,如镦粗、拔长、冲孔、切肩、弯曲和扭转等,如表6-1所示。

表6-1 锻件分类及所需锻造工序

锻件类别	图例	锻造工序
盘类零件		镦粗(或拔长-镦粗)、冲孔等
轴类零件		拔长(或镦粗-拔长)、切肩、锻台阶等
筒类零件		镦粗(或拔长-镦粗)、冲孔、在芯轴上拔长等
环类零件		镦粗(或拔长-镦粗)、冲孔、在芯轴上扩孔等
弯曲类零件		拔长、弯曲等

2. 辅助工序

辅助工序是为方便基本工序操作而进行的预先变形工序,如压钳口、压肩、钢锭倒棱等。

3. 精整工序

精整工序是用以减少锻件表面缺陷而进行的工序,如校正、滚圆、平整等。

实际生产中最常用的是镦粗、拔长和冲孔三个基本工序。

6.2.2 自由锻工艺规程的制订

制订工艺规程、编写工艺卡片是进行自由锻生产必不可少的技术准备工作,是组织生产过程、规定操作规程、控制和检查产品质量的依据。其主要内容包括绘制锻件图和计算坯料质量与尺寸等。

1. 绘制锻件图

锻件图是制订锻造工艺过程和检验的依据,绘制时主要考虑锻件余块、锻件余量和锻件公差。

1) 锻件余块

对键槽、齿槽、退刀槽以及小孔、盲孔、台阶等难以用自由锻方法锻出的结构,必须暂时添加一部分金属以简化锻件的形状。为了简化锻件形状以便于进行自由锻造而增加的这一部分金属，称为余块(或敷料)，如图 6-6 所示。

2) 锻件余量

在零件的加工表面增加供切削加工用的余量，称为锻件余量，如图 6-6 所示。锻件余量的大小与零件的材料、形状、尺寸、批量大小、生产实际条件等因素有关。零件越大，形状越复杂，则余量越大。

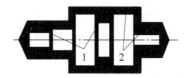

图 6-6　锻件余块和余量
1—余块；2—余量

3) 锻件公差

锻件公差是锻件名义尺寸的允许变动量，其值的大小与锻件形状、尺寸有关，并受具体生产情况的影响。

2. 计算坯料质量与尺寸

1) 确定坯料质量

自由锻所用坯料的质量为锻件的质量与锻造时各种金属消耗的质量之和，可由下式计算：

$$m_{坯} = m_{锻} + m_{烧} + m_{芯} + m_{切} \tag{6-3}$$

式中，$m_{坯}$ 为坯料质量；$m_{锻}$ 为锻件质量；$m_{烧}$ 为加热时坯料表面氧化而烧损的质量；$m_{芯}$ 为冲孔时芯料的质量；$m_{切}$ 为端部切头损失质量。

对于大型锻件，当采用钢锭作坯料进行锻造时，还要考虑切掉的钢锭头部和尾部的质量。

2) 确定坯料尺寸

根据塑性加工过程中体积不变原则和采用的基本工序类型(如拔长、镦粗等)的锻造比、高度与直径之比等计算出坯料横截面积、直径或边长等尺寸。

3) 选择锻造工序

自由锻锻造工序的选取应根据工序特点和锻件形状来确定。一般而言，盘类零件多采用镦粗(或拔长-镦粗)和冲孔等工序；轴类零件多采用拔长、切肩和锻台阶等工序。一般锻件的分类及采用的工序如表 6-1 所示。

工艺规程的内容，还包括确定所用工夹具、加热设备、加热规范、加热火次、冷却规范、锻造设备和锻后热处理规范等。

6.2.3　自由锻锻件的结构设计

自由锻锻件的设计原则是：在满足使用性能的前提下，锻件的形状应尽量简单，易于锻造。

(1) 尽量避免锥体或斜面结构。

图 6-7(a)所示为有锥体或斜面结构的锻件，此锻件需使用专用工具，锻件成型比较困难，从而使工艺过程复杂，不便于操作，影响设备使用效率，应尽量避免。改成如图 6-7(b)所示的锻件，锻件容易成型。

(2) 避免几何体的交接处形成空间曲线。图 6-8(a)所示为两个圆柱面相交，锻件成型十分困难。改成如图 6-8(b)所示的平面相交，消除了空间曲线，使锻件容易成型。

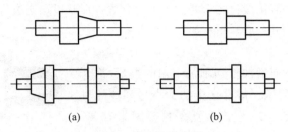

图 6-7 轴类锻件结构

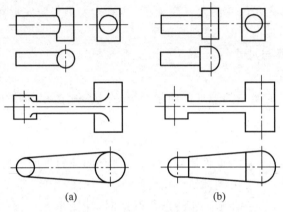

图 6-8 杆类锻件结构

（3）合理采用组合结构。如图 6-9(a)所示的锻件，当横截面积急剧变化、形状较复杂时，锻件成型十分困难，应尽量避免。改成如图 6-9(b)所示的锻件，设计成由数个简单件构成的组合体，每个简单件锻造成型后，再用焊接或机械连接的方式构成整体零件。

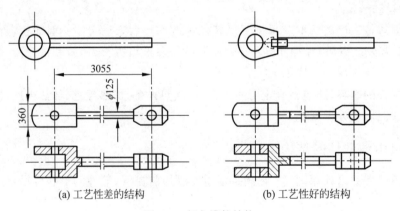

(a) 工艺性差的结构　　　　　(b) 工艺性好的结构

图 6-9 复杂锻件结构

（4）避免加强肋、凸台，工字形、椭圆形或其他非规则截面及外形。如图 6-10(a)所示的锻件结构，难以用自由锻方法获得，若采用特殊工具或特殊工艺进行生产，会降低生产率，增加产品成本。改进后的结构如图 6-10(b)所示。

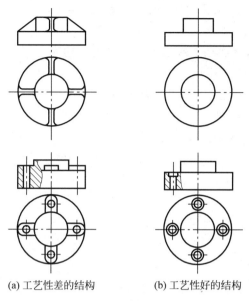

(a) 工艺性差的结构　　　　(b) 工艺性好的结构

图 6-10　盘类锻件结构

6.3　模　锻

在模锻设备上,利用高强度锻模,使金属坯料在模膛内受压产生塑性变形,从而获得所需形状、尺寸以及内部质量锻件的加工方法称为模锻。模锻是通过在变形过程中模膛对金属坯料流动的限制,获得与模膛形状相符的模锻件。

与自由锻相比,模锻具有以下五个优点。

(1) 生产效率较高。模锻时,金属的变形在模膛内进行,故能较快获得所需形状。

(2) 能锻造形状复杂的锻件,并可使金属流线分布更为合理,提高零件的使用寿命。

(3) 模锻件的尺寸较精确,表面质量较好,加工余量较小。

(4) 节省金属材料,减少切削加工工作量。在批量足够的条件下,可以降低生产成本。

(5) 模锻操作简单,劳动强度低。

缺点是模锻生产受模锻设备吨位限制,模锻件的质量一般在 150kg 以下。模锻设备投资较大,模具费用较昂贵,工艺灵活性较差,生产准备周期较长。因此,模锻适合于小型锻件的大批量生产,不适合单件小批量生产以及中、大型锻件的生产。

模锻按使用的设备不同,可分为锤上模锻、胎模锻和压力机上模锻。

6.3.1　锤上模锻

锤上模锻是将上模固定在锤头上,下模紧固在模垫上,通过随锤头做上下往复运动的上模,直接锻击置于下模中的金属坯料,从而获取锻件的锻造方法。锤上模锻工作示意图如图 6-11 所示。

锤上模锻的工艺特点如下。

(1) 金属在模膛中是在一定速度下,经过多次连续锤击而逐步成型的。

(2) 锤头的行程、打击速度均可调节,能实现轻重缓急不同的打击,因此可进行制坯工作。

(3) 由于惯性作用,金属在上模模膛中具有更好的充填效果。

(4) 锤上模锻的适应性广泛,可生产多种类型的锻件,可以单膛模锻,也可以多膛模锻。

由于锤上模锻打击速度较快,所以对变形速度较敏感的低塑性材料(如镁合金等),进行锤上模锻不如在压力机上模锻的效果好。

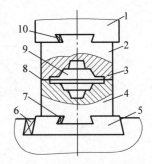

图 6-11 锤上模锻工作示意图
1—锤头;2—上模;3—飞边槽;4—下模;5—模垫;6、7、10—紧固楔铁;8—分模面;9—模膛

1. 锻模

根据模膛功用不同,锻模可分为模锻模膛和制坯模膛。

1) 模锻模膛

模锻模膛可分为终锻模膛和预锻模膛两种。

(1) 终锻模膛。终锻模膛可使金属坯料最终变形到所要求的形状与尺寸,如图 6-11 所示。由于模锻需要加热后进行,锻件冷却后尺寸会缩减,所以终锻模膛的尺寸应比实际锻件尺寸放大一个收缩量,对于钢锻件收缩量可取 1.5%。飞边槽用以增加金属从模膛中流出的阻力,促使金属充满整个模膛,同时容纳多余的金属,还可以起到缓冲作用,减弱对上、下模的打击,防止锻模开裂。飞边槽在锻后利用压力机上的切边模去除。

(2) 预锻模膛。用于预锻的模膛称为预锻模膛。对于外形较为复杂的锻件,常采用预锻工步,使坯料先变形到接近锻件的外形与尺寸,以便合理分配坯料各部分的体积,避免折迭的产生,并有利于金属的流动,易于充满模膛,同时可减小终锻模膛的磨损,延长锻模的寿命。预锻模膛和终锻模膛的主要区别是前者的圆角和模锻斜度较大,高度较大,一般不设飞边槽。只有当锻件形状复杂、成型困难,且批量较大的情况下,才会设置预锻模膛。

2) 制坯模膛

对于形状较复杂的模锻件,为了使坯料基本接近模锻件的形状,以便模锻时金属能合理分布,并很好地充满模膛,必须预先在制坯模膛内制坯。制坯模膛有以下四种。

(1) 拔长模膛。减小坯料某部分的横截面积,以增加其长度。如图 6-12 所示((a)图为开式,(b)图为闭式)。

(2) 滚挤模膛。减小坯料某部分的横截面积,以增大另一部分的横截面积。主要是使金属坯料能够按模锻件的形状分布。如图 6-13 所示((a)图为开式,(b)图为闭式)。

(3) 弯曲模膛。使坯料弯曲,如图 6-14 所示。

(4) 切断模膛。在上模与下模的角部组成一对刃口,用来切断金属,如图 6-15 所示。可用于从坯料上切下件或从锻件上切钳口,也可用于多个锻件锻造后分离成单个锻件。

2. 模锻工艺规程的制订

模锻工艺规程的制订主要包括绘制模锻件图、计算坯料尺寸、确定模锻工步、选择锻造设备、确定锻造温度范围等。

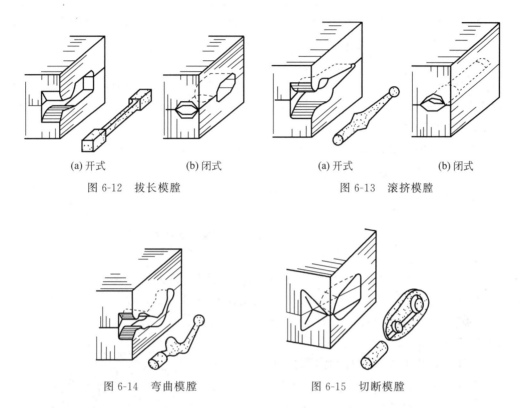

(a) 开式　　　　　(b) 闭式　　　　　　　　(a) 开式　　　　　(b) 闭式

图 6-12　拔长模膛　　　　　　　　　图 6-13　滚挤模膛

图 6-14　弯曲模膛　　　　　　　　　图 6-15　切断模膛

1) 绘制模锻件图

模锻件图是设计和制造锻模、计算坯料以及检验模锻件的依据。

根据零件图绘制模锻件图时,应考虑以下几个方面。

(1) 分模面

分模面为上、下锻模的分界面。分模面的选择应按以下原则进行。

① 要保证模锻件能从模膛中顺利取出,并使锻件形状尽可能与零件形状相同。一般分模面应选在模锻件最大水平投影尺寸的截面上。如图 6-16 所示,若选 a—a 面为分模面,则无法从模膛中取出锻件。

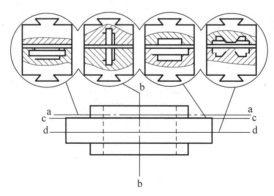

图 6-16　分模面的比较图

② 按选定的分模面制成锻模后,应使上下模沿分模面的模膛轮廓一致,以防止在安

装锻模和生产中发现错模现象。如图 6-16 所示,若选 c—c 面为分模面,就不符合此原则。

③ 应使分模面为一个平面,并使上下锻模的模膛深度基本一致,差别不宜过大,以便于均匀充型。

④ 选定的分模面应使零件上所加的敷料最少。如图 6-16 所示,若将 b—b 面选作分模面,零件中间的孔不能锻出,其敷料最多,既浪费金属,降低了材料的利用率,又增加了切削加工工作量,所以该面不宜选作分模面。

⑤ 应把分模面选取在模膛最浅处,这样可使金属很容易充满模膛,便于取出锻件。如图 6-16 所示的 b—b 面就不适合做分模面。

按上述原则综合分析,选用如图 6-16 所示的 d—d 面为分模面最合理。

(2) 加工余量和锻件公差

模锻的加工余量和锻件公差比自由锻小得多,具体数据可查相关手册。

(3) 模锻斜度

为便于从模膛中取出锻件,模锻件平行于锤击方向的表面必须有斜度,称为模锻斜度,一般为 5°~15°。模锻斜度与模膛深度和宽度有关,通常模膛深度与宽度的比值(h/b)较大时,模锻斜度取较大值。

(4) 模锻圆角半径

模锻件所有两平面转接处均需圆弧过渡,此过渡处称为锻件的圆角,如图 6-17 所示。圆弧过渡有利于金属的变形流动,锻造时金属易于充满模膛,提高锻件质量,并且可以避免在锻模的内角处产生裂纹,减缓锻模外角的磨损,提高锻模使用寿命。

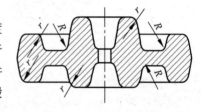

图 6-17 模锻圆角半径

上述各参数确定后,便可绘制锻件图。图 6-18 所示为齿轮坯模锻件图。图中双点画线为零件轮廓外形,分模面选在锻件高度方向的中部。由于零件轮辐部分不加工,故无加工余量。图中内孔中部的两条直线为冲孔连皮切掉后的痕迹。

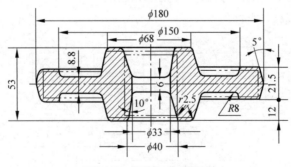

图 6-18 齿轮坯模锻件图

2) 计算坯料尺寸

计算坯料尺寸,包括锻件、飞边、连皮、钳口料头以及氧化皮等的质量。通常,飞边是锻件质量的 20%~25%;氧化皮约占锻件和飞边总质量的 2.5%~4%。

3) 确定模锻工序

模锻工序主要根据锻件的形状与尺寸来确定。根据已确定的工序即可设计出制坯模膛、预锻模膛及终锻模膛。模锻件按形状可分为长轴类零件与盘类零件两类,如图 6-19 所示。长轴类零件的长度与宽度之比较大,例如台阶轴、曲轴、连杆、弯曲摇臂等,如图 6-19(a)所示;盘类零件在分模面上的投影多为圆形或近似于矩形,例如齿轮、法兰盘等,如图 6-19(b)所示。

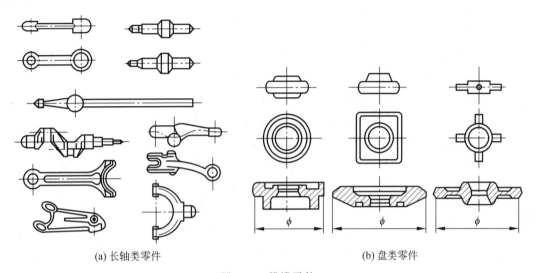

(a) 长轴类零件　　　　　　　　(b) 盘类零件

图 6-19　模锻零件

(1) 长轴类模锻件基本工序

长轴类模锻件常用的工序有拔长、滚挤、弯曲、预锻和终锻等。

拔长和滚挤时,坯料沿轴线方向流动,金属体积重新分配,使坯料的各横截面积与锻件相应的横截面积近似相等。当坯料的横截面积大于锻件最大横截面积时,可只选用拔长工序;当坯料的横截面积小于锻件最大横截面积时,应采用拔长和滚挤工序。

当锻件的轴线为曲线时,还应选用弯曲工序。

对于小型长轴类锻件,为了减少钳口料和提高生产率,常采用在一根棒料上同时锻造数个锻件的锻造方法,因此应增设切断工序,将锻造完成的工件分离。

当大批量生产形状复杂、终锻成型困难的锻件时,还需选用预锻工序,最后在终锻模膛中模锻成型。

(2) 盘类模锻件基本工序

盘类模锻件常选用镦粗、终锻等工序。

对于形状简单的盘类零件,可只选用终锻工序成型。对于形状复杂,有深孔或有高肋的锻件,则应增加镦粗、预锻等工序。

(3) 修整工序

坯料在锻模内制成模锻件后,还需经过一系列修整工序,以保证和提高锻件质量。修整工序包括以下内容。

① 切边与冲孔。模锻件一般都带有飞边及连皮,需在压力机上进行切除。

切边模如图6-20(a)所示,由活动凸模和固定凹模组成。凹模的通孔形状与锻件在分模面上的轮廓一致,凸模工作面的形状与锻件上部外形相符。

冲孔模如图6-20(b)所示,凹模作为锻件的支座,冲孔连皮从凹模孔中落下。

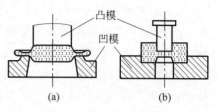

图6-20 切边模和冲孔模

② 校正。切边及其他工序都可能引起锻件的变形,许多锻件,特别是形状复杂的锻件在切边冲孔后还应进行校正。校正可在终锻模膛或专门的校正模内进行。

③ 热处理。热处理的目的是消除模锻件的过热组织或加工硬化组织,以达到所需的力学性能。常用的热处理方式为正火或退火。

④ 清理。为了提高模锻件的表面质量,改善模锻件的切削加工性能,模锻件需要进行表面清理,去除在生产中产生的氧化皮、所沾油污及其他表面缺陷等。

⑤ 精压。对于要求尺寸精度高和表面粗糙度小的模锻件,还应在压力机上进行精压。精压分为平面精压和体积精压两种,如图6-21所示。

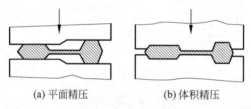

(a) 平面精压　　(b) 体积精压

图6-21 精压

3. 模锻件的结构设计

为了便于模锻件生产和降低成本,设计模锻件时,应根据模锻特点和工艺要求,使其结构符合下列原则。

(1) 模锻件应具有合理的分模面、模锻斜度和圆角半径。

(2) 由于模锻的精度较高,表面粗糙度低,因此零件的配合表面可留有加工余量;非配合面一般不需要加工,不留加工余量。

(3) 零件的外形应当力求简单、平直、对称,避免零件截面间差别过大或有薄壁、高肋等不良结构。一般来说,零件的最小截面与最大截面之比不应小于0.5,如图6-22(a)所示,零件的凸缘太薄、太高,中间下凹过深,金属不易充型。如图6-22(b)所示,零件过于扁薄,薄壁部分金属模锻时容易冷却,不易锻出,对保护设备和锻模不利。如图6-22(c)所示,零件有一个高且薄的凸缘,导致锻模的制造和锻件的取出非常困难。改成如图6-22(d)所示的形状则较易锻造成型。

(4) 在零件结构允许的条件下,应尽量避免有深孔或多孔结构。当孔径小于30mm或孔深大于直径的两倍时,锻造困难。

(5) 对复杂锻件,为减少敷料,简化模锻工艺,在特定条件下,应采用锻造-焊接或锻造-机械连接组合工艺,如图6-23(a)和(b)所示。

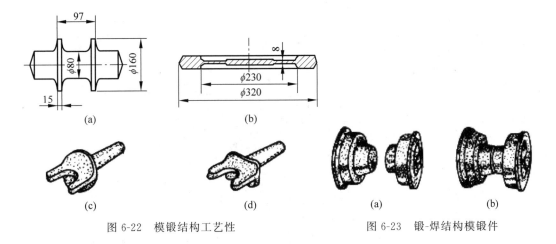

图 6-22 模锻结构工艺性　　　　图 6-23 锻-焊结构模锻件

6.3.2 胎模锻

胎模锻是一种不固定在锻造设备上的模具，结构较简单，制造容易，如图 6-24 所示。胎模锻是在自由锻设备上用胎模生产模锻件的工艺方法，因此胎模锻兼有自由锻和模锻的特点。胎模锻适合中、小批量生产小型多品种的锻件，特别适合没有模锻设备的工厂。

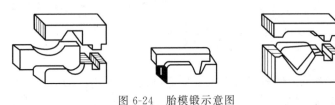

图 6-24 胎模锻示意图

胎模锻工艺过程包括制订工艺规程、制造胎模、备料、加热、胎模锻及后续加工工序等。

在工艺规程制订过程中，分模面的选取应灵活一些，分模面的数量不限于一个，而且在不同工序中可选取不同的分模面，以便于制造胎模和使锻件成型。

6.3.3 压力机上模锻

用于模锻生产的压力机有摩擦压力机、平锻机、水压机、曲柄压力机等，其工艺特点的比较见表 6-2。

表 6-2 压力机上模锻方法的工艺特点比较

锻造方法	设备类型		工艺特点	应用
	结构	构造特点		
摩擦压力机上模锻	摩擦压力机	滑块行程可控，速度为 0.5～1.0m/s，带有顶料装置，机架受力，形成封闭力系，每分钟行程次数少，传动效率低	特别适合锻造低塑性合金钢和非铁金属；简化了模具设计与制造，同时可锻造更复杂的锻件；承受偏心载荷能力差	中、小型锻件的小批和中批生产

续表

锻造方法	设备类型		工艺特点	应用
	结构	构造特点		
曲柄压力机上模锻	曲柄压力机	工作时,滑块行程固定,无震动,噪音小,合模准确,有顶杆装置,设备刚度好	金属在模膛中一次成型,氧化皮不易除掉,终锻前常采用预成型及预锻工步,不宜拔长、滚挤,可进行局部镦粗,锻件精度较高,模锻斜度小,生产率高,适合短轴类锻件。	大批量生产
平锻机上模锻	平锻机	滑块水平运动,行程固定,具有互相垂直的两组分模面,无顶出装置,合模准确,设备刚度好	扩大了模锻适用范围,金属在模膛中一次成型,锻件精度较高,生产率高,材料利用率高,适合锻造带头的杆类和有孔的各种合金锻件,较难锻造非回转体及中心不对称的锻件	大批量生产
水压机上模锻	水压机	行程不固定,工作速度为0.1～0.3m/s,无震动,有顶杆装置	模锻时一次压成,不宜多膛模锻,适合于锻造镁铝合金大锻件,深孔锻件,不适合锻造小尺寸大批量生产锻件	大批量生产

6.4 板料冲压

利用冲模在压力机上使板料分离或变形,从而获得冲压件的加工方法称为板料冲压。板料冲压的坯料厚度一般小于4mm,通常在常温下冲压,故又称为冷冲压,简称冲压。当板料厚度超过8～10mm时,才用热冲压。

板料冲压的原材料可以是具有塑性的金属材料,如低碳钢、奥氏体不锈钢、铜或铝及其合金等,也可以是非金属材料,如胶木、云母、纤维板、皮革等。

板料冲压具有以下特点。

(1) 冲压生产操作简单,生产率高,易于实现机械化和自动化。

(2) 冲压件的尺寸精确,表面光洁,质量稳定,互换性好,一般不需再进行机械加工即可作为零件使用。

(3) 金属薄板经过冲压塑性变形获得一定的几何形状,并产生冷变形强化,使冲压件具有质量轻、强度高和刚性好的优点。

(4) 冲模是冲压生产的主要工艺装备,其结构复杂,精度要求和制造费用相对较高,故冲压适合在大批量生产条件下采用。

6.4.1 冲压设备

冲压设备主要有剪床和冲床两大类。剪床是完成剪切工序,为冲压生产准备原料的主要设备。冲床是进行冲压加工的主要设备,按床身结构不同,有开式和闭式两类;按传动方式不同,有机械式冲床与液压压力机两类。开式机械式冲床的工作及传动原理如图6-25所示。冲床的主要技术参数是以公称压力来表示的,公称压力(kN)是以冲床滑块在下止点前工作位置所能承受的最大工作压力来表示的。我国常用开式冲床的规格为 63～2000kN,闭式冲床的规格为 1000～5000kN。

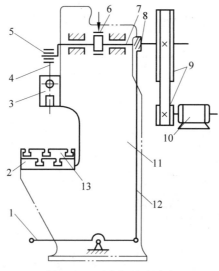

图 6-25 开式机械式冲床

1—脚踏板；2—工作台；3—滑块；4—连杆；5—偏心套；6—制动器；7—偏心轴；8—离合器；9—皮带轮；10—电动机；11—床身；12—操作机构；13—垫板

6.4.2 冲压工序

冲压工序可分为落料、冲孔、切断等分离工序,以及拉深、弯曲等变形工序两大类。

1. 分离工序

分离工序是使板料的一部分与另一部分分离的加工工序。

1) 切断

使板料按不封闭轮廓线分离的工序称为切断。

2) 落料

落料是指从板料上冲出一定外形的零件或坯料,冲下部分是成品。

3) 冲孔

冲孔是在板料上冲出孔,冲下部分是废料。冲孔和落料又统称为冲裁。

冲裁可分为普通冲裁和精密冲裁。普通冲裁的刃口必须锋利,凸模和凹模之间留有间隙,板料的冲裁过程可分为弹性变形、塑性变形和分离三个阶段,如图 6-26 所示。

板料冲裁时的应力、应变十分复杂,除剪切应力、应变外,还有拉伸、弯曲和挤压等应力、应变,如图 6-27 所示。

当模具间隙正常时,冲裁件的断面由圆角带、光亮带、剪裂带和毛刺四部分组成。如果间隙过大,会使圆角带和毛刺加大,板料的翘曲也会加大;如果冲裁间隙过小,会使冲裁力加大,不仅会降低模具寿命,还会使冲裁件的断面形成 2 次光亮带,在两个光面间夹有裂纹,这些都会影响冲裁件的断面质量。因此,选择合理的冲裁间隙对保证冲裁件质量,提高模具寿命,降低冲裁力十分重要。

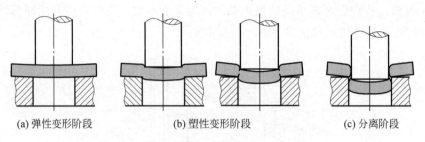

图 6-26　冲裁时金属板料的分离过程示意图

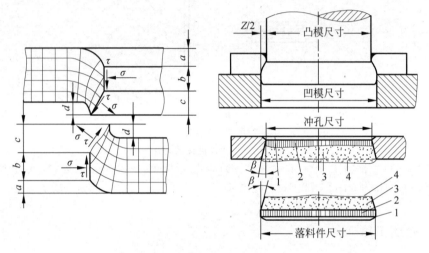

图 6-27　冲裁变形中的应力、应变
1—圆角带；2—光亮带；3—剪裂带；4—毛刺

4）整修与精密冲裁

整修是在模具上利用切削的方法，将冲裁件的边缘或内孔切去一小层金属，从而提高冲裁件断面质量与精度的加工方法，如图 6-28 所示。整修可去除普通冲裁时在断面上留下的圆角、毛刺与剪裂带等。整修余量约为 0.1～0.4mm，工件尺寸精度可达 IT7～IT6。

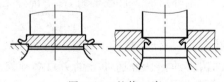

图 6-28　整修工序

2. 变形工序

变形工序是使坯料的一部分相对于另一部分产生塑性变形而不被破坏的工序，如弯曲、拉深、翻边、胀形、缩口等。

1）弯曲工序

将金属材料弯曲成一定角度和形状的工艺方法称为弯曲。弯曲方法可分为压弯、拉弯、折弯、滚弯等。最常见的是在压力机上压弯。

2) 拉深

拉深是使平面板料成型为中空形状的冲压工序,如图 6-29 所示。拉深工艺可分为不变薄拉深和变薄拉深两种,不变薄拉深件的壁厚与毛坯厚度基本相同,工业上应用较多;变薄拉深件的壁厚则明显小于毛坯厚度。

3) 翻边

翻边是将工件上的孔或边缘翻出竖立或有一定角度的直边,如图 6-30(a)所示。

4) 胀形

胀形是利用模具使空心件或管状件由内向外扩张的成型方法,如图 6-30(b)所示。

5) 缩口

缩口是利用模具使空心件或管状件的口部直径缩小的局部成型工艺,如图 6-30(c)所示。

图 6-29 拉深过程简图

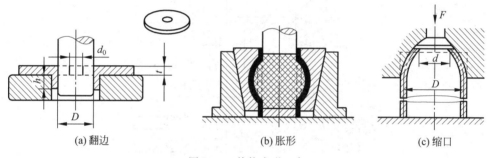

图 6-30 其他成形工序

6.4.3 冲模

1. 冲模的分类

冲模按组合方式可分为单工序模(简单冲模)、级进模(连续冲模)、组合模(复合冲模)三种。

1) 简单冲模

简单冲模是指在一个冲压行程只完成一道工序的冲模,如图 6-31 所示。此种模具结构简单,容易制造,适于小批量生产。

2) 连续冲模

在一副模具上有多个工位,在一个冲压行程同时完成多道工序的冲模称为连续冲模,也称级进模,如图 6-32 所示。级进模生产率高,加工零件精度高,适于大批量生产。

3) 复合冲模

在一副模具上只有一个工位,在一个冲压行程上同时完成多道冲压工序的冲模称为复合冲模,如图 6-33 所示。复合冲模生产率高,加工零件精度高,适于大批量生产。

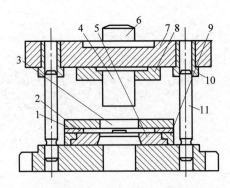

图 6-31 简单冲模示意图

1—固定卸料板；2—导料板；3—挡料销；4—凸模；5—凹模；6—模柄；7—上模座；8—凸模固定板；9—凹模固定板；10—导套；11—导柱

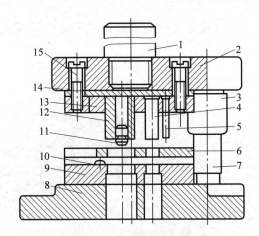

图 6-32 级进模示意图

1—模柄；2—上模座；3—导套；4、5—冲孔凸模；6—固定卸料板；7—导柱；8—下模座；9—凹模；10—固定挡料销；11—导正销；12—落料凸模；13—凸模固定板；14—垫板；15—螺钉

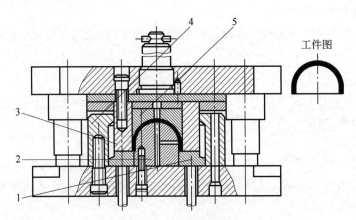

图 6-33 复合冲模示意图

1—弹性压边圈；2—拉深凸模；3—落料、拉深凸凹模；4—落料凹模；5—顶件板

2. 冲压模具的组成

1）工作零件

工作零件是使板料成型的零件，有凸模、凹模、凸凹模等。

2）定位、送料零件

定位、送料零件是帮助条料或半成品在模具上定位、沿工作方向送进的零部件。主要有挡料销、导正销、导料销、导料板等。

3）卸料及压料零件

卸料及压料零件是防止工件变形，压住模具上的板料及将工件或废料从模具上卸下或推出的零件。主要有卸料板、顶件器、压边圈、推板、推杆等。

4）结构零件

结构零件是在模具的制造和使用中起装配、固定作用的零件，以及在使用中起导向作用的零件。主要有上、下模座，模柄，凸、凹模固定板，垫板，导柱、导套、导筒、导板螺钉、销钉等。

6.5 锻压新工艺简介

随着工业的不断发展，人们对金属塑性成型加工生产提出了越来越高的要求，不仅要求生产各种毛坯，而且要求能直接生产出更多的具有较高精度与质量的成品零件。其他一些塑性成型方法在生产实践中也得到了迅速发展和广泛的应用，例如挤压、拉拔、轧制、精密模锻、精密冲裁等。

6.5.1 挤压

挤压是对挤压模具中的金属锭坯施加强大的压力作用，使其发生塑性变形从挤压模具的模口中流出，或充满凸、凹模型腔，从而获得所需形状与尺寸制品的塑性成型方法。

1. 挤压法的特点

（1）三向压应力状态可以充分提高金属坯料的塑性，不仅铜、铝等塑性较好的非铁金属可以通过挤压成型，碳钢、合金结构钢、不锈钢及工业纯铁等也可以采用挤压工艺成型。在一定变形量下，某些高碳钢、轴承钢，甚至高速钢等也可以进行挤压成型。对于要进行轧制或锻造的塑性较差的材料，如钨和钼等，为了改善其组织和性能，也可采用挤压法对锭坯进行开坯。

（2）挤压法可以生产出断面极其复杂或具有深孔、薄壁以及变断面的零件。

（3）可以实现少屑、无屑加工。一般尺寸精度为 IT8～IT9，表面粗糙度为 $Ra2.6 \sim 0.4\mu m$。

（4）挤压变形后零件内部的纤维组织连续，基本沿零件外形分布而不被切断，从而提高了金属的力学性能。

（5）材料利用率、生产率较高；生产方便灵活，易于实现生产过程的自动化。

2. 挤压方法的分类

（1）根据金属流动方向和凸模运动方向的不同可分为以下四种方式。

① 正挤压。金属流动方向与凸模运动方向相同，如图 6-34(a)所示。

② 反挤压。金属流动方向与凸模运动方向相反,如图6-34(b)所示。

③ 复合挤压。金属坯料的一部分流动方向与凸模运动方向相同;另一部分流动方向与凸模运动方向相反,如图6-34(c)所示。

④ 径向挤压。金属流动方向与凸模运动方向成90°角,如图6-34(d)所示。

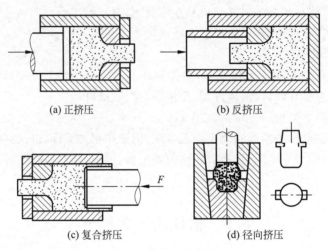

图 6-34 挤压的分类

(2) 按照挤压时金属坯料所处的温度不同,可分为热挤压、冷挤压和温挤压三种方式。

① 热挤压。变形温度高于金属材料的再结晶温度。热挤压时,金属变形抗力较小,塑性较好,允许每次变形程度较大,但产品的尺寸精度较低,表面较粗糙。常用于生产铜、铝、镁及其合金的型材和管材等,也可应用于强度较高、尺寸较大的中、高碳钢,合金结构钢,不锈钢等零件。目前,热挤压越来越多地用于机器零件和毛坯的生产。

② 冷挤压。变形温度低于材料再结晶温度(通常是室温)的挤压工艺。冷挤压时金属的变形抗力比热挤压大得多,但产品尺寸精度较高,可达IT8~IT9,表面粗糙度为$Ra2.6$~$0.4\mu m$,而且产品内部组织为加工硬化组织,提高了产品的强度。目前可以对非铁金属及中、低碳钢的小型零件进行冷挤压成型。为了降低变形抗力,在冷挤压前要对坯料进行退火处理。冷挤压时,为了降低挤压力,防止模具损坏,提高零件表面质量,必须采取润滑措施。由于冷挤压时单位压力大,润滑剂易于被挤掉失去润滑效果,所以对钢质零件必须采用磷化处理,使坯料表面呈多孔结构,以存储润滑剂,在高压下起到润滑作用。常用润滑剂有矿物油、豆油、皂液等。冷挤压生产率高,材料消耗少,在汽车、拖拉机、仪表、轻工、军工等部门广为应用。

③ 温挤压。温挤压是将坯料加热到再结晶温度以下、室温以上的某个合适温度下进行挤压的方法,是介于热挤压和冷挤压之间的挤压方法。与热挤压相比,坯料氧化脱碳少,表面粗糙度较小,产品尺寸精度较高;与冷挤压相比,降低了变形抗力,增加了每个工序的变形程度,提高了模具的使用寿命。温挤压材料一般不需要进行预先软化退火、表面处理和工序间退火。温挤压零件的精度和力学性能略低于冷挤压零件。表面粗糙度为$Ra5.5$~$2.6\mu m$。温挤压不仅适用于挤压中碳钢,而且也适用于挤压合金钢零件。

挤压在专用挤压机上进行,也可在油压机及经过适当改进后的通用曲柄压力机或摩擦压力机上进行。

6.5.2 拉拔

拉拔是在拉力作用下,迫使金属坯料通过拉拔模孔,以获得相应形状与尺寸制品的塑性加工方法,如图 6-35 所示。拉拔是管材、棒材、异型材以及线材的主要生产方法之一。

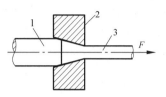

图 6-35 拉拔示意图
1—坯料;2—拉拔模;3—制品

拉拔按制品截面形状可分为实心材拉拔与空心材拉拔。实心材拉拔主要包括棒材、异型材及线材的拉拔;空心材拉拔主要包括管材及空心异型材的拉拔。

拉拔有以下特点。

(1) 制品的尺寸精确,表面粗糙度较小。

(2) 设备简单、维护方便。

(3) 受拉应力的影响,金属的塑性不能充分发挥。拉拔道次变形量和两次退火间的总变形量受到拉拔应力的限制,一般道次伸长率在 20%~60% 之间,过大的道次伸长率会导致拉拔制品形状、尺寸、质量不合格;过小的道次伸长率会降低生产率。

(4) 拉拔最适合连续高速生产断面较小的长制品,例如丝材、线材等。

拉拔一般在冷态下进行,但是对一些在常温下塑性较差的金属材料则可以采用加热后温拔。采用拉拔技术可以生产直径大于 500mm 的管材,也可以拉制出直径仅 0.002mm 的细丝,而且性能符合要求,表面质量好。拉拔制品被广泛应用在国民经济各个领域。

6.5.3 轧制

金属坯料在旋转轧辊的作用下产生连续塑性变形,从而获得所要求的截面形状并改变其性能的加工方法称为轧制。常采用的轧制工艺有辊轧、横轧及斜轧等。

1. 辊轧

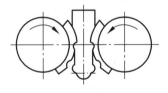

图 6-36 辊轧示意图

辊轧是使坯料通过装有圆弧模块的一对相对旋转的轧辊,受压产生塑性变形,从而获得所需形状的锻件或锻坯的锻造工艺方法,如图 6-36 所示。它既可以作为模锻前的制坯工序也可以直接辊锻锻件。目前,成型辊锻适用于生产以下三种类型的锻件:① 扁断面的长杆件,如扳手、链环等;② 带有头部,且沿长度方向横截面面积递减的锻件,如叶片等;③ 连杆等。

2. 横轧

横轧是指轧辊轴线与轧件轴线互相平行,且轧辊与轧件作相对转动的轧制方法,如齿轮轧制等。齿轮轧制是一种少屑、无切屑加工齿轮的新工艺。直齿轮和斜齿轮均可用横轧方法制造,齿轮的横轧如图 6-37 所示。在轧制前,齿轮坯料外缘被高频感应加热,然后将带有齿形的轧辊作径向进给,迫使轧辊与齿轮坯料对辊。在对辊过程中,毛坯上一部分

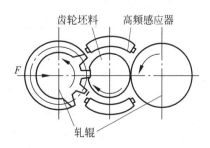

图 6-37 热轧齿轮示意图

金属受轧辊齿顶挤压形成齿谷,相邻的部分被轧辊齿部"反挤"而上升,形成齿顶。

3. 斜轧

斜轧又称螺旋斜轧。斜轧时,两个带有螺旋槽的轧辊相互倾斜配置,轧辊轴线与坯料轴线相交成一定角度,以相同方向旋转。坯料在轧辊的作用下绕自身轴线反向旋转,同时做轴向向前运动,即螺旋运动,坯料受压后产生塑性变形,最终得到所需制品。如图 6-38 所示,钢球轧制和周期轧制均采用了斜轧方法。斜轧还可直接热轧出带有螺旋的高速钢滚刀、麻花钻、自行车后闸壳以及冷轧丝杠等。

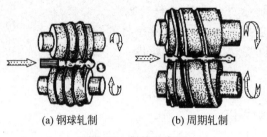

(a) 钢球轧制　　　　(b) 周期轧制

图 6-38　斜轧示意图

6.5.4　精密模锻

精密模锻是指在模锻设备上锻造出形状复杂、高精度锻件的模锻工艺。如精密模锻伞齿轮,其齿形部分可直接锻出而不必再经过切削加工。精密模锻件尺寸精度可达 IT12～IT15,表面粗糙度为 $Ra2.6\sim1.6\mu m$。

精密模锻工艺有以下特点。

(1) 需精确计算原始坯料的尺寸,严格按坯料质量下料。

(2) 需精细清理坯料表面,除净坯料表面的氧化皮、脱碳层及其他缺陷等。

(3) 采用无氧化或少氧化加热方法,尽量减少坯料表面形成的氧化皮。

(4) 精锻模膛的精度必须很高,一般要比锻件的精度高两级。精密锻模一定有导柱、导套结构,以保证合模准确。为排除模膛中的气体,减小金属流动阻力,使金属更好地充满模膛,在凹模上应开有排气小孔。

(5) 模锻时要很好地进行润滑和冷却锻模。

(6) 精密模锻一般都在刚度大且精度高的曲柄压力机、摩擦压力机或高速锤上进行。

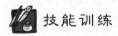技能训练

实训项目　锻压加工的内容、要求、安排和注意事项

1. 实训目的

(1) 了解锻压生产工艺过程、特点和应用。

(2) 了解自由锻设备的结构和工作原理,掌握自由锻基本工序的特点。

(3) 了解轴类和盘套类锻件自由锻工艺过程。

(4) 了解胎模锻的工艺特点和胎模结构。

(5) 了解常见锻造缺陷及其产生的原因。

(6) 了解锻压生产的安全规范、环境保护措施以及简单的经济成本分析。
(7) 了解冲压基本工序及其应用。
(8) 了解冲模的种类、主要组成部分的名称和作用。

2．实训地点

锻压实训基地。

3．实训材料

45 钢。

4．实训设备

空气锤、铁锤、压力机。

5．实训内容

(1) 自由锻基本工序。典型锻件的自由锻工艺过程。
(2) 典型模锻件工艺过程简介。
(3) 空气锤规格的含义。
(4) 板料冲压基本工序。
(5) 简单零件的镦粗、拔长等操作。

6．实训操作

(1) 自由锻基本工序：镦粗、拔长、切断等。
(2) 高径比大于 3 的坯料的镦粗。
(3) 简单冲压件。

小　　结

请根据本章内容画出思维导图。

复习思考题

1. 金属塑性变形对金属组织和性能有何影响?
2. 什么是金属的锻造性能? 影响金属锻造性能的因素有哪些?
3. 说明自由锻的生产特点和应用范围。
4. 什么是锻造比? 原始坯料长 150mm, 若拔长到 450mm, 其锻造比是多少?
5. 根据自己体会, 试总结拔长、镦粗等基本工序的操作要点和必须遵守的规则。
6. 试从锻造设备、工模具、锻件精度、生产率及应用范围等方面对自由锻和胎模锻进行分析比较。
7. 锤上模锻时, 如何确定分模面的位置? 为什么不能冲出通孔?
8. 自由锻的工艺规程主要表现在哪些方面?
9. 为什么胎模锻可以锻造出形状比较复杂的模锻件?
10. 试比较自由锻、锤上模锻和胎模锻的优、缺点。
11. 板料冲压生产有何特点? 应用范围如何?
12. 设计冲压件时应注意哪些问题?
13. 落料与冲孔的区别是什么? 凸模与凹模的间隙对冲裁质量和工件尺寸有何影响?

第 7 章　焊接与胶接成型

【教学目标】
1. **知识目标**
   ◆ 理解金属压力加工的基本原理。
   ◆ 学会锻件、冲压、轧制、挤压等结构工艺性的设计及工艺方案的确定。
   ◆ 熟悉常用金属压力加工方法。
   ◆ 了解先进工艺方法在金属压力加工成型中的应用。
2. **能力目标**
   ◆ 能够进行金属压力加工成型零件的结构工艺设计。
   ◆ 能够进行常见金属压力加工成型零件工艺方案的确定。
3. **素质目标**
   ◆ 锻炼自主学习、举一反三的能力。
   ◆ 培养严谨务实的工作态度。
   ◆ 通过案例，树立民族自豪感，激发社会责任心。

引例

焊接技术是随着铜、铁等金属的冶炼生产、各种热源的应用而出现的。古代的焊接方法主要有铸焊、钎焊、锻焊和铆焊。中国商代制造的铁刃铜钺就是铁与铜的铸焊件，其表面铜与铁的熔合线蜿蜒曲折，接合良好，如图 7-1 所示。刘家河铜器群数量多且具有组合关系，与商礼器属于同一系统，具有礼器功能。墓中所出铁刃铜钺也具有礼器性质，其时王赐地方贵族以钺即赋予其管理地方之职权。

图 7-1　铁刃铜钺

春秋战国时期曾侯乙墓中的建鼓铜座上有许多盘龙，是分段钎焊连接成的，如图 7-2 所示。经分析，其所用的材料与现代软钎料成分相近。战国时期制造的刀剑，刀刃为钢，背为熟铁，一般是经过加热锻焊而成的。据明代宋应星所著《天工开物》一书记载：中国古代将铜和铁一起入炉加热，经锻打制造刀、斧；用黄泥或筛细的陈久壁土撒在接口上，分段锻焊大型船锚。中世纪，在叙利亚大马士革也曾用锻焊制造兵器。

焊接通常是指金属的焊接。焊接是通过加热或加压，或两者同时并用，使两个分离的物体产生原子间结合力而连接成一体的成型方法。

图 7-2 建鼓铜座

焊接的方法有很多,按焊接过程中加热程度和工艺特点的不同,可以分为以下三类。

(1) 熔化焊。将工件焊接处局部加热到熔化状态,形成熔池(通常还加入填充金属),冷却结晶后形成焊缝,被焊工件结合为不可分离的整体。常见的熔化焊方法有气焊、电弧焊、电渣焊、电子束焊和激光焊等。

(2) 压力焊。在焊接过程中无论加热与否,均需要加压的焊接方法。常见的压力焊有电阻焊、摩擦焊、扩散焊和爆炸焊等。

(3) 钎焊。采用熔点低于被焊金属的钎料(填充金属)熔化之后,填充接头间隙,并与被焊金属相互扩散实现连接。钎焊过程中被焊工件不熔化,且一般没有塑性变形。

主要焊接方法分类如图 7-3 所示。

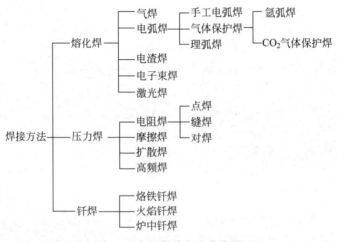

图 7-3 主要焊接方法分类图

焊接生产的特点:节省金属材料,结构质量轻;以小拼大、化大为小,常用于制造重型、复杂的机器零部件,可简化铸造、锻造及切削加工工艺,获得最佳技术经济效果;焊接接头具有良好的力学性能和密封性;能够制造双金属结构,使材料的性能得到充分利用。

应用:焊接技术在机器制造、造船工业、建筑工程、电力设备生产、航空及航天等行业中应用十分广泛。

不足:焊接技术存在一些不足之处,如焊接结构不可拆卸,给维修带来不便;焊接结构中会存在焊接应力和变形;焊接接头的组织性能往往不均匀,并会产生焊接缺陷等。

胶接技术:使用胶黏剂来连接各种材料。与其他连接方法相比,胶接技术不受材料类型的限制,能够实现各种材料之间的连接(例如各种金属之间、非金属之间、金属与非金属之间的连接),而且具有工艺简单、应力分布均匀、密封性好、防腐节能、应力和变形小等特点,已被广泛应用于现代化生产的各个领域。胶接技术的主要缺点是固化时间长,胶黏剂易老化,耐热性差等。

机械连接：有螺纹连接、销钉连接、键连接和铆钉连接，其中铆钉连接为不可拆连接，其余均为可拆连接。机械连接的主要特点是所采用的连接件一般为标准件，具有良好的互换性，选用方便，工作可靠，易于检修。不足之处是增加了机械加工工序，结构质量大，密封性差，影响外观，且成本较高。

7.1 焊接的基本原理

7.1.1 焊接电弧

焊接电弧是由焊接电源供给的、具有一定电压的两电极间或电极与母材间，在气体介质中产生的强烈而持久的放电现象。引燃焊接电弧时，通常是将两电极（一极为工件，另一极为填充金属丝或焊条）接通电源，短暂接触后迅速分离，两极相互接触时发生短路，形成电弧，这种方式称为接触引弧。电弧形成后，只要电源保持两极之间一定的电位差，即可维持电弧的燃烧。

电弧的特点：电压低、电流大、温度高、能量密度大、移动性好等。一般 20～30V 的电压即可维持电弧的稳定燃烧，而电弧中的电流可以从几十到几千安培以满足不同工件的焊接要求。电弧的温度可达 5000K 以上，可以熔化各种金属。

电弧的组成：由阴极区、阳极区、弧柱区三部分组成，如图 7-4 所示。

阴极区发射电子，因此要消耗一定的能量，所产生的热量占电弧热的 36% 左右；在阳极区，由于高速电子撞击阳极表面并进入阳极区而释放能量，阳极区产生的热量较多，占电弧热的 43% 左右。用钢焊条焊接钢材时阴极区平均温度为 2400K，阳极区平均温度为 2600K。弧柱区的长度几乎等于电弧长度，热量仅占电弧热的 21%，弧柱区的温度可达 6000～8000K。

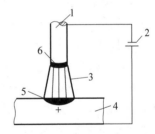

图 7-4 电弧的构造
1—电极；2—直流电源；3—弧柱区；
4—工件；5—阳极区；6—阴极区

弧焊电源：焊接电弧所使用的电源称为弧焊电源，通常可分为四大类：交流弧焊电源、直流弧焊电源、脉冲弧焊电源和逆变弧焊电源。

直流正接：采用直流焊机，当工件接阳极，焊条接阴极时，称为直流正接。此时工件受热较大，适合焊接厚大工件。

直流反接：当工件接阴极，焊条接阳极时，称为直流反接。此时工件受热较小，适合焊接薄小工件。采用交流焊机焊接时，因两极极性不断交替变化，故不存在正接或反接问题。

7.1.2 焊接过程

在电弧焊过程中，液态金属、熔渣和气体三者相互作用，是金属再冶炼的过程。由于焊接条件的特殊性，焊接化学冶金过程又有着与一般冶炼过程不同的特点。

首先，焊接冶金温度高，相界大，反应速度快，当电弧中有空气侵入时，液态金属会发生强烈的氧化、氮化反应，还有大量金属蒸发，而空气中的水分以及工件和焊接材料中的油、锈、水在电弧高温下分解出的氢原子可溶入液态金属中,导致接头塑性和韧度降低(氢脆),从而产生裂纹。

其次,焊接熔池小,冷却快,使各种冶金反应难以达到平衡状态,焊缝中化学成分不均匀,且熔池中气体、氧化物等来不及浮出,容易形成气孔、夹渣等缺陷,甚至产生裂纹。

为了保证焊缝的质量,在电弧焊过程中通常会采取以下措施。

(1) 在焊接过程中,对熔化金属进行机械保护,使之与空气隔开。保护方式有三种：气体保护、熔渣保护和气-渣联合保护。

(2) 对焊接熔池进行冶金处理,主要通过在焊接材料(焊条药皮、焊丝、焊剂)中加入一定量的脱氧剂(主要是锰铁和硅铁)和一定量的合金元素,在焊接过程中排除熔池中的FeO,同时补偿合金元素的烧损。

7.1.3 焊接接头的组织和性能

熔焊使焊缝及其附近的母材经历了一个加热和冷却的过程,由于温度分布不均匀,焊缝经过一次复杂的冶金过程,其附近区域受到了不同程度的热处理,因此必然会引起相应的组织和性能的变化,直接影响焊接质量。

1. 焊接热循环和焊接接头的组成

焊接热循环是指在焊接热源的作用下,焊接接头上某点的温度随时间变化的过程。焊接时,焊接接头不同位置上的点所经历的焊接热循环是不同的。

离焊缝越近的点,被加热的温度越高;反之,越远的点,被加热的温度越低。

在焊接热循环中,影响焊接质量的主要参数是加热速度、最高加热温度、高温(1100℃以上)停留时间和冷却速度等。冷却速度起关键作用的是从 800℃冷却到 500℃的速度。焊接热循环的主要特点是加热速度和冷却速度都很快(100℃/s 以上,甚至更高)。因此,对于淬硬倾向较大的钢材焊后会产生马氏体组织,引起焊接裂纹。

受热循环的影响,焊缝附近的母材组织和性能发生变化的区域称为焊接热影响区。熔焊焊缝和母材的交界线称为熔合线,熔合线两侧有一个很窄的焊缝与热影响区的过渡区称为熔合区,该区域的母材金属部分熔化,故也称为半熔化区。因此,焊接接头由焊缝、熔合区和热影响区组成。

2. 焊缝金属的组织和性能

焊缝金属是由母材和焊条(丝)熔化形成的熔池冷却结晶形成的。焊缝金属在结晶时,是以熔池和母材金属交界处的半熔化金属晶粒为晶核,沿着垂直于散热面方向反向生长为柱状晶,最后这些柱状晶在焊缝中心接触而停止生长。由于焊缝组织是铸态组织,故晶粒粗大、成分偏析、组织不致密。但由于焊丝本身的杂质含量低及合金化作用,使焊缝化学成分优于母材,所以焊缝金属的力学性能一般不会低于母材。

3. 熔合区和热影响区的组织与性能

以低碳钢为例,根据焊接接头的温度分布曲线,讨论熔合区与热影响区的组织性能变化。热影响区按加热温度的不同,可划分为熔合区、过热区、正火区、部分相变区等区域,如图 7-5 所示。

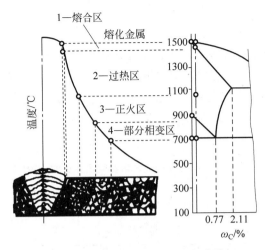

图 7-5 低碳钢焊接接头的组织变化

1) 熔合区

温度处于液相线与固相线之间,是焊缝金属到母材金属的过渡区域,宽度只有 0.1～0.4mm。焊接时,该区域内液态金属与未熔化的母材金属共存,冷却后,其组织为部分铸态组织和部分过热组织,化学成分和组织极不均匀,是焊接接头中力学性能最差的薄弱部位。

2) 过热区

温度在固相线至 1100℃之间,宽度为 1～3mm。焊接时,该区域内奥氏体晶粒严重长大,冷却后得到晶粒粗大的过热组织,塑性和韧度明显下降。

3) 正火区

温度为 1100℃～Ac_3,宽度为 1.2～4.0mm。焊后空冷相当于该区域内的金属进行了正火处理,故其组织为均匀且细小的铁素体和珠光体,力学性能优于母材。

4) 部分相变区

部分相变区也称部分正火区,加热温度为 Ac_3～Ac_1。焊接时,只有部分组织转变为奥氏体;冷却后获得细小的铁素体和珠光体,其余部分仍为原始组织,因此晶粒大小不均匀,力学性能较差。

综上所述,熔合区和过热区是焊接接头的薄弱部分,对焊接质量有严重的影响,应尽可能减少这两个区域的范围。

影响焊接接头组织和性能的因素有焊接材料、焊接方法和焊接工艺。焊接工艺参数主要有焊接电源、电弧电压、焊接速度等。

4. 改善焊接接头组织和性能的措施

由于按等强度原则选择焊条,所以焊缝金属的强度一般不会低于母材,其韧度也接近母材,只有塑性略有降低。焊接接头塑性和韧度最低的区域在熔合区和过热区,这主要是由于粗大的过热组织所造成的;又由于在这两个区域,拉应力最大,所以它们是焊接接头中最薄弱的部位,往往成为裂纹起始处。

改善焊接接头的组织和性能主要有以下措施。

（1）低碳钢的焊接结构，用手工电弧焊或埋弧焊时，热影响区尺寸较小，对焊接产品质量影响小，焊后可不进行热处理。

（2）对于低碳合金焊接结构或用电渣焊接的结构，热影响区较大，焊后必须进行热处理。通常可用正火的方法细化晶粒，均匀组织，改善焊接接头的质量。

（3）对于焊后不能进行热处理的焊接结构，只能通过正确选择焊接方法，合理制订焊接工艺来减小焊接热影响区，以保证焊接质量。

表 7-1 所示为不同焊接方法热影响区大小的比较。

表 7-1 不同焊接方法热影响区大小的比较　　单位：mm

焊接方法	各区平均尺寸			热影响区总宽度
	过热区	正火区	部分正火区	
手工电弧焊	2.2～3.0	1.5～2.5	2.2～3.0	5.9～8.5
埋弧焊	0.8～1.2	0.8～1.7	0.7～1.0	2.3～3.9
电渣焊	18～20	5.0～7.0	2.0～3.0	25～30
气焊	21	4.0	2.0	27
电子束焊	—			0.05～0.75

7.1.4　焊接应力与变形

焊接应力和变形的存在会降低结构的使用性能，引起结构形状和尺寸的改变，影响结构精度，影响到焊后机械加工的精度，甚至会引起焊接裂纹，造成事故。减小焊接应力和变形，可以改善焊接质量，大大提高焊接结构的承载能力。

1. 焊接应力和变形的产生

焊接应力和变形的产生的主要原因是焊接过程中对焊件的不均匀加热和冷却。下面以平板对接为例分析焊接应力和变形的形成过程，如图 7-6 所示。

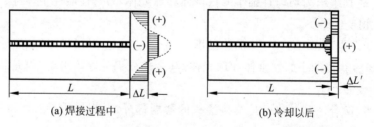

图 7-6　平板对接时应力和变形的形成过程

如图 7-6(a)所示，图中虚线表示接头横截面的温度分布，也表示金属若能自由膨胀的伸长量分布。实际上接头是个整体，无法进行自由膨胀，平板只能在宽度方向上整体伸长 ΔL。造成焊缝及邻近区域的伸长受到远离焊缝区域的限制而产生压应力，而远离焊缝区的部位则产生拉应力。当焊缝及邻近区域的压应力超过材料的屈服点时，便会产生压缩的塑性变形，塑性变形量为图 7-6(a)中虚线包围的空白部分。焊后冷却时，金属若能自由收缩，则焊缝及邻近区域高温时已产生的压缩塑性变形会保留下来，不能再恢复，会缩至图 7-6(b)中的虚线位置，两侧则恢复到焊接前的原长，但这种自由收缩同样无法实现，由于整体作用,平板的端面将共同缩短至比原始长度短 $\Delta L'$ 的位置,这样焊缝及邻近区域受拉应力作用,而其两侧受到压应力作用。

焊缝区产生拉应力,两侧产生压应力,平板整体缩短了 $\Delta L'$。这种室温下保留在结构中的焊接应力和变形,称为焊接残余应力和变形。

焊接应力和变形是同时存在的,当母材塑性较好且结构刚度较小时,焊接结构在焊接应力的作用下会产生较大的变形而残余应力较小;反之则变形较小而残余应力较大。

在焊接结构内部拉应力和压应力总是保持平衡的,当平衡被破坏时(如车削加工),结构内部的应力会重新分布,变形的情况也会发生变化,使预想的加工精度不能实现。

2. 焊接变形的基本形式

焊接变形的本质是焊缝区的压缩塑性变形,而焊件因焊接接头形式、焊接位置、钢板厚度、装配焊接顺序等因素的不同,会产生各种不同形式的变形。常见焊接变形的基本形式如图 7-7 所示。

纵向和横向收缩变形　　角变形　　弯曲变形　　扭曲变形　　波浪变形

图 7-7　常见焊接变形的基本形式

3. 预防和减小焊接应力和变形的工艺措施

1) 焊前预热

预热的目的是减小焊件上各部分的温差,降低焊缝区的冷却速度,从而减小焊接应力和变形,预热温度一般为 400℃以下。

2) 选择合理的焊接顺序

(1) 尽量使焊缝能自由收缩,这样产生的残余应力较小。一大型容器底板的焊接顺序如图 7-8 所示,若先焊横向焊缝③,再焊纵向焊缝①和②,则焊缝①和②在横向和纵向的收缩都会受到阻碍,焊接应力增大,焊缝交叉处和焊缝上都极易产生裂纹。

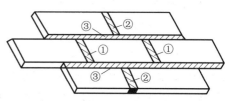

图 7-8　大型容器底板的拼焊顺序

(2) 采用分散对称焊工艺,如图 7-9 所示。长焊缝尽可能采用分段退焊(见图 7-10(a))或跳焊(见图 7-10(b))的方法进行焊接,这样加热时间短、温度低且分布均匀,可减小焊接应力和变形。

3) 加热减应区

铸铁补焊时,在补焊前可对铸件上的适当部位进行加热(见图 7-11(a)),以减小焊接时对焊接部位伸长的约束。焊后冷却时,加热部位与焊接处一起收缩(见图 7-11(b)),从而减小焊接应力。被加热的部位称为减应区,这种方法叫作加热减应区法。利用这个原理也可以焊接一些刚度比较大的焊缝。

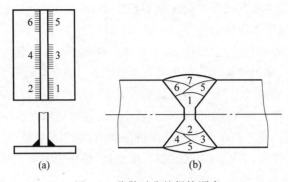

图 7-9　分散对称的焊接顺序

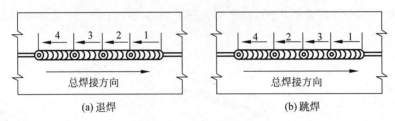

图 7-10　长焊缝的分段焊

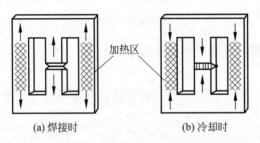

图 7-11　加热减应区法

4) 反变形法

在焊前组装时将被焊工件向焊接变形相反的方向进行人为的变形,以达到抵消焊接变形的目的。图 7-12 所示的对焊接、塑性预弯和强制反变形均为常用方法。

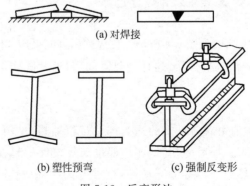

图 7-12　反变形法

4. 消除焊接应力和矫正焊接变形的方法

1) 消除焊接应力

消除焊接应力有以下方法。

(1) 锤击焊缝。焊后用圆头小锤对红热状态下的焊缝进行锤击,可以延展焊缝,从而使焊接应力得到一定的释放。

(2) 焊后热处理。焊后对焊件进行去应力退火,对消除焊接应力具有良好的效果。碳钢或低合金结构钢焊件整体加热到 580～680℃,保温一定时间后,空冷或随炉冷却,一般可消除 80%～90% 的残余应力。对于大型焊件,可采用局部高温退火来降低应力峰值。

(3) 机械拉伸法。对焊件进行加载,使焊缝区产生微量塑性拉伸,可以降低残余应力。例如,压力容器在进行水压试验时,将试验压力加到工作压力的 1.2～1.5 倍,这时焊缝区会发生微量塑性变形,应力得到释放。

2) 矫正焊接变形

矫正焊接变形有以下措施。

(1) 机械矫正。利用机械力产生塑性变形来矫正焊接变形,如图 7-13 所示。这种方法适用于塑性较好、厚度不大的焊件。

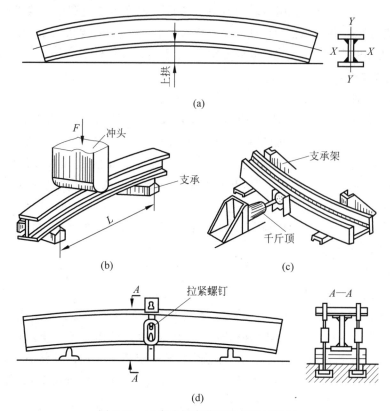

图 7-13 工字形梁弯曲变形的机械矫正

(2) 火焰矫正。利用金属局部受热后的冷却收缩抵消已发生的焊接变形。这种方法主要用于低碳钢和低淬硬倾向的低合金钢。火焰矫正一般采用气焊焊炬,不需要专门的设备,其效果主要取决于火焰加热的位置和加热温度。加热温度范围通常在 600～

800℃。图 7-14 所示为 T 形梁上拱变形的火焰矫正方法。

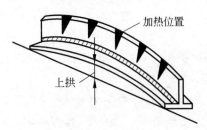

图 7-14 T 形梁上拱变形的火焰矫正

7.2 常用的焊接方法

7.2.1 手工电弧焊

手工电弧焊简称手弧焊,是用手工操纵焊条进行焊接的电弧焊方法。它具有设备简单,应用灵活,成本低等优点,对焊接接头的装配尺寸要求不高,可在各种条件下进行各种位置的焊接,是目前生产中应用最广泛的焊接方法。但在手工电弧焊时会产生强烈的弧光和烟尘,劳动条件差,生产率低,对工人的技术水平要求较高,焊接质量不稳定。一般用于单件小批量生产中焊接碳素钢、低合金结构钢、不锈钢及铸铁的补焊等。

1. 手弧焊电源种类

手弧焊电源有以下三种。

(1) 交流弧焊机。它是一种特殊的降压变压器,具有结构简单、噪声低、成本低等优点,但电弧稳定性较差。该焊机既适于酸性焊条焊接,又适于碱性焊条焊接。

(2) 直流弧焊机。分为焊接发电机(旋转式)与弧焊整流器(整流式)两种。

(3) 逆变焊机。它是近几年发展起来的新一代焊接电源。它从电网吸取三相 380V 交流电,经整流滤波成直流电,然后经逆变器变成频率为 2000~30000Hz 的交流电,再单相全波整流和滤波输出。它具有体积小、质量轻、节约材料、高效节能、适应性强等优点,现已逐渐取代整流弧焊机。

2. 焊条

1) 焊条的组成与作用

手工电弧焊所使用的焊接材料,由芯部的金属焊芯和表面药皮涂层组成。

(1) 焊芯作为电极,产生电弧,并传导焊接电流,熔化后作为填充金属成为焊缝的一部分。钢焊条的焊芯采用专门的焊接用钢丝,焊丝中硫磷等杂质的质量分数很低。焊条直径是由焊丝直径表示,一般为 1.6、2.0、2.5、2.6、4.0、5.0、6.0 和 8.0mm 等规格,长度为 300~450mm。

(2) 药皮是压涂在焊芯表面的涂料层。它的主要作用是保证电弧稳定燃烧;造气、造渣以隔绝空气,保护熔化金属;对熔化金属进行脱氧、去硫、渗合金元素等。焊条药皮的组成物按其作用分为稳弧剂、造气剂、造渣剂、脱氧剂、合金剂、黏结剂等,由矿石、铁合金、有机物和化工产品四大类原材料粉末,如碳酸钾、碳酸钠、大理石、萤石、锰铁、硅铁、钾钠水玻璃等配成。

2) 焊条的种类

(1) 根据熔渣化学性质的不同,焊条可分为酸性焊条和碱性焊条。

① 酸性焊条。熔渣中以酸性氧化物为主,氧化性强,合金元素烧损大,故焊缝的塑性和韧度不高,且焊缝中氢含量较高,抗裂性差,优点是酸性焊条具有良好的工艺性,对油、水、锈不敏感,交、直流电源均可用。广泛用于一般结构件的焊接。

② 碱性焊条,又称低氢焊条。药皮中以碱性氧化物萤石为主,并含有较多的铁合金,脱氧除氢、渗金属作用强。与酸性焊条相比,其焊缝金属的含氢量较低,有益元素较多,有害元素较少,因此焊缝力学性能与抗裂性好。缺点是碱性焊条工艺性较差,电弧稳定性差,对油污、水、锈较敏感,抗气孔性能差,一般要求采用直流焊接电源。主要用于焊接重要的钢结构或合金钢结构。

(2) 焊条按用途可分为11大类:碳钢焊条、低合金钢焊条、钼和铬钼耐热钢焊条、低温钢焊条、不锈钢焊条、堆焊焊条、铸铁焊条、镍及镍合金焊条、铜及铜合金焊条、铝及铝合金焊条和特殊用途焊条。

3) 焊条的选用

焊条的种类很多,应根据其性能特点,并考虑焊件的结构特点、工作条件、生产批量、施工条件及经济性等因素合理地选用焊条。

(1) 若按强度等级和化学成分选用焊条,需注意以下几点。

① 焊接一般结构,如焊接低碳钢、低合金钢结构件时,一般选用与焊件强度等级相同的焊条,而不考虑化学成分相同或相近的焊条。

② 焊接异种结构钢时,按强度等级低的钢种选用焊条。

③ 焊接特殊性能钢种,如不锈钢、耐热钢时,应选用与焊件化学成分相同或相近的特种焊条。

④ 当焊件的碳、硫、磷质量分数较大时,应选用碱性焊条,需注意以下几点。

⑤ 焊接铸造碳钢或合金钢时,因为碳和合金元素的质量分数较高,而且多数铸件厚度、刚性较大,形状复杂,故一般选用碱性焊条。

(2) 若按焊件的工作条件选用焊条,需注意以下几点。

① 焊接承受动载、交变载荷及冲击载荷的结构件时,应选用碱性焊条。

② 焊接承受静载的结构件时,可选用酸性焊条。

③ 焊接表面带有油、锈、污等难以清理的结构件时,应选用酸性焊条。

④ 焊接在特殊条件下(如在腐蚀介质、高温等条件)工作的结构件时,应选用特殊用途焊条。

(3) 若按焊件的形状、刚度及焊接位置选用焊条,需注意以下几点。

① 厚度、刚度大,形状复杂的结构件,应选用碱性焊条。

② 厚度、刚度不大,形状一般,尤其是均采用平焊的结构件,应选用适当的酸性焊条。

③ 除平焊外,立焊、横焊、仰焊等焊接位置的结构件应选用全位置焊条。

此外,还应根据现场条件选用适当的焊条。如需用低氢型焊条,又缺少直流弧焊源时,应选用加入稳弧剂的低氢型交、直流两用的焊条。

3. 手弧焊焊接工艺规范

焊接工艺规范是指与制造焊件有关的加工要求细则文件,可保证由熟练工操作时质量的再现性。焊接工艺规范包括焊条型号(牌号)、焊条直径、焊接电流、坡口形状、焊接层数等参数的选择。其中有些已在前面述及,有的将在焊接结构设计中详述。下面仅就焊条直径、焊接电流、电弧长度和焊接速度、焊接层数的选择简述如下。

1) 焊条直径的选择

焊条直径由工件厚度、接头形式、焊缝位置和焊接层数等因素确定。选用较大直径的焊条,可以提高生产率。但如果用过大直径的焊条,会造成未焊透和焊缝成型不良。

2) 焊接电流的选择

焊接电流主要由焊条直径和焊缝位置确定

$$I = K \cdot d \tag{7-1}$$

式中,I 为焊接电流(A);K 为经验系数,一般为 25~60;d 为焊条直径(mm)。

平焊时 K 取较大值;立、横、仰焊时取较小值;使用碱性焊条时焊接电流要比使用酸性焊条时略小。

增大焊接电流能提高生产率,但电流过大,易造成焊缝咬边和烧穿等缺陷;焊接电流过小,使生产率降低,并易造成夹渣、未焊透等缺陷。

3) 电弧长度和焊接速度

电弧长度一般不超过 2~4mm。焊接速度以保证焊缝尺寸符合设计图样要求为准。

4) 焊接层数

厚件、易过热的材料焊接时,常采用开坡口、多层多道焊的方法,每层焊缝的厚度以 3~4mm 为宜。

7.2.2 埋弧自动焊

将焊条电弧焊的引弧、焊条送进、电弧移动几个动作改由机械自动完成,电弧在焊剂层下燃烧,称为埋弧自动焊,简称埋弧焊。如果部分动作由机械完成,其他动作仍由焊工辅助完成,则称为半自动焊。

1. 埋弧自动焊的焊接过程

如图 7-15 所示,埋弧自动焊时,焊剂从焊剂漏斗中流出,均匀堆敷在焊件表面,焊丝由送丝机构自动送进,经导电嘴进入电弧区,焊接电源分别接在导电嘴和焊件上产生电弧,焊剂漏斗、送丝机构及控制盘等通常都装在一台电动小车上,可以按调定的速度沿焊缝自动行走。

图 7-16 所示为埋弧自动焊焊接过程纵截面图。电弧在颗粒状的焊剂层下燃烧,电弧周围的焊剂熔化形成熔渣,工件金属与焊丝熔化成较大体积的熔池,熔池被熔渣覆盖,熔渣既能起到隔绝空气、保护熔池的作用,又阻挡了弧光对外辐射和金属飞溅,焊机带着焊丝匀速向前移动(或焊机不动,工件匀速运动),熔池金属被电弧气体排挤向后堆积形成焊缝。

2. 埋弧自动焊的特点

1) 优点

(1) 生产率高。焊接电流比手工电弧焊时大得多,可以高达 1000A,一次熔深大,焊

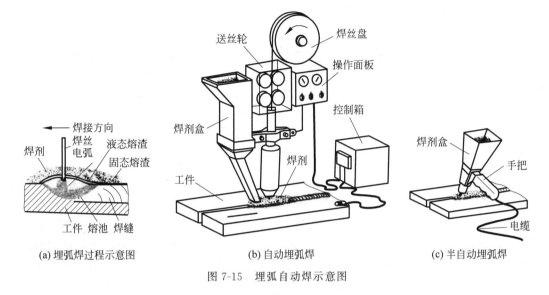

图 7-15 埋弧自动焊示意图

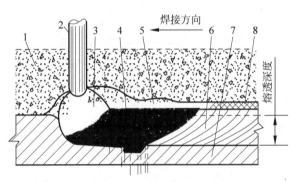

图 7-16 埋弧自动焊焊接过程纵截面图

1—焊剂；2—焊丝；3—电弧；4—熔池；5—液态熔渣；6—焊缝；7—母材；8—渣壳

接速度大，且焊接过程可连续进行，无须频繁更换焊条，因此生产率比手工电弧焊高 5～20 倍。

（2）焊接质量好。熔渣对熔化金属的保护严密，冶金反应较彻底，且焊接工艺参数稳定，焊缝成型美观，焊接质量稳定。

（3）劳动条件好。焊接时没有弧光辐射，焊接烟尘小，焊接过程自动进行。

2）缺点

埋弧自动焊一般只适用于水平位置的长直焊缝和直径 250mm 以上的环形焊缝，焊接的钢板厚度一般在 6～60mm，适焊材料局限于钢、镍基合金、铜合金等，不能焊接铝、钛等活泼金属及其合金。

3．埋弧焊的焊接材料

埋弧焊使用的焊接材料包括焊剂和焊丝。

埋弧焊焊剂有熔炼焊剂和非熔炼焊剂两大类。

熔炼焊剂主要起保护作用，非熔炼焊剂除了保护作用外，还可以起脱氧、去硫、渗合金等冶金处理作用。我国目前使用的大多数焊剂是熔炼焊剂。焊剂牌号为"焊剂"或大写拼音"HJ"和三个数字表示,如"焊剂430"或"HJ430"。

埋弧焊的焊丝是直径为1.6~6mm的实心焊丝,起电极和填充金属以及脱氧、去硫、渗合金等冶金处理作用。其牌号与焊条焊芯同属一个国家标准《埋弧焊用热强钢实心焊丝、药芯焊丝和焊丝-焊剂组合分类要求》(GB/T 12470—2018)。

为了获得高质量的埋弧焊焊缝,必须正确选配焊丝和焊剂。

4. 埋弧自动焊工艺

埋弧焊对下料、坡口准备和装配要求较高。装配时,要求使用优质焊条点固。由于埋弧焊焊接电流大、熔深大,因此对于厚度在14mm以下的板材,可以不开坡口一次焊成;双面焊时,不开坡口的可焊厚度达28mm;当厚度较大时,为保证焊透,最常采用的坡口形式为Y形坡口和X形坡口。单面焊时,为防止烧穿、保证焊缝的反面成型,应采用反面衬垫,衬垫的形式有焊剂垫、钢垫板或手工焊封底。另外,由于埋弧焊在引弧和熄弧处电弧不稳定,为保证焊缝质量,焊前应在焊缝两端接上引弧板和熄弧板,焊后去除,如图7-17所示。

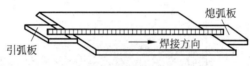

图7-17 引弧板和熄弧板(引出板)

7.2.3 气体保护电弧焊

气体保护电弧焊是用气体将电弧、熔化金属与周围的空气隔离,防止空气与熔化金属发生冶金反应,以保证焊接质量的一种焊接方法。保护气体主要有Ar、He、CO_2、N_2等。与埋弧焊相比,气体保护焊具有以下特点。

(1) 采用明弧焊,熔池可见性好,适用于全位置焊接,有利于焊接过程的机械化、自动化。

(2) 电弧热量集中,熔池小,热影响区窄,焊件变形小,尤其适用于薄板焊接。

(3) 可焊材料广泛,可用于各种黑色金属和非铁合金的焊接。

按电极材料的不同,气体保护电弧焊可分为非熔化极气体保护焊和熔化极气体保护焊两大类。

① 非熔化极气体保护焊通常用钨棒或钨合金棒作为电极,以惰性气体(氩气或氦气)作为保护气体,焊缝填充金属(即焊丝)根据情况另外添加,其中应用较广的是氩气为保护气的钨极氩弧焊。

② 熔化极气体保护焊以焊丝作为电极,根据采用的保护气不同,可分为熔化极惰性气体保护焊、熔化极活性气体保护焊和CO_2气体保护焊,其中熔化极活性气体保护焊泛指同时采用惰性气体与适量CO_2等组成的混合气作为保护气的气体保护焊,CO_2气体保护焊也可视为其中的一个特例。

1. 钨极氩弧焊

钨极氩弧焊用高熔点的钍钨棒或铈钨棒作电极。由于钨的熔点高达3410℃,焊接时钨棒基本不熔化,只是作为电极,起导电作用,填充金属需另外添加。在焊接过程中,氩气通过喷嘴进入电弧区将电极、焊件、焊丝端部与空气隔绝开。钨极氩弧焊的焊接方式有手工焊和自动焊两种,如图 7-18 所示,它们的主要区别在于电弧移动和送丝方式,前者为手工完成,后者由机械自动完成。

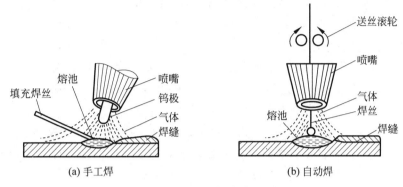

图 7-18　氩弧焊示意图

1) 钨极氩弧焊的优点

钨极氩弧焊有以下优点。

(1) 采用纯氩气保护,焊缝金属纯净,特别适合非铁合金、不锈钢、钛及钛合金等材料的焊接。

(2) 焊接过程稳定,所有焊接参数都能精确控制,明弧操作,易实现机械化、自动化。

(3) 焊缝成型好,特别适合 3mm 以下的薄板焊接、全位置焊接和不用衬垫的单面焊双面成型。

在焊接钢、钛合金和铜合金时,应采用直流正接,这样可以使钨极处在温度较低的负极,减少其熔化烧损,同时也有利于焊件的熔化。在焊接铝镁合金时,通常采用交流电源,这主要是因为在焊件接负极时(即交流电的负半周),焊件表面接受正离子的撞击,使焊件表面的 Al_2O_3、MgO 等氧化膜被击碎,从而保证焊件的焊合,交流电的正半周则可使钨极得到一定的冷却,从而减少其烧损。由于钨极的载流能力有限,为了减少钨极的烧损,焊接电流不宜过大,所以钨极氩弧焊通常只适用于 0.5~6mm 的薄板。

2) 工艺参数

钨极氩弧焊的工艺参数有钨极直径、焊接电流、电源种类和极性、喷嘴直径和氩气流量、焊丝直径等。

3) 应用

钨极氩弧焊主要应用于易氧化的非铁合金、不锈钢、高温合金、钛及钛合金以及难熔的活性金属(钼、铌、锆)等材料的薄壁结构的焊接和钢结构的打底焊。

2. 熔化极氩弧焊

采用焊丝作为电极并兼作为填充金属,焊丝在送丝滚轮的输送下,进入导电嘴,与焊件之间产生电弧,并不断熔化,形成很细小的熔滴,以喷射形式进入熔池,与熔化的母材一起形成焊缝。熔化极氩弧焊的焊接过程如图 7-18(b)所示。熔化极氩弧焊的焊接方式有半自动焊和自动焊两种。

熔化极氩弧焊均采用直流反接，以提高电弧的稳定性，没有电极烧损问题，焊接电流的范围大大增加，因此可以焊接中厚板。例如焊接铝镁合金时，当焊接电流为 450A 左右时，不开坡口可一次焊透 20mm，同样厚度用钨极氩弧焊时则要焊 6～7 层。

熔化极氩弧焊的焊接工艺参数包括焊丝直径、焊接电流和电弧电压、送丝速度、保护气体的流量等。熔化极氩弧焊主要用于焊接高合金钢、化学性质活泼的金属及合金，如铝及铝合金，铜及铜合金，钛、锆及其合金等。

3. CO_2 气体保护焊

CO_2 气体保护焊采用 CO_2 作为保护气，一方面，CO_2 可以将电弧、熔化金属与空气隔离；另一方面，在电弧的高温作用下，CO_2 会分解为 CO 和 O_2，因此具有较强的氧化性，可使 Mn、Si 等合金元素烧损，焊缝增氧，力学性能下降，还会形成气孔。另外，由于 CO_2 气流的冷却作用及强烈的氧化反应，导致电弧稳定性差、金属飞溅大、弧光强、烟雾大等，因此 CO_2 气体保护焊只适合焊接低碳钢和低合金结构钢，不能用于焊接高合金钢和非铁金。图 7-19 所示为 CO_2 气体保护半自动焊示意图。

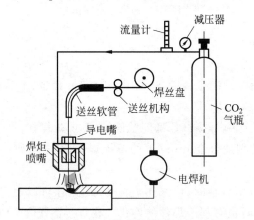

图 7-19 CO_2 气体保护半自动焊示意图

CO_2 气体保护焊有以下优点。

(1) CO_2 气体保护焊的成本仅为手工电弧焊和埋弧焊的 40%～50%。

(2) CO_2 电弧穿透能力强，熔深大，生产率比手工电弧焊高 1～4 倍。

(3) 焊缝氢含量低，焊丝中 Mn 含量高，脱硫作用好，因此焊接接头的抗裂性好。

CO_2 气体保护焊在焊接低碳钢和低合金结构钢时，需采用含 Si、Mn 等合金元素的焊丝实现脱氧和渗合金。常用的 CO_2 气体保护焊焊丝有 H08Mn2Si 和 H08Mn2SiA，及药芯焊丝 YJ502-1（YJ 表示结构钢药芯焊丝；50 表示焊缝金属最低抗拉强度，单位为 N/mm^2；2 表示钛钙型药皮，交、直流两用；1 表示气体保护）。

在采用 CO_2 气体保护焊时，熔滴进入熔池的过渡形式有短路过渡和颗粒过渡两种，两种过渡形式选用的焊接规范不同，适用场合也不同。CO_2 气体保护焊的焊接参数包括焊丝直径、焊接电流、电弧电压、送丝速度、电源极性、焊接速度和保护气流量等。短路过渡一般用于细丝焊，焊丝直径为 0.6～1.2mm，特点是电压低，电流小，飞溅小，焊缝成型好，适合焊接 0.8～4mm 的薄板及全位置焊接，生产中应用较多。颗粒过渡一般用于粗丝焊,焊丝直径为 1.6～4mm,其特点是焊接电流和电弧电压较大,电弧穿透能力强,飞溅大,焊缝成型不够光滑,适合焊接 3～25mm 的中厚板,生产中应用较少。在采用 CO_2 气体保护焊时,为了减小飞溅,保持电弧稳定,要求使用直流焊机,且大多采用直流反接。焊接时 CO_2 流量通常为 5～15L/min,保护气体流量偏大或偏小均会使保护效果变差。

7.2.4 电渣焊

利用电流通过液体熔渣所产生的电阻热进行焊接的方法称为电渣焊。焊前先把工件垂直放置,在两工件之间留 20～40mm 的间隙,在工件下端装起焊槽,上端装引出板,并在工件两侧表面装强迫焊缝成型的水冷成型装置。开始焊接时,使焊丝与起焊槽短路起弧,不断加入少量固体焊剂,利用电弧的热量使之熔化,形成液态熔渣,待渣池达到一定深度时,增加焊丝送进速度,并降低焊接电压,使焊丝插入渣池,电弧熄灭,转入电渣焊接过程。

电渣焊有以下特点和应用。

(1) 可以一次焊接较厚的工件,从而提高焊接生产率。常焊的板厚为 13～500mm。厚的工件也不需开坡口。

(2) 以立焊位置焊接,一般不易产生气孔和夹渣等缺陷。对于焊接易淬火的钢种,减少了近缝区产生淬火裂缝的可能性。

(3) 对于调整焊缝金属的化学成分及降低有害杂质具有特殊意义。但是易引起晶粒粗大,产生过热组织,造成焊接接头冲击韧度降低。所以对某些钢种焊后一般都要求进行正火或回火热处理。

电渣焊主要用于钢材或铁基金属的焊接,常用于焊接板厚在 30mm 以上的金属材料。

7.2.5 电阻焊

电阻焊和摩擦焊、超声波焊等一起作为最常用的压力焊焊接方法。电阻焊是焊件组合后通过电极施加压力,利用电流通过接触处及焊件附近产生的电阻热,将焊件加热到塑性或局部熔化状态,再施加压力形成焊接接头的焊接方法。

电阻焊的基本形式有点焊、缝焊、凸焊、对焊等。

1. 点焊

点焊时将焊件搭接并压紧在两个柱状电极之间,然后接通电流,焊件间接触面的电阻热使该点熔化形成熔核,同时熔核周围的金属也被加热产生塑性变形,形成一个塑性环,以防止周围气体对熔核的侵入和熔化金属的流失。断电后,在压力下凝固结晶,形成一个组织致密的焊点,由于焊接时的分流现象,两个焊点之间应有一定的距离。

点焊方法有很多,按供电方向和在一个焊接循环中所能形成的焊点数,可分为双面单点焊、单面双点焊、双面多点焊等。双面单点焊焊接质量较高,应优先选用;单面双点焊生产率高,适合大型、移动困难的工件;双面多点焊适于大批量生产。点焊接头采用搭接形式,主要适用于焊接厚度为 4mm 以下的薄板结构和钢筋构件,还可焊接不锈钢、钛合金和铝镁合金等,目前广泛应用于汽车、飞机等制造业。

2. 缝焊

缝焊过程与点焊相似,只是用盘状滚动电极代替了柱状电极。焊接时,转动的盘状电极压紧并带动焊件向前移动,配合断续通电,形成连续重叠的焊点,所以,其焊缝具有良好的密封性。

缝焊的分流现象比点焊严重,因此,在焊接同样厚度的焊件时,缝焊的焊接电流为点焊的1.5～2倍。缝焊主要适用于焊接厚度3mm以下、有密封要求的容器和管道。

3. 凸焊

凸焊的特点是在焊接处先加工出一个或多个凸起点,这些凸起点在焊接时和另一被焊工件紧密接触。通电后,凸起点被加热,压塌后形成焊点。

由于凸起点的接触提高了凸焊时焊点的压力,并使接触电流比较集中,所以凸焊可以焊接厚度相差较大的工件。多点凸焊可以提高生产率,并且焊点的距离可以设计得比较小。

4. 对焊

对焊是指利用电阻热将两个对接焊件连接起来。按焊接工艺不同,对焊可分为电阻对焊和闪光对焊两种。

1) 电阻对焊

电阻对焊的焊接过程是预压→通电→顶锻和断电→去压。它只适于焊接截面形状简单、直径小于20mm和强度要求不高的焊件。

电阻对焊的生产率高,不需填充金属,焊接变形小;操作简单,易于实现机械化和自动化。缺点是由于焊接时电流很大(几千至几万安培),故要求电源功率较大,设备也较复杂,投资大,通常只用于大批量生产。

2) 闪光对焊

闪光对焊的焊接过程是工件在夹具中不紧密接触→通电→接触点受电阻热熔化及气化→液态金属发生爆裂,产生火花与闪光→顶锻和断电→去压。其焊接质量较高,常用于焊接重要零件,可进行同种和异种金属焊接。

7.2.6 钎焊

钎焊是采用比母材熔点低的金属材料作为钎料,将焊件(母材)与钎料加热到高于钎料熔点,但低于母材熔点的温度,利用液态钎料润湿母材,填充接头间隙,并与母材相互扩散而实现连接焊件的方法。钎焊接头的形成包括以下三个基本过程。

(1) 液态钎料要润湿焊件金属,并能在焊件表面铺展。
(2) 通过毛细作用致密地填满接头间隙。
(3) 钎料能同焊件金属发生作用,从而实现良好的冶金结合。

按钎焊过程中加热方式和保护条件不同,钎焊可分为盐浴钎焊、火焰钎焊、电阻钎焊、感应钎焊、炉中钎焊、烙铁钎焊和波峰钎焊等。

按钎料熔点的不同,钎焊方法又可分为硬钎焊和软钎焊两种。

1. 硬钎焊

硬钎焊的钎料熔点在450℃以上,常用的是铜基钎料和银基钎料。硬钎焊接头强度较高(大于200MPa),主要用于接头受力较大、工作温度较高的焊件,如各种零件的连接、刀具的焊接等。

2. 软钎焊

软钎焊的钎料熔点在 450℃ 以下，常用的是锡基钎料。软钎焊接头强度较低（小于70MPa），主要用于接头受力不大、工作强度较低的焊件，如电子元器件和线路的连接等。

钎焊和熔焊相比，加热温度低，接头的金属组织和性能变化小，焊接变形小，焊件尺寸容易保证，接头光洁，气密性好；生产率高、易于实现机械化和自动化；可以焊接异种金属，甚至连接金属与非金属，还可以焊接某些形状复杂的接头。缺点是钎焊接头强度较低，耐热能力较差，对焊前准备工作要求较高。目前，钎焊主要用于焊接电子元器件、精密仪表机械等。

7.3　常用金属材料的焊接

7.3.1　金属材料的焊接性

1. 焊接性概念

焊接性是指采用一定焊接方法、焊接材料、工艺参数及结构形式的条件下，获得优质焊接接头的难易程度，即其对焊接加工的适应性。焊接性一般包括两个方面：一方面是接合性能，主要指在给定的焊接工艺条件下，形成完好焊接接头的能力，特别是接头对产生裂纹的敏感性；另一方面是使用性能，主要指在给定的焊接工艺条件下，焊接接头在使用条件下安全运行的能力，包括焊接接头的力学性能和其他特殊性能（如耐高温、耐腐蚀、抗疲劳等）。

金属焊接性是金属的一种加工性能。它取决于金属材料的本身性质和加工条件。就目前的焊接技术水平，工业上应用的大多数金属材料都是可以焊接的，只是焊接的难易程度不同而已。

2. 钢的焊接性评定

钢是焊接结构中最常用的金属材料，因此评定钢的焊接性显得尤为重要。由于钢的裂纹倾向与其化学成分有密切关系，因此，可以根据钢的化学成分评定其焊接性的好坏。通常将影响最大的碳作为基础元素，把其他合金元素的质量分数对焊接性的影响折合成碳的相当质量分数，碳的质量分数和其他合金元素的相当质量分数之和称为碳当量，用符号 ω_{CE} 表示，它是评定钢的焊接性的一个重要参考指标。国际焊接学会推荐的碳钢和低合金结构钢的碳当量计算公式为

$$\omega_{CE} = \left(\omega_C + \frac{\omega_{Mn}}{6} + \frac{\omega_{Cr} + \omega_{Mo} + \omega_V}{5} + \frac{\omega_{Ni} + \omega_{Cu}}{15} \right) \times 100\% \tag{7-2}$$

式中，各元素的质量分数都取其成分范围的上限。

碳当量越高，裂纹倾向越大，钢的焊接性越差。一般认为，$\omega_{CE} < 0.4\%$ 时，钢的淬硬和冷裂倾向不大，焊接性良好；$\omega_{CE} = 0.4\% \sim 0.6\%$ 时，钢的淬硬和冷裂倾向逐渐增加，焊接性较差，焊接时需要采取一定的预热、缓冷等工艺措施，以防止产生裂纹；$\omega_{CE} > 0.6\%$ 时，钢的淬硬和冷裂倾向严重，焊接性很差，一般不用于生产焊接结构。

碳当量公式仅用于对材料焊接性的粗略估算，在实际生产中，应通过直接试验，模拟实际情况下的结构、应力状况和施焊条件，在试件上焊接，观察试件的开裂情况，并配合必

要的接头使用性能试验进行评定。

7.3.2 碳素钢和低合金结构钢的焊接

1. 碳素钢的焊接

由于碳素钢含碳量低于0.25%,塑性很好,淬硬倾向小,不易产生裂纹,所以焊接性最好。焊接时,任何焊接方法和最普通的焊接工艺都可获得优质的焊接接头。但由于施焊条件和结构形式不同,焊接时还需注意以下问题。

(1) 在低温环境下焊接厚度大、刚性大的结构时,应该进行预热,否则容易产生裂纹。

(2) 重要结构焊后要进行去应力退火以消除焊接应力。

低碳钢对焊接方法几乎没有限制,应用最多的是手工电弧焊、埋弧焊、气体保护电弧焊和电阻焊。

2. 中碳钢的焊接

含碳量在0.25%~0.60%之间的中碳钢,有一定的淬硬倾向,焊接接头容易产生低塑性的淬硬组织和冷裂纹,焊接性较差。中碳钢的焊接结构多为锻件和铸钢件,或进行补焊。焊接方法为手工电弧焊。应选用抗裂性较好的低氢型焊条(如J426、J427、J506、J507等),焊缝有等强度要求时,需选择相当强度级别的焊条。对于补焊或不要求等强度的接头,可选择强度级别低、塑性好的焊条,以防止裂纹的产生。焊接时,应采取焊前预热、焊后缓冷等措施以减小淬硬倾向,减小焊接应力。接头处开坡口应进行多层焊,采用细焊条小电流,可以减少母材金属的熔入量,降低裂纹倾向。

3. 高碳钢的焊接

高碳钢的含碳量大于0.60%,其焊接特点与中碳钢基本相同,但淬硬和裂纹倾向更大,焊接性更差。一般这类钢不用于制造焊接结构,大多是用手工电弧焊或气焊补焊修理一些损坏件。焊接时,应注意焊前预热和焊后缓冷。

4. 低合金结构钢的焊接

低合金结构钢按其屈服强度可以分为九级:300、350、400、450、500、550、600、700和800MPa。强度级别≤400MPa的低合金结构钢,$\omega_{CE}<0.4\%$,焊接性良好,其焊接工艺和焊接材料的选择与低碳钢基本相同,一般不需采取特殊的工艺措施。只有焊件较厚、结构刚度较大和环境温度较低时,才进行焊前预热,以免产生裂纹。强度级别≥450MPa的低合金结构钢,$\omega_{CE}>0.4\%$,存在淬硬和冷裂问题,其焊接性与中碳钢相当,焊接时需要采取一些工艺措施,如焊前预热(预热温度150℃左右)可以降低冷却速度,避免出现淬硬组织;适当调节焊接工艺参数,可以控制热影响区的冷却速度,保证焊接接头获得优良性能;焊后热处理能消除残余应力,避免冷裂。

低合金结构钢含碳量较低,对硫、磷控制较严,手工电弧焊、埋弧焊、气体保护焊和电渣焊均可采用此类钢进行焊接,以手工电弧焊和埋弧焊较常用。选择焊接材料时,通常从等强度原则出发,为了提高抗裂性,尽量选用碱性焊条和碱性焊剂,对于不要求焊缝和母材等强度的焊件,也可选择强度级别略低的焊接材料,以提高塑性,避免冷裂。

7.3.3 不锈钢的焊接

不锈钢中都含有不少于12%的铬,还含有镍、锰、钼等合金元素,以保证其耐热性和耐腐蚀性。按组织状态不同,不锈钢可分为奥氏体不锈钢、铁素体不锈钢和马氏体不锈钢等,其中以奥氏体不锈钢的焊接性最好,广泛用于石油、化工、动力、航空、医药、仪表等部门的焊接结构中,常见牌号有 1Cr18Ni9、1Cr18Ni9Ti、0Cr18Ni9 等。

1. 奥氏体不锈钢的焊接性

奥氏体不锈钢焊接件容易在焊接接头处发生晶间腐蚀,其原因是焊接时,在 450~850℃ 温度范围停留一定时间的接头部位,在晶界处析出高铬碳化物(Cr23C6),引起晶粒表层含铬量降低,形成贫铬区,在腐蚀介质的作用下,晶粒表层的贫铬区受到腐蚀而形成晶间腐蚀。此时被腐蚀的焊接接头表面无明显变化,受力时则会沿晶界断裂,几乎完全失去强度。为防止和减少焊接接头处的晶间腐蚀,应严格控制焊缝金属的含碳量,采用超低碳的焊接材料和母材。采用含有能优先与碳形成稳定化合物的元素如 Ti、Nb 等,也可防止贫铬现象的产生。

奥氏体不锈钢焊接会产生热裂纹。其产生的主要原因是焊缝中的树枝晶方向性强,有利于 S、P 等元素的低熔点共晶产物的形成和聚集。另外,此类钢的导热系数小(约为低碳钢的 1/3),线胀系数大(比低碳钢大 50%),所以焊接应力也大。防止的办法是选用含碳量很低的母材和焊接材料,采用含适量 Mo、Si 等铁素体形成元素的焊接材料,使焊缝形成奥氏体加铁素体的双相组织,减少偏析。

2. 奥氏体不锈钢的焊接工艺

一般熔焊方法均能用于奥氏体不锈钢的焊接,目前生产上常用的方法是手工电弧焊、氩弧焊和埋弧焊。在焊接工艺上,主要应注意以下问题。

(1) 采用小电流、快速焊,可有效防止晶间腐蚀和热裂纹等缺陷的产生。一般焊接电流应比焊接低碳钢时低 20%。

(2) 焊接电弧要短,且不做横向摆动,以减少加热范围。避免随处引弧,焊缝尽量一次焊完,以保证耐腐蚀性。

(3) 多层焊时,应等前面一层冷至 60℃ 以下,再焊后一层。双面焊时先焊非工作面,后焊与腐蚀介质接触的工作面。

(4) 对于晶间腐蚀,在条件许可时,可采用强制冷却。必要时可进行稳定化处理,消除产生晶间腐蚀的可能性。

7.3.4 铸铁的补焊

铸铁在制造和使用中容易出现各种缺陷与损坏。铸铁补焊是对有缺陷铸铁件进行修复的重要手段,在实际生产中具有重要的经济意义。

1. 铸铁的焊接性

铸铁的含碳量高、脆性大、焊接性很差,在焊接过程中易产生白口组织和裂纹。

白口组织是由于在铸铁补焊时,碳、硅等促进石墨化元素大量烧损,且补焊区冷速快,在焊缝区石墨化过程来不及进行而产生的。白口铸铁硬而脆,切削加工性能很差。采用含碳、硅量高的铸铁焊接材料或镍基合金、铜镍合金、高钒钢等非铸铁焊接材料,或补焊时进行预热缓冷使石墨充分析出,或采用钎焊,可避免出现白口组织。

裂纹通常发生在焊缝和热影响区,产生的原因是铸铁的抗拉强度低,塑性很差(400℃

以下基本无塑性),而焊接应力较大,且接头存在白口组织时,由于白口组织的收缩率更大,裂纹倾向更加严重,甚至可使整条焊缝沿熔合线从母材上剥离下来。防止裂纹的主要措施有:采用纯镍或铜镍焊条、焊丝,以增加焊缝金属的塑性;加热减应区以减小焊缝上的拉应力;采取预热、缓冷、小电流、分散焊等措施减小焊件的温度差。

2. 铸铁补焊方法及工艺

手工电弧焊和气焊是最常用的铸铁补焊方法。按焊前是否预热分为热焊、半热焊和冷焊。

1) 热焊及半热焊

在热焊和半热焊之前将焊件预热到一定温度(400℃以上),采用同质焊条,选择大电流连续补焊;焊后缓冷。其特点是焊接质量好,生产率低,成本高,劳动条件差。

2) 冷焊

冷焊采用非铸铁型焊条,焊前不预热,焊接时采用小电流、分散焊,减小焊件应力。焊缝的强度、颜色与母材不同,加工性能较差,但焊后变形小,劳动条件好,成本低。

7.3.5 非铁金属的焊接

1. 铜及铜合金的焊接

1) 存在的问题

铜及铜合金在焊接时主要存在以下问题。

(1) 难熔合。铜的导热系数大,焊接时散热快,要求焊接热源集中,且焊前必须预热。否则,易产生未焊透或未熔合等缺陷。

(2) 裂纹倾向大。铜在高温下易氧化,形成的氧化亚铜(Cu_2O)与铜形成低熔共晶体(Cu_2O+Cu)分布在晶界上,容易产生热裂纹。

(3) 焊接应力和变形较大。这是因为铜的线胀系数大,收缩率也大,且焊接热影响区宽。

(4) 容易产生气孔。气孔主要是由氢气引起的,液态铜能够溶解大量的氢,冷却凝固时,溶解度急剧下降,来不及逸出的氢气即在焊缝中形成氢气孔。

此外,焊接黄铜时会使锌蒸发(锌的沸点仅907℃)。一方面,这种情况下,合金元素会损失,造成焊缝的强度、耐蚀性降低;另一方面,锌蒸汽有毒,会对焊工的身体造成伤害。

2) 焊接方法

铜及铜合金常用的焊接方法有氩弧焊、气焊和手工电弧焊。其中氩弧焊是焊接紫铜和青铜最理想的方法。黄铜焊接常采用气焊,因为气焊时可采用微氧化焰加热,使熔池表面生成高熔点的氧化锌薄膜,以防止锌的进一步蒸发,或选用含硅焊丝,可在熔池表面形成致密的氧化硅薄膜,既可以阻止锌的蒸发,又能对焊缝起到保护作用。

3) 工艺措施

为保证焊接质量,在焊接铜及铜合金时还应采取以下措施。

(1) 为了防止 Cu_2O 的产生,可在焊接材料中加入脱氧剂,例如采用磷青铜焊丝,可利用磷进行脱氧。

(2) 清除焊件、焊丝上的油、锈、水分,减少氢的来源,避免气孔的形成。

(3) 厚板焊接时应以焊前预热来弥补热量的损失,改善应力的分布状况。焊后锤击焊缝,减小残余应力。焊后进行再结晶退火,以细化晶粒,破坏低熔共晶。

2. 铝及铝合金的焊接

铝具有密度小、耐腐蚀性好、塑性好以及优良的导电性、导热性和焊接性等优点。因此铝及铝合金在航空、汽车、机械制造、电工及化学工业中得到了广泛应用。

1) 存在的问题

铝及铝合金在焊接时的主要存在以下问题。

(1) 铝及铝合金表面极易生成一层致密的氧化膜(Al_2O_3),其熔点(2050℃)远远高于纯铝的熔点(657℃),在焊接时阻碍金属的熔合,且由于 Al_2O_3 密度大,容易形成夹杂。

(2) 液态铝可以大量溶解氢,铝的高导热性又使金属迅速凝固,因此液态时吸收的氢气来不及析出,极易在焊缝中形成气孔。

(3) 铝及铝合金的线膨胀系数和结晶收缩率很大,导热性很好,因而焊接应力很大,对于厚度或刚性较大的结构,焊接接头容易产生裂纹。

(4) 铝及铝合金高温时强度和塑性极低,很容易产生变形,且高温液态无显著的颜色变化,操作时难以掌握加热温度,容易出现烧穿、焊瘤等缺陷。

2) 焊接方法

铝及铝合金常用的焊接方法有氩弧焊、电阻焊、气焊。其中氩弧焊应用最广,电阻焊应用也较多,气焊在薄壁件生产中仍在采用。

电阻焊焊接铝合金时,应采用大电流,短时间通电,焊前必须清除焊件表面的氧化膜。

如果对焊接质量要求不高,薄壁件可采用气焊,焊前必须清除工件表面的氧化膜。焊接时使用焊剂,并用焊丝不断破坏熔池表面的氧化膜,焊后应立即将焊剂清理干净,以防止焊剂对焊件的腐蚀。

3) 工艺措施

为保证焊接质量,铝及铝合金在焊接时应采取以下工艺措施。

(1) 焊前清理,去除焊件表面的氧化膜、油污、水分,便于焊接时的熔合,防止气孔、夹渣等缺陷。清理方法有化学清理和物理清理。

(2) 对厚度超过 5～8mm 的焊件,预热至 100～300℃,以减小焊接应力,避免裂纹,且有利于氢的逸出,防止气孔的产生。

(3) 焊后清理残留在接头处的焊剂和焊渣,防止其与空气、水分作用,腐蚀焊件。可用 10% 的硝酸溶液浸洗,然后用清水冲洗、烘干。

7.4 焊接结构工艺性

焊接结构工艺性是指在一定的生产规模下,如何选择零件加工和装配的最佳工艺方案,因此焊接件的结构工艺性是焊接结构设计和生产中一个比较重要的问题,是经济性在焊接结构生产中的具体体现。

在焊接结构的生产制造中,除考虑使用性能之外,还应考虑制造时焊接工艺的特点及要求,才能保证在较高的生产率和较低的成本下获得符合设计要求的产品质量。

焊接件的结构工艺性一般包括焊接结构材料选择、焊接方法、焊接接头的形式设计和焊缝的布置等几个方面。

7.4.1 焊接结构材料的选择

随着焊接技术的发展,工业上常用的金属材料一般均可焊接。但由于材料的焊接性不同,焊接后接头质量差别很大。因此,应尽可能选择焊接性良好的焊接材料来制造焊接构件。特别是优先选用低碳钢和普通低合金钢等材料,其价格低廉,工艺简单,易于保证焊接质量。

重要的焊接结构材料的选择在相应标准中有规定,可查阅有关标准或手册,同时也应注意特别的施工规范要求。

7.4.2 焊接方法的选择

焊接时,只有选择合适的焊接方法,才能获得质量优良的焊接接头,并且具有较高的生产率。焊接方法的选择应根据材料的焊接性、焊接厚度、产品的接头形式、不同焊接方法的适用范围,以及所有焊接方法的生产率和现场拥有的设备条件等进行综合考虑。

低碳钢及普通低合金结构钢可采用各种方法焊接,故需根据条件选择。若为薄壁板,可用点焊;若为密封容器,则应选用缝焊;若产品不大,强度要求不高,尺寸要求精确且焊缝要求致密,可用钎焊。中厚板可选用埋弧自动焊或二氧化碳气体保护焊,但如果焊缝较短或焊接操作空间狭窄或单件生产等,宜采用焊条电弧焊。厚板可选用电渣焊。如材料为密集截面(管子、棒料),并要求对接,宜采用对焊(电阻焊)或摩擦焊,无其他条件限制可用焊条电弧焊。

铜-铝异种金属的焊接可用压焊,薄壁板或细丝可用钎焊。钢-铝接头只能用压焊。棒材或线材,宜选用摩擦焊。不锈钢或铜及其合金可选用焊条电弧焊,如质量要求较高,可选用氩弧焊。铝及其合金宜选用氩弧焊,质量要求不高或无氩弧焊设备时,可选用气焊。

7.4.3 焊接接头设计

1. 接头形式设计

根据施焊金属件的空间位置,常见的焊接接头形式有:对接接头、搭接接头、角接接头和丁字接头等。其中对接接头受力均匀,是应用最多的接头形式。搭接接头虽然受力时将产生附加弯矩,而且消耗金属量大,但不须开坡口,对装配尺寸要求不高。

2. 焊缝布置

焊缝位置对焊接接头的质量、焊接应力和变形以及焊接生产率均有较大影响,因此在布置焊缝时,应考虑以下几个方面。

(1) 尽可能分散布置焊缝。焊缝集中分布容易使接头过热,材料的力学性能降低,如图 7-20(a)～(c)所示。两条焊缝的间距一般要求大于 3 倍或 5 倍的板厚,如图 7-20(d)～(f)所示。

(2) 焊缝应尽量避开最大应力和应力集中部位,以防止焊接应力与外加应力相互叠

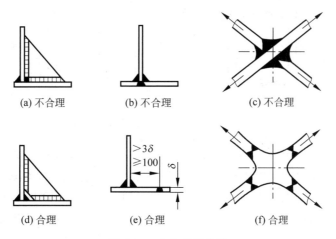

图 7-20 分散布置焊缝

加,造成过大的应力而开裂,如图 7-21(a)所示。不可避免时,应附加刚性支承,以减小焊缝承受的应力,如图 7-21(b)所示。

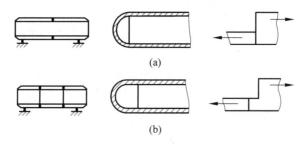

图 7-21 焊缝避开最大应力集中部位

(3)尽可能对称分布焊缝。图 7-22(a)所示的焊缝呈不对称布置,焊接变形比较大。改为图 7-22(b)所示的对称布置,可以使各条焊缝的焊接变形相抵消,对减小梁柱结构的焊接变形有明显的效果。

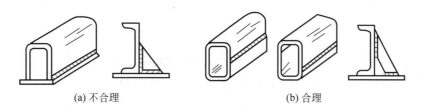

图 7-22 对称分布焊缝

(4)尽量减少焊缝数量。采用型材、管材、冲压件、锻件和铸钢件等作为被焊材料。这样不仅能减小焊接应力和变形,还能减少焊接材料的消耗,提高生产率。如图 7-23 所示的箱体构件,如采用型材(见图 7-23(a))或冲压件(见图 7-23(b))焊接,可较板材(见图 7-23(c))减少两条焊缝。

(5)焊缝应尽量避开机械加工面。一般情况下,焊接工序应在机械加工工序之前完

(a) 型材焊接　　(b) 冲压件焊接　　(c) 板材焊接

图 7-23　减少两条焊缝

成,以防止焊接损坏机械加工表面。此时焊缝的布置也应尽量避开需要加工的表面,因为焊缝的机械加工性能不好,且焊接残余应力会影响加工精度(见图 7-24(a))。如果焊接结构上某一部位的加工精度要求较高,又必须在机械加工完成之后进行焊接工序时,应将焊缝布置在远离加工面处(见图 7-24(b)),以避免焊接应力和变形对已加工表面精度的影响。

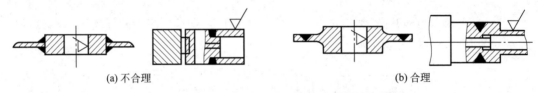

(a) 不合理　　　　　　　　　　　　(b) 合理

图 7-24　焊缝远离机械加工表面

(6) 焊缝位置应便于施焊,有利于保证焊缝质量,焊缝可分为平焊缝(见图 7-25(a))、横焊缝(见图 7-25(b))、立焊缝(见图 7-25(c))和仰焊缝(见图 7-25(d))四种形式。其中施焊操作最方便、焊接质量最容易保证的是平焊缝,因此在布置焊缝时应尽量使焊缝能在水平位置进行焊接。

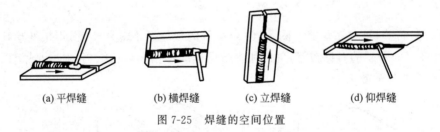

(a) 平焊缝　　(b) 横焊缝　　(c) 立焊缝　　(d) 仰焊缝

图 7-25　焊缝的空间位置

除焊缝空间位置外,还应考虑各种焊接方法所需要的施焊操作空间。图 7-26(a)所示为考虑手工电弧焊施焊空间时对焊缝的布置要求。图 7-26(b)所示为空间不足。

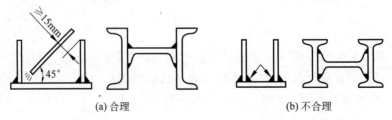

(a) 合理　　　　　　　　　　(b) 不合理

图 7-26　手工电弧焊对操作空间的要求

3. 焊接接头形式和坡口形式的选择

1) 焊接接头形式的选择

接头形式主要有对接接头(见图 7-27(a))、搭接接头(见图 7-27(b))、角接接头(见图 7-27(c))和 T 形接头(见图 7-27(d))四种。其中对接接头是焊接结构中使用最多的一种形式,接头上应力分布比较均匀,焊接质量容易保证,但对焊前准备和装配质量要求相对较高。角接接头便于组装,能使外形美观,但其承载能力较差,通常只起连接作用,不能用来传递工作载荷。搭接接头便于组装,常用于对焊前准备和装配要求简单的结构,但焊缝受剪切力作用,应力分布不均,承载能力较低,且结构质量大,不经济。T 形接头也是一种应用非常广泛的接头形式,在船体结构中约有 70% 的焊缝采用 T 形接头,在机床焊接结构中的应用也十分广泛。

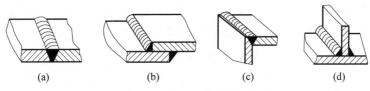

图 7-27 手弧焊接头及坡口形式

在结构设计时,设计者应综合考虑结构形状、使用要求、焊件厚度、变形大小、焊接材料的消耗量、坡口加工的难易程度等因素,以确定接头形式和总体结构形式。

2) 焊接坡口形式的选择

为保证厚度较大的焊件能够焊透,常将焊件接头边缘加工成一定形状的坡口。焊条电弧焊常采用的坡口形式有不开坡口(见图 7-28(a))、V 形坡口(见图 7-28(b))、X 形坡口(见图 7-28(c))、单 U 形坡口(见图 7-28(d))和双 U 形坡口(见图 7-28(e))等。坡口除保证焊透外,还能起到调节母材金属和填充金属比例的作用,由此可以调整焊缝的性能。

坡口形式的选择主要根据板厚和采用的焊接方法确定,同时兼顾焊接工作量大小、焊接材料消耗、坡口加工成本和焊接施工条件等,以提高生产率和降低成本。

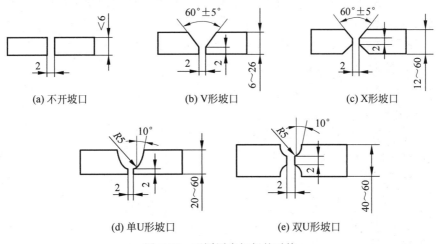

图 7-28 不同厚度钢板的对接

7.5　常见焊接缺陷产生原因及预防措施

现代的焊接技术是完全可以得到高质量的焊接接头的。然而,一个焊接产品的完成,要经过原材料画线、切割、坡口加工、装配、焊接等多种工序,并要使用多种设备、工艺方法和焊接材料,受操作者的技术水平等许多因素影响,因此,极易出现各种各样的焊接缺陷。

7.5.1　常见焊接缺陷

焊接缺陷大致可以分为以下五类。

(1) 坡口和装配的缺陷。坡口表面有较深的切痕、龟裂或有熔渣、锈、污物。

(2) 焊缝形状、尺寸和接头外部的缺陷,主要表现为:焊缝截面不丰满或加强高过高;焊缝宽度沿长度方向不恒定;满溢;咬边;表面气孔;表面裂纹;接头变形和翘曲超过产品允许的范围。

(3) 焊缝和接头内部的工艺性缺陷,主要包括气孔、裂纹、未焊透、夹渣、未熔合、接头金属组织的缺陷(过热、偏析等)。

(4) 接头的力学性能较低,耐腐蚀性能、物理化学性能不合要求。

(5) 接头的金相组织不合要求。

其中,(1)、(2)类为外部缺陷,其他类为内部缺陷。

7.5.2　焊接接头缺陷的形成原因及预防措施

1. 形成原因

焊接接头缺陷主要有以下形成原因。

(1) 坡口的角度、间隙、错边不符合要求及沿长度方向不恒定。

(2) 焊接规范、坡口尺寸选择不当;运条不当;焊条角度和摆动不正确;焊接顺序不对;收缩余量设置不当等。

(3) 焊条选择不当;焊缝表面不净;熔池中溶入过多的 H_2、N_2 及产生的 CO 气体;熔池中含有较多的 S、P 等有害元素、含有较多的 H。

(4) 结构刚度大;接头冷却速度太快等。

2. 预防措施

焊接接头缺陷主要有以下预防措施。

(1) 严格坡口的制造及装配工艺。

(2) 严格焊接规范。

(3) 严格焊接表面的清洗。

(4) 严格焊接工艺。

(5) 严格焊接检验。

7.6　焊接质量检验

焊接检验内容包括从图纸设计到产品制出整个生产过程中所使用的材料、工具、设备、工艺过程和成品质量的检验,分为三个阶段:焊前检验、焊接过程中的检验、焊后成品的检验。检验方法根据对产品是否造成损伤可分为破坏性检验和无损探伤两类。

1. 焊前检验

焊前检验包括原材料(如母材、焊条、焊剂等)的检验、焊接结构设计的检查等。

2. 焊接过程中的检验

焊接过程中的检验包括焊接工艺规范的检验、焊缝尺寸的检查、夹具情况和结构装配质量的检查等。

3. 焊后成品的检验

(1) 外观检验。焊接接头的外观检验是一种手续简便而又应用广泛的检验方法,是成品检验的一个重要内容,主要是发现焊缝表面的缺陷和尺寸上的偏差。一般通过肉眼观察,借助标准样板、量规和放大镜等工具进行检验。若焊缝表面出现缺陷,焊缝内部便有存在缺陷的可能。

(2) 致密性检验。贮存液体或气体的焊接容器,其焊缝的不致密缺陷,如贯穿性的裂纹、气孔、夹渣、未焊透和疏松组织等,可用致密性试验来发现。致密性试验方法有煤油试验、载水试验、水冲试验等。

(3) 受压容器的强度检验。对于受压容器,除进行致密性检验外,还要进行强度检验。常见的有水压试验和气压试验两种。它们都能检验在压力下工作的容器和管道的焊缝致密性。气压试验比水压试验更为灵敏和迅速,同时试验后的产品不用排水处理,对于排水困难的产品尤为适用。但试验的危险性比水压试验大。进行试验时,必须遵守相应的安全技术措施,以防试验过程中发生事故。

(4) 物理检验。物理检验是利用一些物理现象进行测定或检验的方法。材料或工件内部缺陷情况的检查,一般都采用无损探伤的方法。目前的无损探伤有超声波探伤、射线探伤、渗透探伤、磁力探伤等。

7.7　其他焊接技术简介

随着科学的发展,焊接技术也在不断地向高质量、高生产率、低能耗的方向发展。除了常用的焊接方法以外,其他的焊接方法也越来越广泛应用到实际工程中。同时,许多新技术、新工艺拓宽了焊接技术的应用范围。

7.7.1　等离子弧焊

等离子弧焊是一种用压缩电弧作热源的钨极气体保护焊接法。电弧经过水冷喷嘴孔道,受到机械压缩、热收缩和磁收缩效应的作用,弧柱截面减小,电流密度增大,弧内电离度提高,成为压缩电弧,即等离子弧。等离子弧焊透母材的方式有熔透焊和穿透焊两种。

熔透焊主要靠熔池的热传导实现焊透,多用于板厚3mm以下的焊接。穿透焊又称小孔法焊,主要靠强劲的等离子弧穿透母材实现焊透,多用于3～12mm板厚的焊接。

7.7.2 电子束焊

利用高速、聚焦的电子流轰击金属工件表面,使其瞬间熔化并形成焊缝的方法,称作电子束焊。通常在真空中从炽热阴极发射的电子,被高压静电场加速和聚焦后,又进一步由电磁场汇聚成高能密度的电子束(束径为$0.25～100$mm,能量密度为5×10^6W/cm^2)。当电子束轰击工件表面时,由于受到金属原子的阻挡,电子的动能在瞬间变成热能,使金属加热、熔化、蒸发,并在工件表面下部产生一个深熔空腔,电子束和工件相对移动时,使熔化金属向前转移,形成窄而深的大深宽比焊缝。

电子束焊的特点:①热源能量密度高,焊接速度快,焊缝线能量小,焊缝深宽比大(最大可达(20∶1)～(50∶1)),焊接热影响区小,工件变形小;②电子束可控性好,焊接规范调节范围宽且稳定;③真空保护好,无金属电极污染,保证了焊缝金属的高纯度;④节能、节材,在大批量或厚板产品生产中,焊接成本是电弧焊的50%左右;⑤焊接设备复杂,造价高,焊接尺寸受真空室限制,使用维护技术要求高,须注意防护X射线。

7.7.3 激光焊

激光焊是将具有高功率密度($10^6～10^{12}$W/cm^2)的聚焦激光束投射在被焊金属材料上,通过光束和被焊材料相互作用,光能被材料吸收最终转变为热能,从而使金属材料熔化的特种焊接方法。

激光焊属于高能量密度束流焊接,焊接速度高,线能量小,因而具有焊点小或焊缝窄、热影响区小、焊接变形小、焊缝平整光滑等特点。加之聚焦激光束的指向性十分稳定,不受电、磁场及气流的影响,且光束的焦斑位置可预先精确定位,故激光焊特别适合于精密结构件及热敏感器件的装配焊接要求。

激光焊设备的造价高,能量置换率低是其不足之处,但激光焊的高生产率及易于实现生产自动化的优点,在大规模生产中仍有可能使每件产品的焊接生产成本相对较低。在激光焊与传统的生产成本相等或略高的场合,如果激光焊产品能获得更好的技术性能,如更长的使用寿命、良好的产品外观、较少的焊后表面处理时间等,则采用激光焊仍然是合适的。对于那些非采用激光焊不可的热敏感器件及要求焊接变形极小的精密结构件,焊接成本的高低将不再是影响选择焊接方法的决定性因素。

7.7.4 扩散焊

扩散焊分为真空和非真空两大类,非真空扩散焊须用溶剂或气体保护,应用较广和效果较好的是真空扩散焊。

扩散焊借助温度、压力、时间及真空等条件实现金属键结合,其过程首先是局部接触界面塑性变形,促使氧化膜破碎分解,当达到净面接触时,为原子间扩散创造了条件,同时界面上的氧化物被溶解吸收,继而再结晶组织生长,晶界移动,有时出现联生晶及金属间化合物,构成牢固一体的焊接接头。

真空扩散焊的特点:①不需填充材料和溶剂(对于某些难以互熔的材料有时加中间

过渡层);②接头中无重熔的铸态组织,很少改变原材料的物理化学特性;③能焊非金属和异种金属材料,可制造多层复合材料;④可进行结构复杂的面与面、多点多线、很薄和大厚度结构的焊接;⑤焊件只有界面微观变形,残余应力小,焊后不需加工、整形和清理,是精密件理想的焊接方法;⑥可自动化焊接,劳动条件很好;⑦表面制备要求高,焊接和辅助时间长。

7.8 胶 接

7.8.1 胶接的特点与应用

胶接也称粘接,是指利用化学反应或物理凝固等作用,使一层非金属的胶体材料具有一定的内聚力,并对与其界面接触的材料产生黏附力,从而由这些胶体材料将两个物体紧密连接在一起的工艺方法。胶接有以下主要特点。

(1) 能连接材质、形状、厚度、大小等相同或不同的材料,特别适用于连接异型、异质、薄壁、复杂、微小、硬脆或热敏制件。

(2) 接头应力分布均匀,避免了因焊接热影响区相变、焊接残余应力和变形等对接头的不良影响。

(3) 可以获得刚度好、重量轻的结构,且表面光滑,外表美观。

(4) 具有连接、密封、绝缘、防腐、防潮、减振、隔热、消声等多重功能,连接不同金属时,不产生电化学腐蚀。

(5) 工艺性好,成本低,节约能源。

然而,胶接接头的强度不够高,大多数胶黏剂耐热性不高,易老化,且对胶接接头的质量尚无可靠的检测方法。

胶接是航空航天工业中非常重要的连接方法,主要用于铝合金钣金与蜂窝结构的连接,除此以外,在机械制造、汽车制造、建筑装潢、电子工业、轻纺、新材料、医疗、日常生活中,胶接正在扮演越来越重要的角色。

7.8.2 胶黏剂

胶黏剂根据其来源不同,有天然胶黏剂和合成胶黏剂两大类。其中天然胶黏剂组成较简单,多为单一组分;合成胶黏剂较为复杂,是由多种组分配制而成的。目前应用较多的是合成胶黏剂,其主要组分有:黏料,是起胶合作用的主要组分,主要是一些高分子化合物、有机化合物或无机化合物。固化剂,其作用是参与化学反应使胶黏剂固化;增塑剂,用以降低胶黏剂的脆性;填料,用以改善胶黏剂的使用性能(如强度、耐热性、耐腐蚀性、导电性等),一般不与其他组分起化学反应。

胶黏剂的分类方式还有以下三种。

(1) 按胶黏剂成分性质分(见表 7-2)。

(2) 按固化过程中的物理化学变化分为反应型、溶剂型、热熔型、压敏型等胶黏剂。

(3) 按胶黏剂的基本用途分为结构胶黏剂、非结构胶黏剂和特种胶黏剂三大类。结构胶黏剂强度高、耐久性好,可用于承受较大应力的场合;非结构胶黏剂用于非受力或次要受力部位;特种胶黏剂主要是满足特殊需要,如耐高温、超低温、导热、导电、导磁、水中胶接等。

表 7-2 胶黏剂的分类

胶黏剂的分类			典型胶黏剂
有机胶黏剂	合成胶黏剂	树脂型	热塑性胶黏剂	α-氰基丙烯酸酯
			热固性胶黏剂	不饱和聚酯、环氧树脂、酚醛树脂
		橡胶型	树脂酸性	氯丁-酚醛
			单一橡胶	氯丁胶浆
		混合型	橡胶与橡胶	氯丁-丁腈
			树脂与橡胶	酚醛-丁腈、环氧-聚硫
			热固性胶黏剂与热塑性胶黏剂	酚醛-缩醛、环氧-尼龙
	天然胶黏剂		动物性胶黏剂	骨胶、虫胶
			植物性胶黏剂	淀粉、松香、桃胶
			矿物性胶黏剂	沥青
			天然橡胶胶黏剂	橡胶水
无机胶黏剂			硫酸盐	石膏
			硅酸盐	水玻璃
			磷酸盐	磷酸-氧化铜

7.8.3 胶接工艺

1. 胶接工艺过程

胶接是一种新的化学连接技术。在正式胶接之前,先要对被粘物表面进行表面处理,以保证胶接质量。然后将准备好的胶黏剂均匀涂敷在被粘表面上,胶黏剂扩散、流变、渗透,合拢后,在一定的条件下固化,当胶黏剂的大分子与被粘物表面距离小于 5×10^{-10} m 时,形成化学键,同时,渗入孔隙中的胶黏剂固化后,生成无数的"胶钩子",从而完成胶接过程。

胶接的一般工艺过程有确定部位、表面处理、配胶、涂胶、固化、检验等。

(1) 确定部位。胶接大致可分为两类,一类是用于产品制造,另一类是用于各种修理。无论是哪种情况,都需要对胶接的部位有比较清楚的了解,例如表面状态、清洁程度、破坏情况、胶接位置等。只有这样,才能为实施具体的胶接工艺做好准备。

(2) 表面处理。为了获得最佳的表面状态,有助于产生足够的黏附力,提高胶接强度和使用寿命的表面处理须解决的问题主要有:去除被粘表面的氧化物、油污等异物污物层,去除表面吸附的水膜和气体,清洁表面;使表面获得适当的粗糙度;活化被粘表面,使低能表面变为高能表面、惰性表面变为活性表面等。表面处理的具体方法有表面清理、脱脂去油、除锈粗化、清洁干燥、化学处理、保护处理等,依据被粘表面的状态、胶黏剂的品种、强度要求、使用环境等进行选用。

(3) 配胶。单组分胶黏剂一般可直接使用,但如果有沉淀或分层,则在使用之前必须搅拌混合均匀。多组分胶黏剂必须在使用前按规定比例调配,并混合均匀,根据胶黏剂的适用期、环境温度、实际用量来决定每次配制的量,应当随配随用。

(4) 涂胶。以适当的方法和工具将胶黏剂涂布在被粘表面,操作正确与否,对胶接质量有很大影响。涂胶方法与胶黏剂的形态有关,液态、糊状或膏状的胶黏剂可采用刷涂、喷涂、浸涂、注入、滚涂、刮涂等方法,要求涂胶均匀一致,避免空气混入,达到无漏涂、不缺胶、无气泡、不堆积，胶层厚度控制在 0.08～0.15mm。

(5) 固化。固化是胶黏剂通过溶剂挥发、乳液凝聚的物理作用或缩聚、加聚的化学作用，变为固体并具有一定强度的过程，是获得良好胶黏性能的关键过程。胶层固化应控制温度、时间、压力三个参数。固化温度是固化条件中最为重要的因素，适当提高固化温度可以加速固化过程，并能提高胶接强度和其他性能。加热固化时要求加热均匀，严格控制温度，缓慢冷却。适当的固化压力可以提高胶黏剂的流动性、润湿性、渗透性和扩散能力，防止产生气孔、空洞和发生分离，使胶层厚度更为均匀。固化时间与温度、压力密切相关，升高温度可以缩短固化时间，降低温度则要适当延长固化时间。

(6) 检验。对胶接接头的检验方法主要有目测、敲击、溶剂检查、试压、测量、超声波检查、X 射线检查等方法，目前尚无较理想的非破坏性检验方法。

2. 胶接接头

胶接接头的受力情况比较复杂，其中最主要的是机械力的作用。如图 7-29 所示，作用在胶接接头上的机械力主要有拉伸、剪切、剥离和劈裂四种类型，其中以剥离和劈裂的破坏作用较大。

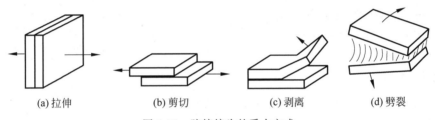

图 7-29　胶接接头的受力方式

选择胶接接头的形式时，应考虑以下原则。

(1) 尽量使胶层承受剪切力和拉伸力，避免剥离和不均匀扯离。

(2) 在可能和允许的条件下适当增加胶接面积。

(3) 采用混合连接方式，如胶接加点焊、铆接、螺栓连接、穿销等，可以取长补短，增加胶接接头的牢固性和耐久性。

(4) 注意不同材料的合理配置，如材料线膨胀系数相差很大的圆管套接时，应将线膨胀系数小的套在外面，而线膨胀系数大的套在里面，以防止加热引起的热应力造成接头开裂。

(5) 接头结构应便于加工、装配、胶接操作和以后的维修。

如图 7-30 所示，胶接接头的基本形式是搭接，常见的胶接接头形式有面接头、T 形接头、角接接头、对接接头等。

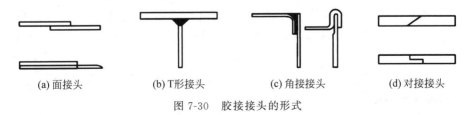

图 7-30　胶接接头的形式

技能训练

实训项目　手弧焊的内容、要求、安排和注意事项

1. 实训目的

(1) 使学生初步接触生产实际,掌握机械工业生产常用金属材料及其加工工艺的基础知识。

(2) 根据零件图样和图纸能初步选择简单工件的加工方法,并分析工艺过程。

(3) 初步掌握一定的基本操作技能,使学生能够理解"理论联系实际"的重要性,为将来从事技术工作打下实践基础。

2. 实训材料

(1) 6mm 钢板 8 块,尺寸为 320mm×400mm 左右。

(2) 电焊条(每人 1 斤),$\phi 2.5mm \times 300mm$。

(3) 电焊手套(每人 1 双)。

(4) 电焊面罩(每人 1 个)。

(5) 围裙、脚护套(每人各 1 套)。

(6) 清渣锤、钢丝刷每组各一把。

3. 实训设备

(1) 焊机 12 台。

(2) 氧气瓶 2 个。

(3) 乙炔瓶 1 个。

4. 实训要点

(1) 焊接生产过程、特点和应用。

(2) 手弧焊机的种类、结构、性能及使用。

(3) 平焊焊接工艺。

(4) 焊接电流和电焊条的选择。

(5) 手弧焊的平焊操作。

5. 实训内容

(1) 安全教学和焊工概述。了解焊接工艺范围及应用;熟悉焊接安全知识、焊接设备及工具。要求学生经安全教育后方可穿戴好劳动保护用品进厂实习。

(2) 电焊原理。了解焊机结构和焊条类型。熟悉焊机电流通断和电流调节。重点掌握调节电流的三要点(工件厚度、焊条直径、焊接位置)。

(3) 焊接工艺基础。了解电流调节、引弧、运条和结尾;熟悉引弧方法和操作要领;掌握焊条角度、前进速度、送条速度和横向摆动。重点是熟练控制电弧长度和收弧坑的技巧。

(4) 平板堆焊练习、平板对焊考核。写好金属加工工艺的实训报告和实训体会。

6. 实训注意事项

(1) 实训时要穿工作服,不准穿拖鞋或高跟鞋。

(2) 使用设备时要检查,发现损坏或故障应立即停机,切断电源并报告教师。

(3) 防触电、防止弧光的灼伤和工件的烫伤。
(4) 操作中应密切配合，做好自保措施，互保安全，杜绝烫伤。
(5) 工作场地要保持整洁，工件毛坯和原材料要堆放整齐。

7．实训报告和体会

根据实训内容和要求写出实训体会与焊工实训报告。其内容包括该工种的安全技术规程、基本理论知识、工艺以及实训心得体会。

要求实训报告能对实训内容进行全面的总结，并能理论联系实际，体现实训的所得所感。

小　　结

请根据本章内容画出思维导图。

复习思考题

1. 名词解释：焊接电弧、焊接热影响区、金属焊接性、碳当量。
2. 焊接时为什么要进行保护？说明常用电弧焊方法的保护方式及保护效果。
3. 焊芯的作用是什么？焊条药皮有哪些作用？
4. 焊条型号 E4303、E5015 的含义分别是什么？
5. 结构钢焊条如何选用？试给下列钢材选用两种不同牌号的焊条，并说明理由：

Q235、20、45、Q345(16Mn)。

6. 焊接接头中力学性能较差的薄弱区域在哪里？为什么？
7. 影响焊接接头性能的因素有哪些？如何影响？
8. 矫正焊接变形的方法有哪几种？
9. 减少焊接应力的工艺措施有哪些？
10. 熔焊时常见的焊接缺陷有哪些？有什么危害？
11. 焊接裂纹有哪些种类？如何防止？
12. 低碳钢焊接有什么特点？
13. 普通低合金钢焊接的主要问题是什么？焊接时应采取哪些措施？
14. 奥氏体不锈钢焊接的主要问题是什么？主要防止措施是什么？
15. 焊接铝、铜及其合金时常用哪些方法？哪种方法最好？为什么？

第3篇　机械加工工艺基础

第8章 机械零件材料及毛坯的选择与质量检验

【教学目标】
1. **知识目标**
   - ◆ 熟悉机械零件的失效类型及原因。
   - ◆ 熟悉选择机械零件材料的一般原则。
   - ◆ 熟悉选择零件毛坯成型方法的一般原则。
   - ◆ 熟悉毛坯质量检验方法。
2. **能力目标**
   - ◆ 能够进行机械零件的失效分析。
   - ◆ 能够进行典型机械零件材料的选择及工艺路线分析。
   - ◆ 能够选择典型机械零件的毛坯。
   - ◆ 能够选择毛坯加工中常见缺陷的检验方法。
3. **素质目标**
   - ◆ 锻炼自主学习、举一反三的能力。
   - ◆ 培养严谨务实的工作作风。
   - ◆ 树立学生"以人为本"的安全工作理念；鼓励脚踏实地学习、工作，树立正确的职业态度导向。

 引例

压力管道广泛应用于石油化工、冶金、电力、核工业及海洋开发等领域。由于焊接、冲刷、腐蚀及机械损伤等原因，绝大多数管道会存在一定的缺陷。这极大地降低了管道的承载能力和安全性，甚至会引起管道破裂从而引发严重的安全生产事故。因此，先进的无损检测技术以及含缺陷构件的力学性能评价方法成为含缺陷压力管道长期、稳定、安全运行的重要保障。

图像有限元法是一种CT扫描三维几何重构算法，可以获得含真实缺陷的压力管道的几何模型。建立的数字化模型不仅能够真实、直观地反映出被检构件缺陷的分布形态和几何特征，而且与CAE分析软件具有良好的兼容性和交互性，可以进行数值模拟与极限分析。

在机械制造中，要获得满意的零件，就必须从结构设计、合理选材、毛坯制造及机械加工等方面综合考虑。而正确选择材料和毛坯制造方法将直接关系到产品的质量和经济效益，因此，这项工作是机械设计和制造中的重要任务之一。

机械零件的使用性能是多种多样的,对材料和毛坯的选择要考虑诸多因素。本章介绍选择材料及毛坯的一般原则。

8.1 机械零件的失效

现实中,机械设备可能发生多种故障。对故障的研究分析,首先应根据零件的损坏形式找出失效的主要原因,为选材和改进工艺提供必要的依据。

8.1.1 失效的基本概念

零件在工作过程中最终都要发生失效。所谓失效,是指:①零件完全破坏,不能继续工作;②严重损伤,继续工作很不安全;③虽能安全工作,但已不能完全起到预定的作用。只要发生上述三种情况中的任何一种,都认为零件已经失效。失效分析的目的就是要找出零件损伤的原因,并提出相应的改进措施。现代工业中零件的工作条件日益苛刻,零件的损坏往往会带来严重的后果,因此对零件的可靠性提出了越来越高的要求。另外,从经济性考虑,也要求不断提高零件的寿命。这些都使失效分析变得越来越重要。失效分析的结果对于零件的设计、选材、加工以致使用,都有很重要的指导意义。

8.1.2 零件失效的主要形式

零件在工作时的受力情况一般比较复杂,往往承受多种应力的复合作用,因而造成零件不同形式的失效。零件的失效形式有变形失效、断裂失效和表面损伤失效三大类型,如图 8-1 所示。

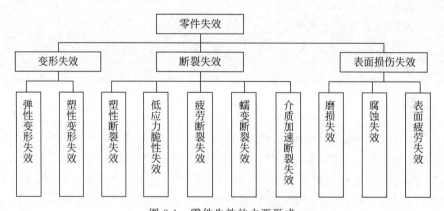

图 8-1 零件失效的主要形式

必须指出,实际零件在工作中往往不只是一种失效方式起作用。例如,一个齿轮,齿面之间的摩擦导致表面磨损失效,而齿根可能产生疲劳断裂失效,这两种方式也可能同时起作用。一般来说,造成一个零件失效时总是一种方式起主导作用,很少有两种方式同时都使零件失效。失效分析的目的实际上就是要找出主要的失效形式。另外,各类基本失效方式可以互相组合,形成更复杂的复合失效方式,如腐蚀疲劳、蠕变疲劳、腐蚀磨损等。它们在特点上都各自接近于其中某一种方式,而另一种方式是辅助的,因此在分析时往往被归入主导方式的一类中,例如腐蚀疲劳,疲劳特征是主导因素,腐蚀是起辅助作用的,因此被归入疲劳一类进行分析。

8.1.3 零件失效的原因

零件的失效可以由多种原因引起,大体上可分为设计、材料、加工和安装使用四个方面,图 8-2 所示是导致零件失效的主要原因的示意图。

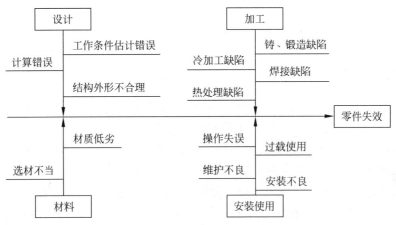

图 8-2 导致零件失效的主要原因示意图

1. 结构设计不合理

设计上导致零件失效的最常见的一种原因是结构或形状不合理,即在零件的高应力处存在明显的应力集中源,如各种尖角、缺口、过小的过渡圆角等。另一种原因是对零件的工作条件估计错误,如对工作中可能的过载估计不足,因而设计的零件的承载能力不够。发生这类失效的原因在于设计,但可通过选材来避免,特别是当零件的结构与几何尺寸基本固定而难以做较大的改动时,就是如此来处理问题的。现在很少发生由于计算错误造成的设计事故。

2. 材料选取不当

选材不当是材料方面导致失效的主要原因。问题出在材料上,但责任却在设计者身上。最常见的情况是,设计者仅根据材料的常规性能指标做出决定,而这些指标根本不能反映材料对所发生的哪种类型失效的抗力。尽管预先对零件的失效形式有一个较准确的估计,并提出了相应的性能指标作为选材的依据,但由于考虑到其他因素(如经济性、加工性能等),使得所选材料的性能数据不合要求,因此导致了失效。材料本身的缺陷也是导致零件失效的一个重要原因,常见的缺陷是夹杂物过多、过大,杂质元素太多,或者有夹层、折叠等宏观缺陷。因此,对原材料加强检验是非常重要的步骤。

3. 加工工艺问题

零件加工成型过程中,由于加工工艺不良,也会造成各种缺陷。例如,锻造不良可造成带状组织、过热或过烧现象等;冷加工不良时光洁度太低,产生过深的刀痕、磨削裂纹等;热处理不良造成过热、脱碳、淬火裂纹、回火不足等。这些都可导致零件的失效。

加工不良造成的缺陷,尤其是热处理时产生的缺陷,与零件的设计有很大的关系。零件的外形和结构设计不合理,会大大增加发生热处理缺陷的可能性。

若零件热处理后残留有较大的内应力,甚至有难以检查出来的裂纹时,使用中必定会造成严重的损坏。

4. 安装不当

零件安装时配合过紧、过松、对中不准、固定不紧等均可能造成失效或事故。在制造厂管理比较严格的情况下,使用不当可成为零件损坏的主要原因。对机器的维护保养不好,没有遵守操作规程及工作时有较大幅度的过载等也可以造成零件的失效。

5. 使用维护不正确

超载荷运动、润滑条件不良、零件磨损增加等均可造成零件早期失效。

8.1.4 失效分析的一般方法

正确的失效分析,是找出零件失效原因,解决零件失效问题的基础环节。机械零件的失效分析是一项综合性的技术工作,大致有以下程序。

(1) 尽量仔细地收集失效零件的残骸,并拍照记录实况,确定重点分析的对象,样品应取自失效的发源部位或能反映失效的性质或特点的地方。

(2) 详细记录并整理失效零件的有关资料,如设计情况(图纸)、实际加工情况及尺寸、使用情况等。根据这些资料全面地从设计、加工、使用各方面进行具体的分析。

(3) 对所选试样进行宏观(用肉眼或立体显微镜)及微观(用高倍的光学或电子显微镜)断口分析,以及必要的金相剖面分析,确定失效的发源点及失效的方式。

(4) 对失效样品进行性能测试、组织分析、化学分析和无损探伤,检验材料的性能指标是否合格,组织是否正常,成分是否符合要求,有无内部或表面缺陷等,全面收集各种必要的数据。

(5) 断裂力学分析。在某些情况下需要进行断裂力学计算,以便于确定失效的原因及提出改进措施。

(6) 综合各方面分析资料做出判断,确定失效的具体原因,提出改进措施,写出报告。

在失效分析中,有两项最重要的工作。一是收集失效零件的有关资料,这是判断失效原因的重要依据,必要时做断裂力学分析。二是根据宏观及微观的断口分析,确定失效源的性质及失效方式。这项工作非常重要,因为它除了告诉我们失效的精确位置和应该在该处测定哪些数据外,同时还对可能的失效原因做出重要指示。例如,沿晶断裂应该是材料本身、加工或介质作用的问题,与设计关系不大。

8.2 机械零件材料的选择

机械零件的选材是一项十分重要的工作。选材是否恰当,特别是一台机器中关键零件的选材是否恰当,将直接影响到产品的使用性能、使用寿命及制造成本,甚至可能导致零件的完全失效。

8.2.1 选材的一般原则

判断零件选材是否合理的基本标志是:①能否满足必需的使用性能;②能否具有良

好的工艺性能；③能否实现最低成本。选材的任务就是求得三者之间的统一。

1. 使用性能

零件选材应满足零件工作条件对材料使用性能的要求。材料在使用过程中的表现，即使用性能，是选材时考虑的主要根据。不同零件要求的使用性能是不一样的，有的零件主要要求高强度，有的零件则要求高耐磨性；而另外一些零件甚至无严格的性能要求，仅仅要求有美丽的外观。因此，在选材时，首要任务就是准确地判断零件所要求的主要使用性能。

对所选材料使用性能的要求，是在对零件的工作条件及零件的失效分析的基础上提出的。零件的工作条件是复杂的，要从受力状态、载荷性质、工作温度、环境介质等几个方面全面分析。受力状态有拉、压、弯、扭等；载荷性质有静载、冲击载荷、交变载荷等；工作温度可分为低温、室温、高温、交变温度；环境介质为与零件接触的介质，如润滑剂、海水、酸、碱、盐等。为了更准确地了解零件的使用性能，还必须分析零件的失效方式，从而找出对零件失效起主要作用的性能指标，如表 8-1 所示。

表 8-1 常用零件的工作条件、主要失效方式及所要求的主要机械性能指标

零件名称	工作条件	主要失效方式	主要机械性能指标
重要螺栓	交变拉应力	过量塑性变形或由疲劳造成的破断	屈服强度、疲劳强度、布氏硬度(HB)
重要传动齿轮	交变弯曲应力、交变接触压应力、齿表面受带滑动的滚动摩擦和冲击载荷	齿的折断、过度磨损或出现疲劳麻点	抗弯强度、疲劳强度、接触疲劳强度、洛氏硬度(HRC)
曲轴、轴类	交变弯曲应力、扭转应力、冲击载荷及磨损	疲劳破断，过度磨损	屈服强度、疲劳强度、洛氏硬度(HRC)
弹簧	交变应力，振动	弹力丧失或疲劳破断	弹性极限、屈服比、疲劳强度
滚动轴承	点或线接触下的交变压应力、滚动摩擦	过度磨损破坏，疲劳破断	抗压强度、疲劳强度、洛氏硬度(HRC)

有时，通过改进强化方式或方法，可以将廉价材料制成性能较好的零件。所以在选材时，要把材料成分和强化手段紧密结合起来考虑。另外，当材料进行预选后，还应当进行实验室试验、台架试验、装机试验、小批量生产等，进一步验证材料机械性能选择的可靠性。

2. 工艺性能

零件选材应满足生产工艺对材料工艺性能的要求。任何零件都是由不同的工程材料通过一定的加工工艺制造出来的。因此材料的工艺性能，即加工成零件的难易程度，自然应该是选材时必须考虑的重要问题。所以，熟悉材料的加工工艺过程及材料的工艺性能，对正确选材是相当重要的。材料的工艺性能包括以下内容。

（1）铸造性能包含流动性、收缩性、疏松及偏析倾向、吸气性、熔点高低等。

（2）压力加工性能是指材料的塑性和变形抗力等。

（3）焊接性能包括焊接应力、变形及晶粒粗化倾向、焊缝脆性、裂纹、气孔及其他缺陷倾向等。

(4) 切削加工性能是指切削抗力、零件表面光洁度、排除切屑难易程度及刀具磨损量等。

(5) 热处理性能是指材料的热敏感性、氧化、脱碳倾向、淬透性、回火脆性、淬火变形和开裂倾向等。

与使用性能的要求相比,工艺性能处于次要地位。但在某些情况下,工艺性能也可成为主要考虑的因素。当工艺性能和机械性能相矛盾时,有时正是出于工艺性能的考虑,使对某些机械性能合格的材料不得不舍弃,此点对于大批量生产的零件特别重要。因为在大批量生产时,工艺周期的长短和加工费用的高低,常常是生产的关键。例如,为了提高生产效率,而采用自动机床实行大批量生产时,零件的切削性能可成为选材时考虑的主要问题。此时,应选用易切削钢之类的材料,尽管它的某些性能并不是最好的。

3. 经济性

零件的选材应当力求使零件生产的总成本最低。因此,除了使用性能与工艺性能外,经济性也是选材必须考虑的重要问题。选材的经济性不单是指选用的材料本身价格应便宜,更重要的是采用所选材料制造零件时,可使产品的总成本降至最低,同时所选材料应符合国家的资源情况和供应情况等,具体如下。

(1) 材料的价格。不同材料的价格差异很大,而且在不断变动,因此设计人员应对材料的市场价格有所了解,以便于核算产品的制造成本。

(2) 国家的资源状况。随着工业的发展,资源和能源的问题日益突出,选用材料时必须对此有所考虑。特别是对于大批量生产的零件,所用的材料应该是来源丰富并符合我国的资源状况的。例如,我国缺钼,但钨却十分丰富,所以我们选用高速钢时就要尽量多用钨高速钢,而少用钼高速钢。另外,还要注意生产所用材料的能源消耗,尽量选用耗能低的材料。

(3) 零件的总成本由于生产经济性的要求,选用材料时零件的总成本应降至最低。

综上所述,零件选材的基本步骤如下。

(1) 确定产品功能要求特性(包括可能互相矛盾的要求)的相对优先次序。

(2) 决定产品每个构件所要求的性能,对各种候选材料在性能上进行比较。

(3) 对外形、材料和加工方法进行综合考虑。

8.2.2 典型零件的选材及工艺路线

1. 机床主轴

机床主轴是典型的受扭转-弯曲复合作用的轴件,它受的应力不大(中等载荷),承受的冲击载荷也不大,如果使用滑动轴承,轴颈处要求耐磨。因此大多采用 45 钢制造,并进行调质处理,轴颈处由表面淬火强化。载荷较大时则用 40Cr 等低合金结构钢制造。

图 8-3 所示为 C620 车床主轴的结构简图。对 C620 车床主轴的选材结果如下。

材料:45 钢。

热处理:整体调质,轴颈及锥孔表面淬火。

性能要求:整体硬度 220~240HB;轴颈及锥孔处硬度为 52HRC。

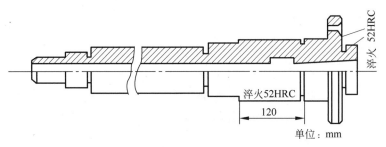

图 8-3　C620 车床主轴的结构简图

工艺路线：锻造→正火→粗加工→调质→精加工→表面淬火及低温回火→磨削。

该轴工作应力很低，冲击载荷不大，45 钢处理后屈服极限可达 400MPa 以上，完全可满足要求。现在有部分机床主轴已经可以用球墨铸铁制造。

2. 汽车齿轮

汽车齿轮的工作条件远比机床齿轮恶劣，特别是主传动系统中的齿轮，它们受力较大，超载与受冲击频繁，因此对材料的要求更高。由于弯曲与接触应力都很大，用高频淬火强化表面不能保证要求，所以汽车的重要齿轮都用渗碳、淬火进行强化处理。这类齿轮一般都用合金渗碳钢 20Cr 或 20CrMnTi 等制造，特别是后者在我国汽车齿轮生产中应用最广。为了进一步提高齿轮的耐用性，除了渗碳、淬火外，还可以采用喷丸处理等表面强化处理工艺。喷丸处理后，齿面硬度可提高 1～3HRC，耐用性可提高 7～11 倍。例如，图 8-4 所示的北京吉普车后桥圆锥主动齿轮。

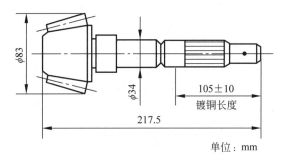

图 8-4　北京吉普车后桥圆锥主动齿轮

材料：20CrMnTi 钢。

热处理：渗碳、淬火、低温回火，渗碳层深 1.2～1.6mm。

性能要求：齿面硬度 58～62HRC，芯部硬度 33～48HRC。

工艺路线：下料→锻造→正火→切削加工→渗碳、淬火、低温回火→磨加工。

8.3　零件毛坯的选择

毛坯种类的选择不仅影响毛坯的制造工艺及费用，而且也与零件的机械加工工艺和加工质量密切相关。为此需要毛坯制造和机械加工两方面的工艺人员密切配合，合理地确定毛坯的种类、结构形状，并绘出毛坯图。

8.3.1 常见的毛坯种类

常见的毛坯种类有铸件、锻件、型材、焊接件、其他毛坯等。

1. 铸件

对形状较复杂的毛坯,一般可用铸造方法制造。目前大多数铸件采用砂型铸造,对尺寸精度要求较高的小型铸件,可采用特种铸造,如永久型铸造、精密铸造、压力铸造、熔模铸造和离心铸造等。

2. 锻件

锻件毛坯由于经锻造后可得到连续和均匀的金属纤维组织。因此锻件的力学性能较好,常用于受力复杂的重要钢质零件。其中自由锻件的精度和生产率较低,主要用于小批量生产和大型锻件的制造。模型锻造件的尺寸精度和生产率较高,主要用于产量较大的中小型锻件。

3. 型材

型材主要有板材、棒材、线材等。常用截面形状有圆形、方形、六角形和特殊截面形状。按其制造方法划分,型材又可分为热轧和冷拉两大类。热轧型材尺寸较大,精度较低,用于一般的机械零件。冷拉型材尺寸较小,精度较高,主要用于对毛坯精度要求较高的中小型零件。

4. 焊接件

焊接件主要用于单件小批量生产和大型零件及样机试制。其优点是制造简单、生产周期短、节省材料、减轻质量。但其抗振性较差,变形大,须经失效处理后才能进行机械加工。

5. 其他毛坯

其他毛坯包括冲压件、粉末冶金件、冷挤压件、塑料压制件等。

(1) 冲压件。用于形状复杂、生产批量较大的板料毛坯。精度较高,但厚度不宜过大。

(2) 粉末冶金件。尺寸精度高、材料损失小,用于大批量生产,成本高。不适于结构复杂、薄壁、有锐边的零件。

(3) 冷挤压件。用于形状简单、尺寸小和生产大批量的零件。如各种精度高的仪表零件和航空发动机中的小零件。

(4) 塑料压制件。用于形状复杂、尺寸精度高、力学性能要求不高的零件。

8.3.2 选择毛坯的一般原则

毛坯类型的选择同毛坯材料是密切相关的,所以毛坯的选择也是在满足使用要求的前提下,努力降低生产成本和提高生产效率,具体原则如下。

(1) 满足零件的使用要求。机械装置中各零件的功能不同,其使用要求也会有很大的差异。零件的使用要求包括零件形状、尺寸、加工精度和表面粗糙度等外部质量要求,以及具体工作条件下对零件成分、组织、性能的内部质量要求。

(2) 降低生产成本。一个零件的制造成本包括本身的材料费、消耗的燃料和动力费、工资、设备和设备的折旧费，以及其他辅助费用分摊到该零件的份额。在选择毛坯时，可在保证零件使用性能的条件下，把可供选择的方案从经济上进行分析比较，选择出成本最低的最佳方案。

(3) 在结合具体生产条件选定毛坯的制造方法时，首先应分析本企业的设备条件和技术水平，实施切实可行的生产方案。

8.4 毛坯质量检验

毛坯件中缺陷的存在，也是造成零件早期失效的原因。

8.4.1 毛坯的质量检验

毛坯的质量检验可分为破坏性检验和非破坏性检验两类。破坏性检验包括力学性能测试、化学成分分析和金相检验。破坏性检验必须从被检件上切取试样，或破坏整体被检件进行试验，它主要用于新材料、新工艺、新产品试制和模拟试验。通常可利用特制样件进行破坏性试验，这样可不破坏被检件。非破坏性检验包括外观检验、各种无损探伤和致密性试验。该检验直接对被检件检验而不破坏其整体结构，检验合格后直接成为成品或转换到下一工序。

下面介绍几种常用的检验方法。

(1) 外观检验以肉眼观察为主，或辅以简单的工具(低倍放大镜、直尺等)。许多毛坯件缺陷都可通过外观检验发现，但重要零件仅用外观检验是不够的，还必须进行内在质量的检验。

(2) 无损探伤检验包括超声波检验、射线检验和磁粉检验。

(3) 致密性检验用于检验不受压力或受压很低的容器、管道等。它包括气密性试验和水压试验。

(4) 化学成分分析用以鉴定材料的成分是否符合规范，并评估材料的优劣。常用的方法是光谱分析。

(5) 毛坯件检查最常用的力学性能测试是硬度试验，因为它能反映出材料成分、组织和性能的关系，并可间接反映其他力学性能指标；零件经硬度试验后不受损伤。

(6) 金相组织试验通过检验毛坯组织，可判定构件所用材料和处理工艺是否符合要求。金相分析是组织分析中应用广泛的实验观察技术，它能够提供有关金属材料的显微组织、晶粒度、非金属夹杂物等信息，主要用于对原材料进厂检验和监测各种热处理质量缺陷。

8.4.2 毛坯加工中常见缺陷及检验

用于制造机械零件的金属材料，在毛坯制造及加工过程中，由于制造工艺及加工设备的限制，不可避免地存在一些缺陷，如疏松、偏心、缩孔、气孔及裂纹等，这些缺陷往往导致零件过早失效。

1. 铸件中常见缺陷及检验

（1）缩孔。缩孔是铸件厚断面处出现的形状不规则的孔眼，内壁粗糙。缩孔常见于铸件的浇注冒口下部和心部及钢锭的上部，缩孔在热加工时会引起内裂纹，甚至会导致零件脆断。用切片宏观断口检验可检查出缩孔，不能切片的铸件可用射线或超声波探测。

（2）疏松。疏松常见于冒口的下部和厚壁铸件的中心。表面上的疏松可用肉眼检验，内部疏松可用射线、超声波探测，显微疏松须经金相检验。

（3）气孔。气孔是铸件内部或表面上的大小不等的孔眼，孔的内壁光滑，多呈圆形或椭圆形。气孔在铸件中各个部位均会出现，而明显降低力学性能，严重时可导致零件断裂失效。气孔可用切片宏观酸蚀检查，也可用无损探伤。

（4）偏心。偏心是指铸件局部形状和尺寸由于砂芯位置偏移而移动，导致毛坯加工余量不均衡或报废。偏心可用外观检验法检测。

（5）裂纹。铸件开裂，呈现直线或弯曲的裂纹。裂纹分热裂级和冷裂级两种。热裂纹裂口多呈曲折和不规则的形状，表面氧化，呈蓝色；冷裂纹裂口较直，表面不氧化并发亮。裂纹可用外观检验和磁粉检验法检测。

2. 锻件中常见缺陷及检验

（1）过热和过烧。在接近于始锻温度的条件下保温过久，导致被加热钢料内部的晶粒变得粗大，这种现象称为过热。如果将过热的钢料在高温下长时间停留或将钢料加热到更高的温度，则导致晶粒边界出现氧化及熔化的特征，削弱晶粒间的联系，这种现象称为过烧。出现过热和过烧缺陷后，锻件力学性能明显下降或报废。过热和过烧可用金相法或断口法检验过热、过烧组织。

（2）开裂。由于加热速度过快、装炉温度过高，零件各部分之间可能产生较大温差、膨胀不一致，进而产生裂纹。裂纹有表面裂纹和内裂纹两种，表面裂纹可用酸蚀法和金相法检验，内裂纹常用金相法检验。

（3）折叠。折叠是重叠的热金属隆起被锻入表面而产生的，是断裂失效的裂纹源。折叠可用外观检验或金相检验方法确定。

（4）冷成型件中缺陷。变形严重的某些区域常出现细微裂纹，这些裂纹在交变应力作用下可能扩展，导致零件疲劳失效。此类缺陷可用外观检验或金相检验方法确定。

3. 焊接件中常见缺陷及检验

（1）气孔。在焊接过程中，焊缝金属内的气体或外界侵入的气体未来得及逸出而残留在焊缝金属内部或表面形成的空穴或孔隙，即气孔，呈圆形或椭圆形。表面可用直接观察法检验，内部可用射线探伤、超声波探伤检验。

（2）未焊透。未焊透是指金属接头处或根部的钝边未完全熔合。未焊透降低了焊接接头的机械强度，会形成应力集中点，在焊接件承受载荷时容易导致开裂。可用肉眼直接观察或用射线、超声波探伤，还可用金相法检验。

（3）裂纹。焊缝裂纹是在焊接过程中或焊接完成后在焊接区域中出现的金属局部破裂的现象。裂纹分为热裂纹和冷裂纹两类。热裂纹在焊缝及焊缝热影响区内产生，可用肉眼检查表面处热裂纹，用渗透探伤、磁粉探伤及断口检查等方法检验远离表面区的裂纹。冷裂纹多见于热影响区,特别是焊道下熔合线附近、焊趾和焊缝根部,常见于淬透性大的钢中。内裂纹可用射线或超声波探伤,显微裂纹可用金相法检查。

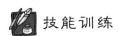 技能训练

实训项目　加工工艺路线的选择

1．实训目的

掌握零件的选材及工艺分析。

2．实训地点

金相实训基地。

3．实训材料

45 钢。

4．实训设备

金相显微镜设备。

5．实训内容

写出该轴的加工工艺路线,如图 8-5 所示。

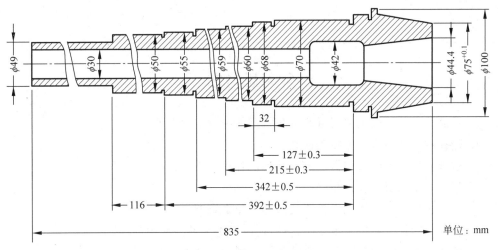

图 8-5　轴

注：①该轴在滚动轴承中运转；②承受中等负荷,承受一定的冲击力；③转速中等。

(1) 整体调质后硬度应为 200~230HB,金相组织为回火索氏体。

(2) 内锥孔和外圆锥面处硬度为 45~50HRC,表面 3~5mm 内金相组织为回火屈氏体和少量回火马氏体。

(3) 花键部分硬度为 48~50HRC,金相组织同上。

小　　结

请根据本章内容画出思维导图。

复习思考题

1. 零件的失效方式主要有哪些？分析零件失效的主要原因是什么？
2. 选择零件材料应遵循哪些原则？
3. 检验毛坯质量的常用方法有哪几种？各适用于什么场合？
4. 零件的使用要求包括哪些？
5. 生产大批量对毛坯加工方法的选择有什么影响？
6. 为什么轴杆类零件一般采用锻件，而机架类零件多采用铸件？
7. 试举出 1~2 个零件，并分析其可能采用的毛坯材料和毛坯制造方法。

第 9 章　金属切削加工的基础知识

【教学目标】
1. 知识目标
◆ 熟悉切削运动和切削要素的内容。
◆ 熟悉金属切削过程中的物理现象。
◆ 学会刀具的选择。
2. 能力目标
能够根据加工要求选择刀具。
3. 素质目标
◆ 锻炼自主学习、举一反三的能力。
◆ 培养严谨务实的工作态度。
◆ 树立民族自豪感，激发社会责任心。

 引例

我国的金属切削加工工艺，从青铜器时期开始萌芽，并逐渐形成和发展。从殷商到春秋时期已经有了相当发达的青铜冶铸业，出现了各种青铜工具，如青铜刀（见图 9-1）、青铜锉、青铜锯等。同时，出土文物与甲骨文记录表明，这个时期生产的青铜工具和生活工具，在制造过程中大都要经过切削加工或研磨。

金属切削加工是指在机床上通过刀具与工件之间的相对运动，从工件上切下多余的余量，从而形成已加工表面的加工方法。

图 9-1　古代青铜刀

9.1　切削运动和切削要素

9.1.1　切削运动

为了切除工件上多余的金属，以获得形状精度、尺寸精度和表面质量都符合要求的工件，刀具与工件之间必须做相对运动——切削运动，如图 9-2 所示的车削、钻削、镗削、铣削和磨削。根据这些运动对切削加工过程所起作用的不同，可分为主运动和进给运动。

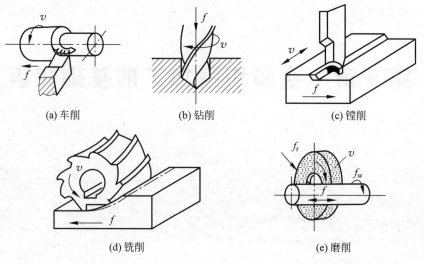

图 9-2 切削运动

1. 主运动

主运动是切下切屑所需要的最基本的运动。它可以是旋转运动,也可以是直线运动。它是切削运动中速度最高、消耗功率最大的运动。任何切削过程必须有一个,也只有一个主运动。它可由工件完成,也可由刀具完成。

2. 进给运动

进给运动是使金属层不断投入切屑,从而加工出完整表面所需要的运动。进给运动可能有一个或几个。运动形式有平移的、旋转的、连续的、间歇的。图 9-2 所示为典型的切屑运动。

9.1.2 切削要素

切削要素包括切削用量要素和切削层尺寸平面要素。下面以车削加工为例介绍这些要素。

1. 切削用量要素

车削加工时形成待加工表面、已加工表面和过渡表面三种,如图 9-3 所示。

以上三种表面的形成涉及三个基本参数,即切削速度、进给量、切削深度。这三个基本参数称为切削用量的三要素。

(1) 切削速度。在进行切削加工时,刀具切削刃选定点相对于工件主运动的瞬时速度称为切削速度,单位为 m/s。

车削加工时主运动为旋转运动,切削速度为最大线速度。

$$v_c = \frac{\pi d n}{1000 \times 60} \tag{9-1}$$

式中,d 为工件待加工表面直径(mm);n 为工件转速(r/min)。

(2) 进给量。刀具在进给方向上相对工件的位移量称为进给量,用 f 表示,单位为 mm/r。

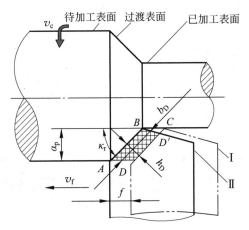

图 9-3 车削加工切削要素

车削加工时刀具的进给量为工件每转一转刀具沿进给运动方向移动的距离。

（3）切削深度（也称背吃刀量）。切削深度是指待加工表面与已加工表面的垂直距离，用 a_p 表示，单位为 mm。车削圆柱时：

$$a_p = \frac{d_w - d_m}{2} \tag{9-2}$$

式中，d_w 为待加工表面直径（mm）；d_m 为已加工表面直径（mm）。

2. 切削层尺寸平面要素（几何参数）

切削层是指由切削部分只产生一圈过渡表面的动作所切除的工件材料层，如图 9-3 所示。车削过程中工件转过一转，车刀由位置Ⅰ移动到位置Ⅱ时，车刀所切下的一层金属即为切削层。切削层的几何参数须在垂直于切削速度的平面进行观察和度量（图中 $ABD'D$ 阴影面积）。

（1）切削层公称厚度。在同一瞬间的切削层横截面积与其公称切削层宽度之比。用 h_D 表示，单位为 mm。切削层公称厚度表明切削刃的工作负荷。

（2）切削层公称宽度。它指在切削层尺寸平面内，沿切削刃方向所测得的切削层尺寸，如图 9-3 所示，用 b_D 表示，单位为 mm。切削层公称宽度通常等于切削刃的工作长度。

（3）切削层公称横截面积。它指在给定瞬间，切削层在切削层尺寸平面内的实际横截面积，用 A_D 表示，单位为 mm^2。切削层公称横截面积等于切削层公称厚度与切削层公称宽度的乘积，也等于切削深度与进给量的乘积，即

$$A_D = h_D b_D = a_p f \tag{9-3}$$

当切削速度一定时，切削层公称横截面积代表了生产率。

9.2 金属切削刀具

刀具由切削部分和刀柄部分组成。切削部分（即刀头）直接参加切削工作，而刀柄用于把刀具装夹在机床上。刀柄一般选用优质碳素结构钢制成，切削部分必须由专门的刀具材料制成。为了使切削工作顺利进行，刀具切削部分有严格的几何形状要求。

9.2.1 刀具材料

1. 刀具切削部分材料的性能

刀具工作时,其切削部分承受着冲击、振动,较高的压力和温度,剧烈的摩擦。因此,刀具材料应具备高硬度、高耐磨性,以承受切削过程中的剧烈摩擦,减少磨损;具备足够的强度和韧性,以承受切削力和冲击载荷;此外,还应具备较高的热硬性、良好的工艺性和经济性等。

2. 常用刀具材料的性能及应用

常用的刀具材料有碳素工具钢、合金工具钢、高速钢、硬质合金、陶瓷以及超硬材料等。机械制造中应用最广的刀具材料有高速钢和硬质合金。常用刀具材料的主要性能及用途见表 9-1。

表 9-1 常用刀具材料的主要性能及用途

材 料	常 用 牌 号	硬度 HRC(HRA)	热硬性/℃	用 途
优质碳素工具钢	T8～T10、T12A、T13A	60～65(81～84)	200	用于手动工具,如锉刀、锯条等
合金工具钢	9SiCr、CrWMn	60～65(81～84)	250～300	用于低速成形刀具,如丝锥、板牙、铰刀等
高速钢	W18Cr4V、W6Mo5Cr4V2	63～70(83～86)	550～600	用于中速及形状复杂的刀具,如钻头、铣刀、齿轮刀具等
硬质合金	YG8、YG6、YG3、YT5、YT1、5YT30		1200	用于高速切削刀具,如车刀、刨刀、铣刀等
陶瓷	SG4、AT6		1200	精加工优于硬质合金,可加工淬火钢等
立方碳化硼	FD、LBN-Y	7300～9000HV	1300～1500	切削性能优于陶瓷,可加工淬火钢等
人造金刚石			600	用于非铁金属精密加工,不宜切削铁类金属

9.2.2 刀具的几何参数

1. 车刀切削部分的几何参数

要使刀具能顺利地切削工件,刀具不但要满足一定的性能要求,而且要有合理的几何形状。刀具的种类很多,其形状各异,其中车刀是最基本的刀具。其他刀具都可以看成是车刀的演变。下面以外圆车刀为例介绍刀具的组成,如图 9-4 所示。

1) 车刀切削部分的组成

车刀切削部分的组成可简记为"三面、两刃、一尖",具体如下:

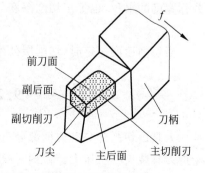

图 9-4 刀具的组成

(1) 前刀面是指刀具上切屑流过的表面，用 A_r 表示。
(2) 主后面是指刀具上同前面相交所形成主切削刃的后面，用 A_α 表示。
(3) 副后面是指刀具上同前面相交所形成副切削刃的后面，用 A'_α 表示。
(4) 主切削刃是指前面与主后面的交线，用 S 表示。
(5) 副切削刃是指前面与副后面的交线，用 S' 表示。
(6) 刀尖是指主切削刃与副切削刃相交成一个尖角，它不是一个几何点，而是具有一定圆弧半径的刀尖。

2）车刀切削部分的主要角度

为确定刀面和切削刃的空间位置，引入静止状态下的辅助平面，如图 9-5 所示。

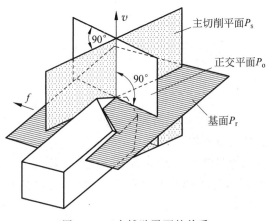

图 9-5 三个辅助平面的关系

(1) 基面是指通过切削刃上选定点，垂直于切削速度方向的平面，用 P_r 表示。
(2) 主切削平面是指通过切削刃上选定点，与主切削刃相切并垂直于基面的平面，用 P_s 表示。
(3) 正交平面是指通过切削刃选定点并同时垂直于基面和切削平面的平面，用 P_o 表示。
(4) 法平面是指通过切削刃选定点并垂直于切削刃的平面，用 P_n 表示。
(5) 假定工件平面是指通过切削刃选定点并垂直于基面的平面，用 P_f 表示。
(6) 背平面是指通过切削刃选定点并垂直于基面和假定工作平面的平面，用 P_p 表示。

3）车刀的标注角度

车刀切削部分的几何角度有 7 个，主要角度有 5 个，如图 9-6 所示。

(1) 前角 γ_o：前面与基面间的夹角。前角的正、负方向按图示规定表示，即刀具前刀面在基面之下时为正前角，刀具前刀面在基面之上时为负前角。
(2) 后角 α_o：主后面与切削平面间的夹角。
(3) 楔角 β_o：前面与主后面间的夹角。$\gamma_o + \alpha_o + \beta_o = 90°$，它们都在正交平面中测量。
(4) 主偏角 κ_r：进给运动方向主切削刃在基面上投影的夹角。
(5) 副偏角 κ'_r：副切削刃与进给运动反方向在基面上投影的夹角。

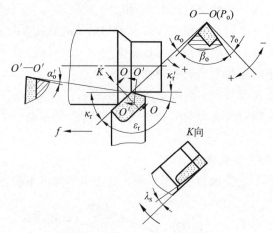

图 9-6 车刀的主要标注角度

(6) 刃尖角 ε_r：主切削刃与副切削刃在基面上投影的夹角。$\kappa_r + \kappa_r' + \varepsilon_r = 180°$，它们都在基面中测量。

(7) 刃倾角 λ_s：主切削刃与基面主切削平面投影的夹角。

2. 车刀几何角度的功用及影响

(1) 前角。切削时，切削是沿着刀具的前面流出的。增大前角，则刀刃锋利，切屑变形小，切削力小，使切削轻快，切削热也小。但前角太大，使楔角减小，则刀刃强度降低。硬质合金车刀的前角一般取 $-5° \sim +25°$。

(2) 后角。后角能减小刀具与工件的摩擦力。增大后角，可减小刀具主后面与工件间的摩擦力，但后角太大，刀刃强度降低。粗加工时一般取 $6° \sim 8°$，精加工时可取 $10° \sim 12°$。

(3) 主偏角。增大主偏角，可使进给力加大，背向力减小，有利于消除振动，但刀具磨损加快，散热条件差。主偏角一般取 $45° \sim 90°$。

(4) 副偏角。增大副偏角可减小副切削刃与工件已加工表面之间的摩擦力，改善散热条件，但表面粗糙度数值增大。副偏角一般取 $-5° \sim +10°$。

(5) 刃倾角。刃倾角主要影响切屑流向和刀体强度。刃倾角一般取 $-5° \sim +10°$。

9.3　金属切削过程中的物理现象

金属切削过程中存在的切削力、切削热和刀具磨损等各种物理现象，是由金属变形和摩擦引起的。研究金属切削过程中的物理现象，对加工质量、生产率和生产成本都有重要的意义。

9.3.1　金属切削过程的实质

金属切削过程是指金属材料在刀具的作用下变形、分离，形成切屑和已加工表面的过程。在金属切削过程中，会产生切削变形、积屑瘤、切削力、切削热、刀具的磨损等一系列物理现象。了解和掌握这些物理现象的基本规律及其对切削过程的影响，对保证加工精度和表面质量、提高切削效率、降低生产成本，合理改进和设计刀具几何参数，减轻工人的劳动强度等具有重要的指导意义。

9.3.2 切削的形成和种类

1. 切屑的形成

切屑主要是由被切削的金属经历剪切滑移变形而产生的。切削塑性材料时,工件受到刀具挤压,在接触处产生弹性变形。

随着刀具继续切入,应力逐渐增大,当达到材料的屈服点时,开始产生滑移即塑性变形,如图 9-7 所示。

随着刀具连续切入,若切应力超过材料的强度极限时,材料会被挤裂。越过 OE 面后切削层脱离工件,沿着前刀面流出而形成切屑。

2. 切屑的种类

切削时,由于被加工材料的性能与切削条件不同,切削层金属将产生不同程度的变形,从而形成不同类型的切屑。

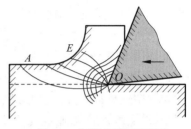

图 9-7 切削变形示意图

常见的切屑有以下四种:带状切屑、节状切屑、粒状切屑及崩碎切屑,如图 9-8 所示。

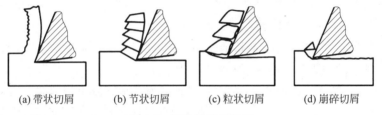

图 9-8 四种形状的切屑

1) 带状切屑

带状切屑的外形连绵不断,与前刀面接触的面很光滑,背面呈毛茸状。用较大前角、较高的切削速度和较小的进给量切削塑性材料时,容易得到带状切屑。

形成带状切屑时,切削过程较平稳,切削力波动较小,加工表面较光洁。但切屑连续不断,易缠绕在刀具和工件上,且不利于切屑的清除和运输。生产上常采用在车刀上磨断屑槽等方法断屑。

2) 节状切屑

节状切屑的背面呈锯齿形,底面有时出现裂纹。用较低的切削速度和较大的进给量切削中等硬度的钢件时,容易得到节状切屑。

形成节状切屑是典型的金属切削过程,在此过程中切削力波动较大,切削过程不平稳,工件表面较粗糙。

3) 粒状切屑

当切屑形成时,如果整个剪切面上切应力超过了材料的破裂强度,则整个单元被切离,形成梯形的粒状切屑。由于各粒形状相似,所以又被称为单元切屑,它是在加工塑性较差的金属时,使用较低的切削速度,较大的切削厚度,较小的刀具前角的情况下产生的。

相对于节状切屑而言,粒状切屑的切削力波动更大,已加工表面粗糙度更高,甚至有鳞片状毛刺出现。

4) 崩碎切屑

崩碎切屑呈不规则的碎块状屑片。切削铸铁等脆性材料时,切削层产生弹性变形后,一般不经过塑性变形就会突然崩碎,形成崩碎切屑。

在产生崩碎切屑的过程中,切削热和切削力都集中在主切削刀和刀尖附近,刀尖易磨损,切削过程也不平稳,严重影响表面质量。

综上所述,切屑形状随切削条件的不同而变化。加大前角、提高切削速度或减小进给量可将节状切屑转变成带状切屑。生产中常根据具体情况采取不同措施,以得到所需形状的切屑,保证切削顺利进行。

3. 积屑瘤现象

1) 积屑瘤的形成

切削塑性材料时,由于切屑底面与前刀面的挤压和剧烈摩擦,使切屑底层的流动速度低于上层的流动速度形成滞流层。当滞流层金属与前刀面之间的摩擦力超过切屑本身分子间结合力时,滞流层的部分新鲜金属就会黏附在刀刃附近,形成楔形的积屑瘤,如图 9-9 所示。

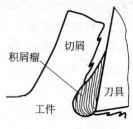

图 9-9 积屑瘤

2) 积屑瘤对切削过程的影响

积屑瘤经过强烈的塑性变形而被强化,其硬度远高于被切金属的硬度,能代替切削刃进行切削,起到保护切削刃和减少刀具磨损的作用。

积屑瘤的产生增大了刀具的工作前角,易使切屑变形和减小切削力。所以,粗加工时产生积屑瘤有一定好处。但是积屑瘤是不稳定的,它时大时小,时有时无,影响尺寸精度,引起振动。积屑瘤还会在已加工表面刻划出不均匀的沟痕,并有一些积屑瘤碎片黏附在已加工表面上,影响到表面粗糙度。所以在精加工时应避免产生积屑瘤。

4. 切削力

1) 切削力的来源及其合力和分力

切削力是切削刀具对工件的作用力。其大小影响切削热的多少,进而影响刀具的磨损程度和寿命以及工件加工精度与表面质量。切削力来源于两个方面:一是三个变形区内产生的弹性变形抗力和塑性变形抗力;二是切屑、工件与刀具间的摩擦力。这两个方面的合力即为总切削力(F),如图 9-10 所示。

为了便于分析切削力和测量、计算切削力的大小,通常将合力分解成三个相互垂直的分力。

(1) 切削力 F_c。切削力在主运动方向上的正投影旧称为垂直切削分力。切削力的大小约占总切削力的 90% 以上。它是计算机床动力、设计主传动系统的零件、夹具强度和刚度的主要依据;也是计算刀柄、刀体强度和选择切削用量的依据。

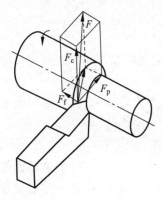

图 9-10 总切力分解

(2) 背向力 F_p。总切削力在垂直于工作平面上的分力称为背向力。背向力对工件的加工精度影响最大。对于刚度差的细长轴类工件,采用双顶尖装夹时,加工后工件易呈鼓形;使用三爪自定心卡盘装夹时,加工后工件易呈喇叭形,如图 9-11 所示。

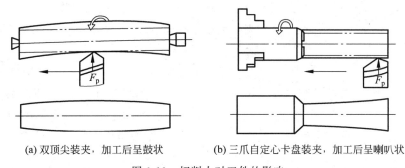

(a) 双顶尖装夹,加工后呈鼓状　　(b) 三爪自定心卡盘装夹,加工后呈喇叭状

图 9-11　切削力对工件的影响

(3) 进给力。总切削力在进给运动方向上的分力(正投影)称为进给力。进给力的存在,影响零件的几何精度。例如车端面时,表面呈现凹心或凸肚状态。

在切削过程中,切削力能使工件、机床、刀具与夹具变形,影响加工精度。

2) 影响切削力大小的因素

影响切削力大小的因素很多,其中影响较大的是工件材料、切削用量和刀具角度。

(1) 材料的强度、硬度越高,则变形抗力越大,切削力也越大。

(2) 切削用量增大,将导致切削力的增大。

(3) 刀具的前角增大、刃口锋利,都使切削力减小。

5. 切削热

切削热和由此产生的切削温度是切削过程中的又一重要物理现象,它们直接影响着刀具的磨损和耐用度,并影响工件加工精度和表面质量。

(1) 切削热的产生。金属切削过程中所消耗的功,绝大部分在切削刃附近转化为热,称为切削热。它主要来自三个方面:被切削金属的变形、切屑与前刀面的摩擦以及工件与刀具后面的摩擦。

(2) 切削热的传出。切削热通过切屑、工件、刀具以及周围介质耗散。在一般干切削的条件下,大部分切削热由切屑带走,其次由工件和刀具带走,介质传出热量最少。

(3) 切削温度。切削温度通常是指切削区域的平均温度。切削热对切削加工十分不利,它不仅使工件温度升高,产生热变形,影响加工精度,而且使刀具温度升高,加剧刀具磨损。

(4) 减少切削热,降低切削温度的措施:增大刀具前角,减小主偏角;优先采用大的背吃刀量和进给量,再确定合理的切削速度;使用切削液减少和带走切削热,降低切削温度。

6. 刀具磨损与刀具使用寿命

在切削过程中,刀具在高压、高温和强烈摩擦的条件下工作,切削刃由锋利逐渐变钝以致失去正常切削能力。刀具磨损超过允许值后,须及时刃磨。

1) 刀具的磨损形式

刀具正常磨损时,按磨损部位不同,可分为主后面磨损、前刀面磨损、前刀面和主后面

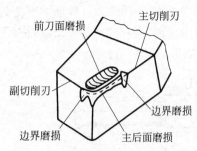

图 9-12 车刀典型的磨损形式示意图

同时磨损三种形式,如图 9-12 所示。

(1) 主后面磨损。切削脆性材料或以较低的切削速度和较小的切削层公称厚度切削塑性材料时,前刀面上的压力和摩擦力不大,温度较低,这时磨损主要发生在主后面上。磨损程度用平均磨损高度 VB 表示。

(2) 前刀面磨损。以较高的切削速度和较大的切削层公称厚度切削塑性材料时,切屑对前刀面的压力大,摩擦剧烈,温度高。在前刀面切削刃附近出现月牙洼,月牙洼扩大到一定程度刀具就会崩刃。前刀面磨损程度用月牙洼最大深度 KT 表示。

(3) 前刀面和主后面同时磨损。以中等切削速度和中等切削层公称厚度切削塑性材料时,常会发生这种磨损。

2) 刀具的耐用度

刀具两次刃磨之间实际切削的时间称为刀具的耐用度。在实际生产中,常规定刀具的使用时间当作耐用度,例如,硬质合金车刀,耐用度为 60~90min;钻头的耐用度为 80~120min;硬质合金端铣刀的耐用度为 90~180min;齿轮刀具的耐用度为 200~300min。

有经验的操作者常根据切削过程中出现的异常现象来判断刀具是否已经磨钝。例如,切屑变色发毛、切削力突然增大、振动与噪声以及表面粗糙度值显著增大等。

3) 影响刀具耐用度的因素

影响刀具耐用度的因素主要有工件和刀具材料、刀具角度、切削用量以及是否使用切削液等。

刀具耐用度的选择与生产率、成本有直接关系。选择较高的刀具耐用度,会限制切削速度,这就影响到生产率;若选择较低的耐用度,则会增加磨刀次数,增加辅助时间和刀具材料消耗,仍然影响到生产率和成本。因此,应根据切削条件选用合理的刀具耐用度。

刀具耐用度与刀具重磨次数的乘积称为刀具寿命。

9.4 关于提高切削加工质量和切削效率的问题

9.4.1 工件材料的切削加工性

1. 工件材料的切削加工性及评定方法

切削加工性是指材料被切削加工的难易程度。它具有一定的相对性,在不同的条件下,切削加工性要用不同的指标衡量。生产上常用的评价指标有以下五种。

(1) 一定刀具耐用度下的切削速度 V_T。其含义是当耐用度为 $T(\min)$ 时,切削某种材料所允许的最大切削速度。V_T 越高,材料的切削加工性越好。

(2) 相对加工性。以切削正火状态 45 钢的切削速度 V_T(通常取 $T=60\min$)作为基准,而把其他各种材料的切削速度与其相比,其比值 $K_r = \dfrac{v_{60}}{(v_{60})}$ 称为相对加工性。

凡 $K_r>1$ 的材料,其加工性比 45 钢好;反之较差。K_r 也反映了不同材料对刀具磨损和刀具耐用度的影响。

V_T 和 K_r 是最常用的切削加工性指标,对各种切削条件都适用。

(3) 已加工表面质量。容易获得好的表面质量的材料其切削加工性较好;反之较差。精加工时,常用此项指标来衡量切削加工性的好坏。

(4) 切屑控制或断屑的难易。容易控制或易于断屑的材料,其切削加工性好;反之较差。在自动机床或自动线上加工时,常用此项指标来衡量。

(5) 切削力的大小。在相同的切削条件下,凡切削力小的材料,其切削加工性好;反之较差。在粗加工时,当机床刚度或动力不足时,常用此项指标来衡量。

2. 影响材料切削加工性的主要因素及综合分析

上述各种指标,从不同的侧面反映了材料的切削加工性能。而材料的切削加工性能与其本身的物理、化学、力学性能有着密切的关系。影响材料切削加工性能的主要因素有以下两个。

(1) 工件材料的性能。材料的强度和硬度高,则切削力大、刀具易磨损,切削加工性差;材料塑性高,则不易断屑,影响表面质量,切削加工性差;材料的热导性差,切削热不易传散,切削温度高,故切削加工性差。

(2) 工件材料的化学成分及组织结构。低碳钢塑性好、韧性高,高碳钢强度、硬度高,都对切削加工不利;中碳钢有较好的切削加工性能;硫、铅等元素能改善切削加工性能,常用来制造易切削钢;含铝、硅、钛等元素的钢,形成较硬的金属化合物,加剧刀具磨损,切削性能变差;锰、磷、氮等元素可改善低碳钢切削加工性能,但使高碳钢、高合金钢切削加工性能变差;网状碳化物对刀具磨损严重;粒状或球状碳化物对刀具磨损较小。

3. 改善工件材料切削加工性能的基本措施

1) 调整材料的化学成分

除了金属材料中的含碳量外,材料中加入锰、铬、钼、硫、磷、铅等元素时,都将不同程度地影响材料的硬度、强度、韧性等,进而影响材料的切削加工性能。

在材料中,如加入硫、铅、磷等元素组成易切削钢,即能改善材料的切削加工性能。

2) 进行适当的热处理

可以将硬度较高的高碳钢、工具钢等材料进行退火处理,以降低硬度;低碳钢可以通过正火,降低材料的塑性,提高其硬度;中碳钢通过调质,使材料硬度均匀。这些方法都可以达到改善材料切削加工性能的目的。

3) 选择良好的材料状态

低碳钢塑性大,加工性能不好,但经过冷拔之后,塑性降低,加工性能好;锻件毛坯由于余量不均匀,且不可避免地有硬皮,若改用热轧钢,则加工性能可得到改善。

9.4.2 已加工表面质量

所谓工件已加工表面质量,是指工件表面粗糙度、表面层加工硬化程度及表面层残余应力的性质和大小三个方面的问题。它们直接影响到工件的耐磨性、耐蚀性、疲劳强度和配合性质,从而影响到工件的使用寿命和工作性能。

1. 表面粗糙度

影响已加工表面粗糙度的主要因素有以下四个。

(1) 理论残留面积高度。

由于刀具几何形状和切削运动的原因,刀具不能将加工余量全部切除,残存在工件已加工表面上的部分称为残留面积。

减小进给量、主偏角和副偏角,增加刀尖圆弧半径等,都可使残留面积高度减小,从而减少表面粗糙度。

(2) 积屑瘤。已在 9.3 节介绍,本节不再赘述。

(3) 鳞刺。在较低的切削速度下切削塑性金属时,工件已加工表面往往会出现鳞片状的毛刺,这就是鳞刺。鳞刺是已加工表面的严重缺陷,它使工件表面粗糙度大大增加。

加工时,采用较大的刀具前角,减小切削厚度,增加切削速度,选用润滑性能较好的切削液等均可有效地降低鳞刺的高度,或避免鳞刺的生成。

(4) 切削振动。切削过程中的振动会改变切削刃与工件的相对位置,在工件已加工表面形成切削振纹,使表面粗糙度明显增大。产生切削振动的主要原因有:工艺系统刚性不足、机床回转部分的离心力、断续切削时的冲击、工件加工余量不均匀及径向切削分力较大等。

2. 表面层加工硬化程度

如图 9-13 所示,当切削层金属以速度 v_c 逐渐接近切削刃时,将发生压缩与剪切变形,最终沿剪切面 OM 方向剪切滑移而成为切屑。但由于有切削刃钝圆半径 r_n 的存在,刀具不能把厚度为 h_D 的切削层全部切除下来,而是留下了厚度为 Δh_D 的薄层。即当切削层金属经过 O 点时,O 点之上的部分变成了切屑并沿前刀面流出,O 点之下的

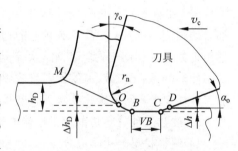

图 9-13 已加工表面变形

部分在刃口钝圆的挤压下产生弹塑性变形,并留在已加工表面上。接着又受到后刀面上磨损棱面 BC 的挤压和摩擦,这种剧烈的摩擦又使工件表层金属受到剪切应力。然后开始恢复弹性,则已加工表面在 CD 段上继续与后刀面发生摩擦。切削刃钝圆部分 OB、磨损棱面 BC 和后刀面 CD 三部分共同构成后刀面上的接触长度,这部分对已加工表面的质量有很大影响。

加工硬化还常常伴随着细微的表面裂纹和残余应力,使表面粗糙度值增加,疲劳强度下降。使下道工序切削困难。工件材料塑性越好,加工硬化现象越严重。精加工时减少已加工表面的加工硬化程度,有利于提高零件的抗疲劳强度和已加工表面的质量。

生产中常采用高速切削、施加切削液、保持刀刃的锋利等措施,以减少已加工表面的加工硬化程度。

3. 表面层残余应力

由于切削过程中表层金属的塑性变形和切削温度的作用,使工件经切削加工后,在已加工表面会产生残余应力。其主要原因是:切削过程中刀具对工件的挤压而产生的弹塑性变形,热应力引起的塑性变形,切削温度引起的相变进而产生的体积变化等综合作用的

结果。工件表面残余应力分为残余拉应力和残余压应力。残余拉应力容易使工件表面产生裂纹,降低工件的疲劳强度;残余压应力可阻止表面裂纹的产生和发展,有利于提高工件的疲劳强度。工件各部分的残余应力如果分布不均匀,就会使加工后的工件产生变形,从而影响工件的形状和尺寸精度。

9.4.3 切削液的作用与选用

1. 切削液的作用

在切削加工中,合理使用切削液,可以改善切屑、工件与刀具间的摩擦状况,降低切削力和切削温度,延长刀具使用寿命,并能减小工件热变形,抑制积屑瘤和鳞刺的生长,从而提高加工精度和减小已加工表面粗糙度。所以,对切削液的研究和应用应当予以重视。

2. 常用切削液的种类和选用

1) 水溶液

水溶液的主要成分是水,它的冷却性能好,若配成液呈透明状,则便于操作者观察。但是单纯的水容易使金属生锈,且润滑性能欠佳。因此,经常在水溶液中加入一定的添加剂,使其既能保持冷却性能又有良好的防锈性能和一定的润滑性能。水溶液一般用于普通磨削和其他精加工。

2) 乳化液

乳化液是将乳化油(由矿物油、乳化剂及添加剂配成),用95%~98%的水稀释后产生的乳白色或半透明状的乳化液。它具有良好的冷却作用,但因为含水量大,所以润滑、防锈性能均较差。为了提高其润滑性能和防锈性能,可再加入一定量的油性添加剂、极压添加剂和防锈添加剂,配制成极压乳化液或防锈乳化液。

低浓度的乳化液冷却效果好,主要用于磨削、粗车、钻孔等加工;高浓度的乳化液润滑效果较好,主要用于精车、攻丝、铰孔、插齿等加工。

3) 切削油

切削油的主要成分是矿物油(如机械油、轻柴油、煤油等),少数采用动植物油或复合油。纯矿物油不能在摩擦界面上形成坚固的润滑膜,润滑效果一般。在实际使用中常加入油性添加剂、极压添加剂和防锈添加剂以提高其润滑与防锈性能。

动植物油有良好的"油性",适于低速精加工,但是它们容易变质,因此最好不用或少用,应尽量采用其他代用品,如含硫、氯等极压添加剂的矿物油。

9.4.4 刀具几何角度的合理选择

1. 前角的功用和选择

前角是刀具最重要的角度之一,主要有以下四个作用。

(1) 影响切削区域的变形程度。若增大刀具前角,可减小前刀面挤压切削层时的塑性变形,减小切屑流经前刀面的摩擦阻力,从而减小切削力、切削热和功率。

(2) 影响切削刃与刀头的强度、受力性质和散热条件。增大刀具前角,会使切削刃与刀头的强度降低,刀头的导热面积和容热体积减小;过分加大前角,有可能导致切削刃处出现弯曲应力,造成崩刃。这些都是增大前角的不利方面。

(3) 影响切屑形态和断屑效果。若减小前角,可以增大切屑的变形,使之易于脆化断裂。

(4) 影响已加工表面质量。本节前面已论述过前角与表面质量的关系。值得注意的是,前角大小同切削过程中的振动现象有关,减小前角或者采用负前角时,振幅急剧增大。

前角的选择有以下七个原则。

(1) 工件材料的强度、硬度低,可以取较大的甚至很大的前角;工件材料强度、硬度高,应取较小的前角;加工特别硬的工件(如淬硬钢)时,前角很小甚至取负值。

(2) 加工塑性材料时,尤其是冷加工硬化严重的材料,应取较大的前角;加工脆性材料时,可取较小的前角。

(3) 粗加工,特别是断续切削,承受冲击性载荷,或对有硬皮的铸锻件粗切时,为保证刀具有足够的强度,应适当减小前角;但在采取某些强化切削刃及刀尖的措施之后,也可增大前角至合理的数值。

(4) 成型刀具和前角影响刀刃形状的其他刀具,为防止刃形畸变,常取较小的前角,甚至取 $\gamma_o=0$,但这些刀具的切削条件不好,应在保证切削刃成型精度的前提下,设法增大前角,例如有增大前角的螺纹车刀和齿轮滚刀等。

(5) 刀具材料的抗弯强度较大、韧性较好时,应选用较大的前角,例如,相对于硬质合金刀具而言,高速钢刀具允许选用较大的前角(可增大 5°~10°)。

(6) 工艺系统刚性差和机床功率不足时,应选取较大的前角。

(7) 数控机床和自动机、自动线刀具,应考虑保障刀具尺寸公差范围的使用寿命及工作的稳定性,而选用较小的前角。

2. 后角的功用与选择

增大后角,可减小后刀面与工件过渡表面间的摩擦,使刀具磨损减小;并使刀刃半径减小,刃口锋利,可提高加工表面质量。但后角过大,会降低刃口强度和散热能力,使刀具磨损加剧。

后角的选择有以下四个原则。

(1) 精加工或断续切削时,刀具的磨损主要是发生在后刀面,故应选较大的后角;粗加工、强力切削或断续切削时,为使刀具刃口强固,应选较小的后角。一般粗车时,$\alpha_o=5°\sim7°$;精车时,$\alpha_o=8°\sim12°$。

(2) 工件强度、硬度较高时,应选择较小的后角;工件材料的塑性、韧性较大时,可取较大的后角;加工脆性材料时,应取较小的后角。但如果加工硬材料时已选用了负前角,为了使刀具有一定的锋利程度,应加大后角(可取 12°~15°)。

(3) 当工艺系统刚性较差,应取较小的后角。

(4) 车刀的副后角一般等于其主后角。

3. 主偏角和副偏角的功用与选择

主偏角和副偏角有以下三个功用。

(1) 直接影响加工表面的粗糙度。减小主偏角和副偏角,可降低残留面积的高度,故可减小加工表面的粗糙度。

(2) 影响各切削分力的大小和比例。如车削外圆时,增大主偏角,使切削刃工作长度变短,可使背向力明显减小,进给力增大;增大副偏角也可减小背向力。这样,有利于减小工艺系统的弹性变形和振动,提高工件加工精度和表面质量。

(3) 影响刀具使用寿命。减小主偏角和副偏角,使刀尖角增大,刀尖强度提高,散热条件改善,可延长刀具使用寿命。但副偏角过小,会增加副后刀面与工件间的摩擦,并使径向力增大,易引起振动。

主偏角和副偏角的选择原则如下。

(1) 主偏角的选择。工艺系统刚性较好时(工件长径比≤6),主偏角 κ_r 可以取小值;当在刚度好的机床上加工冷硬铸铁等高硬度、高强度材料时,为减轻刀刃负荷,增加刀尖强度,提高刀具耐用度,一般取比较小的值,$\kappa_r=10°\sim30°$;工艺系统刚性较差时(工件长径比=6~12),或带有冲击性的切削,主偏角可以取大值,一般 $\kappa_r=60°\sim75°$,甚至主偏角可以大于 90°,以避免加工时振动;硬质合金刀具车刀的主偏角多为 60°~75°,根据工件加工要求选择;当车阶梯轴时,$\kappa_r=90°$;同一把刀具加工外圆、端面和倒角时,$\kappa_r=45°$。

(2) 副偏角的选择。工艺系统刚性好时,加工高强度、高硬度材料,一般 $\kappa_r'=5°\sim10°$;加工外圆及端面,能中间切入时,$\kappa_r'=45°$;工艺系统刚度较差时,粗加工、强力切削时,$\kappa_r'=10°\sim15°$;车削台阶轴、细长轴、薄壁件时,$\kappa_r'=5°\sim10°$;切断切槽时,$\kappa_r'=1°\sim2°$。

副偏角的选择原则:在不影响摩擦和振动的条件下,应选取较小的副偏角。

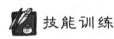
技能训练

实训项目 1 车刀几何角度测量

1. 实验目的

(1) 熟悉车刀切削部分的构造要素。

(2) 了解量角台的构造,学会用量角台测量车刀标注角度。

(3) 绘制车刀标注角度图,加深对标注角度的理解。

2. 仪器简介

车刀量角台是测量车刀标注角度的专用仪器,圆形底盘的周边刻有从 0°起向顺、逆时针两个方向各 180°的刻度,底盘上有工作台,立柱上装有滑体,滑体上有两个刻度盘。

3. 实验原理

按照车刀标注角度的定义,在刀刃的选定点,用量角台的指针平面(或侧面,或底面),与构成被测角度的面或线紧密贴合(或平行,或垂直),把要测量的角度测量出来。

4. 实验内容

用车刀量角台测量车刀标注角度,测量 1~2 把车刀。

5. 实验步骤

(1) 校准车刀量角台的原始位置,把车刀放在工作台上。

(2) 测量主偏角 κ_r。使车刀与定位块紧密贴合,从原始位置起顺时针转动工作台,让主刀刃和大指针前面紧密贴合,则工作台指针在底盘上所指示的刻度数就是主偏角 κ_r 的数值。

(3) 测量刃倾角 λ_s。读出主偏角后,保持工作台在此位置并调整大螺母(升降螺母)

和车刀至大指针底面和主刀刃紧密贴合,此时大指针在大刻度盘上所指示的刻度数就是刃倾角 λ_s 的数值。指针在 0°左边为 $+\lambda_s$,在 0°右边为 $-\lambda_s$。

(4) 测量副偏角 κ_r'。参照测量主偏角的方法,按逆时针方向转动工作台,使副刀刃和大指针前面紧密贴合,则工作台指针在底盘上所指示的刻度数就是副偏角 κ_r' 的数值。

(5) 测量前角 γ_o。前角的测量必须在测量完主偏角后才能进行。在测量完主偏角的位置起,按逆时针方向使工作台转动 90°,然后通过调整大螺母和前后移动车刀使大指针底面过主刀刃上选定点与前刀面紧密贴合,则大指针在大刻度盘上所指示的刻度数就是前角 γ_o 的数值。指针在 0°右边为 $+\gamma_o$,在 0°左边为 $-\gamma_o$。

(6) 测量后角 α_o。在测量完前角之后,根据需要可将车刀放置在定位块左侧或右侧并靠紧,调整至大指针侧面过主刀刃上选定点和主后刀面紧密贴合,则大指针在刻度盘上所指示的刻度数就是后角 α_o 的数值。后角 α_o 应为正。

(7) 测量副后角 α_o'。在副切削刃上选定点的副正交平面内,副后刀面与副切削平面之间的夹角。在测量完后角之后,根据需要可将车刀放置在定位块左侧或右侧并靠紧,调整至大指针侧面过副刀刃上选定点和副后刀面紧密贴合,则大指针在刻度盘上所指示的刻度数就是副后角 α_o' 的数值。副后角 α_o' 应为正。

实训项目2 机床的认识

1. 实训目的

了解本课程所研究的常用机床的结构、类型、特点及应用,达到对机床感性认识的目的。

2. 实训地点

金工实训基地。

3. 实训设备

车床、铣床、磨床、数控加工中心等。

4. 实训内容

(1) 实训室展示各种常用机床的仿真模型,学生观察各种仿真机床的内部结构和外部形状,实训指导教师现场介绍和答疑,从而增强同学对机床的感性认识。

(2) 在实习工厂展示各种常用生产型机床,学生参观正在运行的机床,增强学生对真实机床的感性认识。实训指导教师边操作机床边介绍,提出问题,引导学生思考,学生通过观察增加对常用机床的结构、类型、特点、作用和传动形式的理解,培养对本课程的学习兴趣。

5. 实训方法和步骤

(1) 阅读和掌握教材中相关部分的理论知识。

(2) 现场观察各种机床的结构、特点、作用及其传动形式和基本组成。

(3) 完成实训报告。

小　　结

请根据本章内容画出思维导图。

复习思考题

1. 切削要素包括哪些？分别简述这些要素。
2. 刀具材料应具备哪些性能？
3. 车刀的切削部分由哪些构件组成？
4. 常见的切屑有哪几种？它们各自有什么特点？
5. 改善工件材料切削加工性的基本措施有哪些？
6. 常用的切削液有哪几类？如何选用？
7. 前角、后角的主要作用是什么？选择原则是什么？

第 10 章 切削加工方法

【教学目标】
1. **知识目标**
   ◆ 掌握机床的加工范围及各类机床的基本运动和加工特点。
   ◆ 学会机加工设备的选择。
   ◆ 熟悉机械加工设备的典型结构。
   ◆ 熟悉典型零件切削加工工艺过程。
   ◆ 熟悉零件结构的工艺性。
2. **能力目标**
   ◆ 能够根据加工要求进行设备的选择。
   ◆ 能够确定工件的定位原则并编制典型零件切削加工工艺。
3. **素质目标**
   ◆ 通过对各类机床的学习,培养学生分析问题、解决问题的能力。
   ◆ 锻炼学生的观察能力、动手能力。
   ◆ 引入案例,激发学生爱国主义和社会主义核心价值观。

引例

有记载表明,早在 3000 多年前的商朝就已经有了旋转的琢玉工具,这是金属切削机床的前身。20 世纪 70 年代在河北满城一号汉墓出土的五铢钱,其外圆上有经过车削的痕迹,刀花均匀,切削振动波纹清晰,椭圆度很小,有可能是将五铢钱穿在方轴上,然后装夹在木质的车床上,用手拿着工具进行切削,如图 10-1 所示。

图 10-1 汉代五铢钱

8 世纪的时候,我国就有了金属切削车床。到了明代,手工业有了很大的发展,各种切削方法有了较细的分工,如车、铣、钻、磨等。从北京古天文台上的天文仪器可以看出,当时采用了与 20 世纪五六十年代类似的加工方法。这也说明,当时就有较高精度的磨削、车削、铣削、钻削等,其动力是畜力和水力。

自 2002 年至今,我国已成为全球最大的机床生产国,同时也是世界最大的机床消费国。

切削加工方法很多,根据所用机床与刀具的不同,可分为车削、钻削、镗削、铣削、刨削、磨削、成型表面加工及特种加工等。本章主要介绍各种常用切削加工方法的特点与应用的基本知识。

10.1 机床的分类与编号

10.1.1 机床的分类

机床主要按使用刀具和加工性质分类。如车床、钻床、镗床、刨床、铣床、磨床等。

在同一类机床中,按照加工精度不同,又分为普通机床、精密机床和高精度机床三个等级;按使用范围不同,分为通用机床和专用机床;按自动化程度不同,分为手动机床、机动机床、半自动机床和自动机床;按尺寸和质量不同,分为一般机床和重型机床等。

10.1.2 机床型号编制方法

机床型号是用来表示机床类别、主要参数和主要特性的代号。机床型号的编制采用汉语拼音字母和阿拉伯数字按一定规律组合的方式表示。如 CM6132 精密卧式车床,其型号中的代号及数字的含义如下。

C——机床类型代号(车床类)。

M——机床通用特性代号(精密机床)。

6——机床组别代号(落地及卧式车床组)。

1——机床系别代号(卧式车床系)。

32——主参数代号(床身上最大回转直径 320mm)。

10.2 车削加工

车削加工是机械加工中应用比较广泛的方法之一,主要用于回转体零件的加工。

10.2.1 车床

车床的主运动通常是工件的旋转运动,进给运动通常由刀具的直线移动完成。

1. 常用车床的类型及组成

(1) 卧式车床。卧式车床主要由主轴箱、进给箱、刀架、尾座、床身等组成,如图 10-2 所示。

(2) 转塔式六角车床。转塔式六角车床适用于成批生产形状复杂的盘、套类零件。这种车床有一个绕垂直轴线转位、6 个工位的六角形转塔刀架,每一个工位通过辅具可装一把或一组刀具,做纵向进给运动,以车削内(外)圆柱面、钻孔、扩孔、铰孔、镗孔、攻丝、套丝等。有一个横刀架做纵、横向进给运动,以车削大直径的外圆柱面、成型回转面、端面和沟槽。

(3) 回轮式六角车床。回轮式六角车床适用于成批生产轴类及阶梯轴类零件。该车床有一个绕水平轴线转位,12 个或 16 个工位的圆盘形回轮刀架,回轮刀架上均匀分布的轴向孔可通过辅具安装一把单刀刀具或复合刀具。刀架做纵向进给运动时,可车削内(外)圆柱面、钻孔、扩孔、铰孔和加工螺纹,刀架绕自身轴线缓慢转动,即做进给运动时,可完成成型回转面、沟槽、端面和切断等工序的加工。

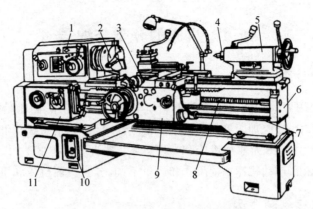

图 10-2　C6132 普通车床的外形

1—主轴箱；2—卡盘；3—刀架；4—后顶尖；5—尾座；6—床身；7—光杠；8—丝杠；9—床鞍；10—底座；11—进给箱

(4) 立式车床。立式车床适用于单件小批大型盘类零件的加工。该机床的主轴是垂直布置的，主轴下方有一个可回转的大直径的圆形工作台，以便安装笨重的大型零件，横梁上有 5 个工位垂直刀架，沿横梁导轨做水平进给运动、沿刀架导轨做垂直进给运动以及将刀架摆动一定角度后做斜向进给运动，可加工内（外）圆柱面、内（外）圆锥面、端面、切槽、钻孔、扩孔、铰孔等，立柱右侧导轨还有一个侧刀架，用来加工外圆、端面及外沟槽等。

(5) 仿形车床。仿形车床能仿照样板或样件的形状尺寸自动完成工件的循环加工，适用于形状较复杂工件的小批和成批生产，生产率比其他普通车床高 10～15 倍，有多刀架、多轴、卡盘式、立式等类型。

(6) 多刀车床。多刀车床有单轴、多轴、卧式和立式之分。单轴卧式的布局形式与卧式车床相似，但两组刀架分别装在主轴的前后或上下，用于加工盘、环和轴类工件，其生产率比其他普通车床高 3～5 倍。

(7) 专门车床。专门车床用于加工某类工件的特定表面，如曲轴车床、凸轮轴车床等。

2. 卧式车床（CA6140）传动系统

(1) 主运动传动系统。车床的主运动传动链的两个端件是主电动机和主轴。

(2) 进给运动传动系统。进给运动传动链的首端件是主轴，末端件是刀架。进给运动包括经丝杠的车螺纹运动传动链和经光杠的刀架进给运动传动链。

10.2.2　工件在车床上的安装

在车床上安装工件所用的附件有卡盘、顶尖、心轴、中心架和跟刀架等。安装工件的主要要求是位置准确。

(1) 卡盘。卡盘是应用广泛的车床附件，用于装夹轴类、盘套类工件。卡盘分为三爪自定心卡盘、四爪卡盘和花盘等。

(2) 顶尖。在车床上加工实心轴类零件时，经常用顶尖装夹工件，装在主轴上的顶尖称为前顶尖，装在尾座上的顶尖称为后顶尖。后顶尖又分为死顶尖和活顶尖。

(3) 心轴。在车床上加工带孔的盘套类工件的外圆和端面时，先把工件装夹在心轴上,再把心轴装夹在两顶尖之间进行加工。

(4) 中心架和跟刀架。加工细长轴类工件时,需要采用辅助的装夹机构,如中心架和跟刀架等。中心架适用于细长轴类工件的粗加工,而跟刀架适用于精加工或半精加工。

10.2.3 车削加工的工艺特点与应用

1. 车削加工的工艺特点

车削加工的工艺特点:加工范围广、生产率高、生产成本低、容易保证工件各加工面的位置精度。

2. 车削加工的应用

车削加工主要用于车外圆、车端面和车台阶、车槽和切断、车圆锥面、车螺纹和孔加工。如图 10-3 所示。

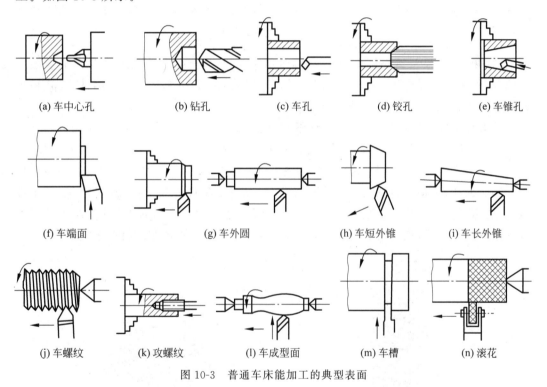

图 10-3　普通车床能加工的典型表面

10.3　钻削、铰削和镗削加工

10.3.1　钻削加工

钻削加工是用钻头或扩孔钻在工件上加工孔的方法。钻削加工主要在钻床上进行。

1. 钻床

钻床是指用钻头在实体工件上加工孔的机床。钻床主要用来加工外形比较复杂、没有对称回转轴线的工件上的孔,如箱体、机架等零件上的孔。钻床可完成钻孔、扩孔、铰孔、攻螺纹、锪倒角孔、锪沉头孔、锪平面等工作,如图 10-4 所示。在钻床上加工时,工件不动,刀具旋转为主运动,刀具轴向移动为进给运动。钻床的加工精度不高,仅用于加工一般精度的孔。如果配合钻床夹具,可以加工精度较高的孔。钻床主要有台式钻床、立式钻床、摇臂钻床、深孔钻床等类型。

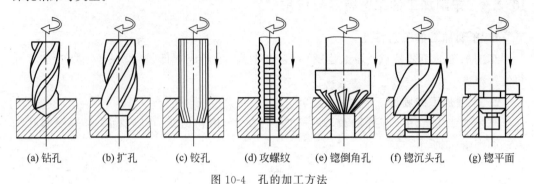

(a) 钻孔　(b) 扩孔　(c) 铰孔　(d) 攻螺纹　(e) 锪倒角孔　(f) 锪沉头孔　(g) 锪平面

图 10-4　孔的加工方法

图 10-5 所示为立式钻磨床的外形图,进给箱 3 和工作台 1 可沿立柱 6 的导轨调整上下位置,以适应工件高度。在立式钻床上钻不同的孔时,需要移动工件。因此,立式钻床仅适用于中、小零件的单件,小批生产。

在大型零件上钻孔时,因工件移动不便,就希望工件不动,而钻床主轴能任意调整空间位置,这就产生了摇臂钻床,如图 10-6 所示。主轴箱 2 可沿摇臂 3 的导轨横向移动。摇臂 3 可沿立柱 1 上下移动,同时立柱 1 及摇臂 3 还可以绕(内)立柱 1 在±180°范围内任意转动。因此,主轴 4 的位置可被任意地调整。被加工工件可以安装在工作台上,如工件较大,还可以卸掉工作台,直接安装在机座 6 上,或直接放在周围的地面上。摇臂钻床可灵活改变加工位置,被广泛应用于一般精度的各种批量的大、中型零件的加工。

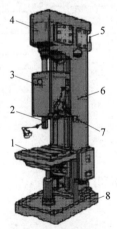

图 10-5　立式钻磨床　　　　图 10-6　摇臂钻床的外形图

1—工作台;2—主轴;3—进给箱;4—主轴变速箱;5—电动机;6—立柱;7—进给手柄;8—机座　　1—立柱;2—主轴箱;3—摇臂;4—主轴;5—工作台;6—机座

2. 钻床常用刀具

钻床上常用的刀具分为两类：一类用于在实体材料上加工孔，如麻花钻、扁钻、中心钻及深孔钻等；另一类用于对工件上已有的孔进行再加工，如扩孔钻、铰刀等。其中麻花钻是最常用的孔加工刀具。

1）麻花钻的组成

麻花钻刀体结构如图 10-7 所示。标准高速钢麻花钻主要由工作部分、颈部和柄部三部分组成。工作部分担负切削与导向工作，柄部是钻头的夹持部分，用于传递扭矩。

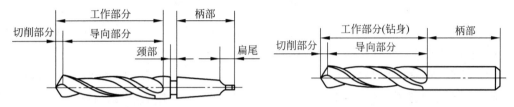

图 10-7　麻花钻的结构示意图

麻花钻有两条主切削刃、两条副切削刃和一条横刃，如图 10-8 所示。两条螺旋槽钻沟形成前刀面，主后刀面在钻头端面上。钻头外缘上两小段窄棱边形成的刃带是副后刀面，在钻孔时刃带起导向作用，为减小与孔壁的摩擦，刃带向柄部方向有减小的倒锥量，从而形成副偏角。在钻心上的切削刃叫横刃，两条主切削刃通过横刃相连接。为保证钻头必要的刚性和强度，其钻心直径向柄部方向递增。

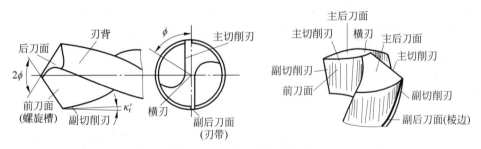

图 10-8　麻花钻的切削部分

2）麻花钻的结构特点及其对切削加工的影响

（1）麻花钻的直径受孔径的限制，螺旋槽使钻心更细，钻头刚度更低；仅有两条棱带导向，孔的轴线容易偏斜；横刃使定心困难，轴向抗力增大，钻头容易摆动。因此，钻出孔的形位误差较大。

（2）麻花钻的前刀面、主后面都是曲面，沿主切削刃各点的前角、后角各不相同，横刃的前角达 $-55°$，切削速度沿切削刃的分配不合理，强度最低的刀尖切削速度最大，故磨损严重。因此，加工的孔的尺寸精度低。

（3）钻头主切削刃全刃参加切削，刃上各点的切削速度又各不相同，容易形成螺旋形切屑，排屑困难。因此，切屑与孔壁挤压摩擦，常常划伤孔壁，加工后孔的表面粗糙度大。

3）钻孔

钻孔是用钻头在实体材料上加工的方法。单件小批量生产时,须先在工件上画线,打样冲眼确定孔中心的位置；然后将工件通过台钳或直接装在钻床工作台上。大批量生产时,采用夹具（即钻模）装夹工作。

4）扩孔

扩孔是用扩孔工具扩大工件孔径的加工方法。扩孔工具主要是指扩孔钻。

10.3.2　铰削加工

铰削是一种常用的孔的精加工方法,通常在钻孔和扩孔之后进行,加工孔精度达 IT6~IT7,加工表面粗糙度可达 $Ra1.6$~$0.4\mu m$。

如图 10-9 所示,铰刀由工作部分、颈部和柄部组成。工作部分包括切削部分和校准部分,切削部分呈锥形,担负主要的切削工作；校准部分用于校准孔径、校准孔壁和导向。为减小校准部分与已加工孔壁的摩擦,并为防止孔径扩大,校准部分的后端应加工成倒锥形状,其倒锥量为$(0.005$~$0.006)/100$。铰刀的柄部为夹持和传递扭矩的部分,手用铰刀一般为直柄,机用铰刀多为锥柄。

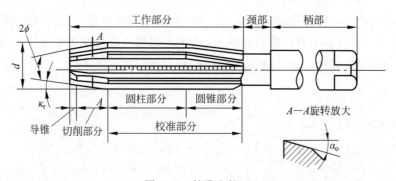

图 10-9　铰孔和铰刀

铰削加工余量很小,刀齿容屑槽很浅,因而铰刀的齿数比较多,刚性和导向性好,工作更平稳；由于铰削的加工余量小,因此切削厚度很薄；由于铰削的切削余量小,同时为了提高铰孔的精度,通常铰刀与机床主轴采用浮动连接,所以铰刀只能修正孔的形状精度,提高孔径尺寸精度和减小表面粗糙度,不能修正孔轴线的歪斜。

10.3.3　镗削加工

镗削加工是镗刀回转作为主运动,工件或镗刀移动作为进给运动的切削加工方法。镗削加工主要在镗床上进行。

1. 镗床的功用和运动

镗床以刀具的回转、工件与刀具间的相对移动作为它们的表面成型运动。镗孔时,刀尖的轴向移动形成直线母线,工件与刀具的相对回转,可以看成是直线母线沿圆导线运动,形成内圆柱面。

镗床不仅可以镗孔,还可以铣平面、铣沟槽、钻孔、扩孔、铰孔、车端面等。

2. 镗削加工工艺特点

在镗床上镗孔时,可以用工作台进给,也可以用刀架进给。加工范围广,一把镗刀可以加工一定范围内不同直径的孔;能修正底孔轴线的位置;成本较低;生产效率低。

3. 镗削加工的应用

镗削加工的精度主要取决于镗床的精度。在坐标镗床上可加工出精度很高的孔系。

10.4 铣 削 加 工

铣削加工适用于平面、台阶沟槽、成形表面和切断等加工。其生产率高,加工表面粗糙度值较小。铣刀的每一个刀齿相当于一把车刀,它的切削基本规律与车削相似,但铣削是断续切削,切削厚度与切削面积随时在变化,所以铣削过程又具有一些特殊规律。

10.4.1 铣床

1. 铣床的组成和运动

常见的铣床有立式铣床(见图 10-10(a))和卧式铣床(见图 10-10(b))之分。卧式铣床的主要组成部件及其运动形式如图 10-10 所示。

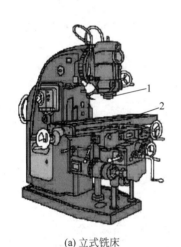
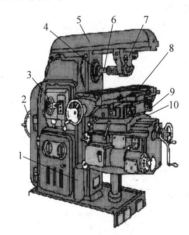

(a) 立式铣床
1—主轴;2—工作台

(b) 卧式铣床
1—床身底座;2—主传动电动机;3—主轴变速机构;
4—主轴;5—横梁;6—刀杆;7—吊架;8—纵向工作台;
9—转台;10—横向工作台

图 10-10 立式升降铣床和 X6132 型卧式万能升降台铣床

2. 工件在铣床上的装夹

铣床工作台台面上有几条 T 形槽,较大的工件可使用螺钉和压板直接装夹在工作台上。中、小型工件常常通过机床用平口虎钳、回转工作台和分度头等附件装夹在工作台上。

10.4.2 铣刀

铣刀是用于铣削加工的刀具,通常具有几个刀齿,结构比较复杂。但不论如何复杂,每一个刀齿都可以看成一把简单的车刀或刨刀。

10.4.3 铣削要素

1. 切削用量要素

1) 切削速度

铣削时,切削刃选定点通常是指铣刀最大直径外切削刃上的一点。铣削时的切削速度则是该选定点的圆周速度。

2) 进给速度或进给量

进给速度是切削刃上选定点相对于工件的进给运动的瞬时速度。进给速度也可用每齿进给量或每转进给量表示。

3) 背吃刀量

铣削时的背吃刀量是指平行于铣刀轴线方向测量的切削层尺寸。

4) 侧吃刀量

铣削时的侧吃刀量是指垂直于铣刀轴线和工件进给方向测量的切削尺寸。

2. 切削层平面要素

切削层平面要素是指切削层公称厚度、切削层公称宽度和切削层公称截面积。

10.4.4 铣削方式

1. 周铣和端铣

周铣是指用圆柱铣刀铣削工件的表面(见图 10-11(a)),端铣是指用面铣刀铣削工件的表面(见图 10-11(b))。其主要特点如下。

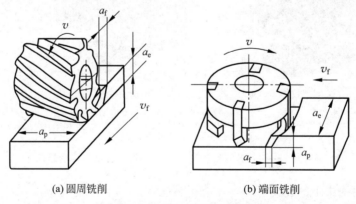

(a) 圆周铣削　　　　　　　(b) 端面铣削

图 10-11　铣削时的切削用量要素

(1) 端铣的表面较光洁、平稳,精度较高,且生产率较高。

(2) 周铣的加工范围较广泛。

(3) 一般端铣优于周铣。

2．逆铣和顺铣

铣削时,在铣刀与工件的接触处,若铣刀的回转方向与工件的进给方向相反,则称为逆铣,如图 10-12(a)所示;若铣刀的回转方向与工件的进给方向相同,则称为顺铣,如图 10-12(b)所示。

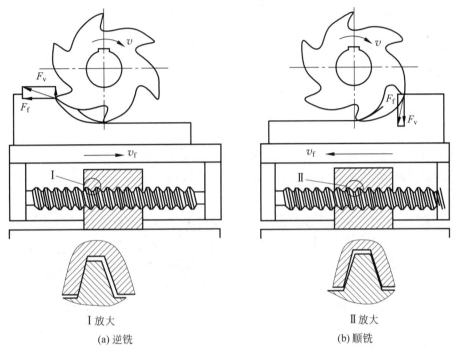

(a) 逆铣　　　　　　　　　　　(b) 顺铣

图 10-12　圆周铣的两种方式

顺铣刀具使用寿命较高,铣削过程较平稳,但顺铣工作台可能窜动。因此,顺铣的加工范围限于硬皮的工件,其加工表面的质量较好,多用于精加工。逆铣多用于粗加工。

3．铣削的应用

铣削主要用于铣平面、铣槽(普通槽、成型槽、螺旋槽)和铣成型面等。

4．铣削加工的工艺特点

铣削加工的特点是生产率高,加工范围广,加工质量中等,成本较高。

10.5　刨削、插削和拉削加工

10.5.1　刨削加工

刨削加工是用刨刀对工件做水平直线往复运动的切削加工方法,常用的刨床有牛头刨床和龙门刨床。

刨削加工主要用于刨平面和刨槽。其特点如下。

(1) 加工质量:切削速度低,有冲击和振动现象,其加工精度和表面粗糙度与铣削相当。

(2) 生产率:刨削时直线往复主运动,不仅限制了切削速度的提高,而且空行程又显著降低了切削效率。

(3) 加工成本：刨床结构简单，调整方便；刨刀的制造和刃磨容易，成本低廉，故加工成本低。

(4) 加工范围：其工艺范围窄，仅局限于平面、直线型成型面和平面沟槽。

10.5.2　插削加工

插削加工可以认为是立式刨削加工，主要用于单件小批量生产中加工零件的内表面，主要在插床上进行。

其工艺特点：插刀的工作条件不如刨刀；插削的加工质量和生产率也低于刨削。

10.5.3　拉削加工

拉削是一种高效率的加工方法，利用拉刀在拉床上进行。拉刀是一种加工内外表面的多刃高效刀具，它依靠刀齿的尺寸或廓形变化切除加工余量。拉削加工有以下加工工艺特点。

(1) 拉削生产效率高。由于拉削时，拉刀同时工作的刀齿数多，切削刃长，且在一次行程中就能够完成工件的粗、精加工及修光。

(2) 拉削的加工质量较高。拉刀为定尺寸刀具，具有校准齿进行修光、校准。

(3) 拉刀使用寿命长。由于拉削时，切削速度低、切削厚度小；在每次拉削过程中，每个刀齿只切削一次，工作时间短，拉刀磨损慢；加之拉刀刀齿磨钝后，还可重磨几次。

(4) 拉削属于封闭式切削，容屑、排屑和散热均较困难。

(5) 拉刀制造复杂，成本高。

10.6　磨削与光整加工

10.6.1　磨削加工

磨削加工是用磨具以较高的线速度对工件表面进行加工的方法，属于精加工，主要在磨床上进行。磨具按形状分为磨床和磨轮(砂轮)。

1. 磨床

磨床是用磨具或磨料加工工件各表面的机床。通常，磨床以砂轮回转和工件移动(或回转)作为它的表面成型运动。

磨床的种类很多，主要类型有外圆磨床(包括万能外圆磨床、普通外圆磨床等)、内圆磨床(包括普通内圆磨床、行星内圆磨床等)、平面磨床(包括卧轴矩台平面磨床、立轴矩台平面磨床等)和刀具、刃具等工具磨床。

2. 砂轮

1) 砂轮的种类

砂轮是用结合剂把磨料黏结成型，再经烧结制成的一种多孔物体。因此，其基本组成要素是磨料、结合剂和孔隙。

磨料是砂轮的主要组成部分，砂轮通过磨料进行切削加工。磨料具有高硬度、高耐磨性和高耐热性的特点。

结合剂的种类和性能影响砂轮的强度、韧度、耐热性、成型性和自锐性等。

孔隙是指砂轮中除磨料和结合剂以外的部分。孔隙不仅能容纳切屑,还能把切削液及空气带进切削区域,从而有利于降低切削温度。孔隙使砂轮逐层均匀脱落,从而获得满意的"自锐"效果。

2) 砂轮的安装与修整

由于砂轮在高速下工作,因此安装前必须经过外观检查,不应有裂纹。安装砂轮时,要求将砂轮不松不紧地套在轴上。在砂轮和法兰盘之间垫上 1~2mm 厚的弹性垫板。

为了使砂轮平稳地工作,砂轮须进行静平衡调整。将砂轮装在心轴上,放在平衡架轨道的刀口上,如果不平衡,较重的部分总是转到下面,这时可移动法兰盘端面环槽内的平衡铁进行平衡。这样反复进行,直到砂轮可以在刀口上任意位置都能静止,这就说明砂轮各部分重量均匀。一般直径大于 125mm 的砂轮都应进行静平衡。

砂轮工作一定时间以后,磨粒逐渐变纯,砂轮工作表面孔隙被堵塞,为恢复砂轮的切削能力和外形精度,常用金刚石对其进行修整。

3. 磨削用量与磨削加工方法

1) 磨削用量

磨床以砂轮回转作为主运动。磨外圆时有三种进给运动,即工件圆周进给、工件纵向进给和砂轮相对于工件的横向进给。因此,磨削加工有四个用量要素,即磨削速度、工件圆周进给速度、纵向进给量和横向进给量。

2) 磨削加工方法

(1) 磨外圆。磨外圆在外圆磨床上进行,通常作为半精车之后的精加工。此时,工件随工作台做纵向进给运动(纵磨法),或工件不做纵向进给运动而砂轮以缓慢的速度相对于工件连续做横向的进给运动。

(2) 磨内圆。在大批量生产中,通常采用内圆磨床磨孔;在单件小批量生产中,通常采用万能外圆磨床的内圆磨头磨孔。

(3) 磨平面。磨平面主要是在平面磨床上进行。

(4) 无心磨床。在无心外圆磨床上进行磨削时,工件不需要装夹。

4. 磨削加工的特点

(1) 适合磨削硬度很高的淬硬钢件及其他高硬度的特殊金属材料和非金属材料。

(2) 加工精度高、表面粗糙度小。由于磨粒的刃口半径小,能切下一层极薄的材料;又由于砂轮表面上同时参加切削的磨粒很多,磨削速度高(30~35m/s),在工件表面形成细小而致密的网络磨痕;另外,磨床本身精度高、液压传动平稳。因此,磨削的加工精度高(IT7~IT5)、表面粗糙度小($Ra=1.25\sim0.32\mu m$)。在超精磨削和镜面磨削中,表面粗糙度值可分别达到 $Ra=0.08\sim0.04\mu m$ 和 $Ra=0.01\mu m$。

(3) 磨削温度高。由于具有较大负前角的磨粒在高压和高速下对工件表面进行切削、划沟和滑擦作用,砂轮表面与工件表面之间的摩擦非常严重,消耗功率大,产生的切削热多。又由于砂轮本身的导热性差,因此,大量的磨削热在很短的时间内不易传出,使磨削区的温度很高,有时高达 800~1000℃。

因此,磨床广泛地应用于零件的精加工,尤其是淬硬钢件和高硬度特殊材料的精加工。

10.6.2 光整加工

光整加工是指精加工后,从工件上不切除或切除极薄的金属层,用以降低工件表面粗糙度或强化其表面的过程。研磨、珩磨和抛光是生产中常用的光整加工方法。

1. 研磨

研磨是把研磨剂放在具有一定压力的做复杂相对运动的研具与工件之间,通过研磨剂的微量切削及化学作用,去除工件表面的微小余量,以提高尺寸精度、形状精度和降低表面粗糙度的精加工方法。

研磨余量一般不超过 0.01～0.03mm,研磨前的工件应进行精车或精磨。研磨可以获得 IT5～IT3 的尺寸公差等级,表面粗糙度 Ra 值为 0.1～0.008μm。

研磨可加工外圆面、孔、平面等,还可以提高平面的形状精度,对于小型平面研磨还可减小平行度误差。

研磨方法有手工研磨和机械研磨两种。单件小批量生产采用手工研磨,大批量生产采用机械研磨。

2. 珩磨

珩磨是利用珩磨工具对工件表面施加一定压力,珩磨工具同时做相对回转和直线往复运动,从而切除工件上极小余量的精加工方法。珩磨加工主要用于孔的光整加工,能加工的孔径范围为 $\phi 5\sim\phi 500$mm,并可加工深径比大于 10 的深孔。

珩磨的特点如下。

(1) 珩磨能提高孔的尺寸精度(可达 IT6～IT5)、形状精度,降低表面粗糙度(Ra 值为 0.1～0.025m),但不能提高位置精度。

(2) 生产率较高。由于珩磨时有多个油石条同时工作,并经常变化切削方向,能较长时间保持磨粒锋利,所以珩磨的效率较高。

(3) 珩磨表面耐磨性好。因为已加工表面是交叉网纹结构,有利于油膜的形成,所以,润滑性能好,表面磨损缓慢。

(4) 不宜加有色金属。珩磨实际上是一种特殊的磨削,为了避免堵塞油石,不宜加工塑性较大的有色金属零件。

(5) 珩磨头结构复杂,调整时间较长。

3. 抛光

抛光是把抛光剂涂在抛光轮上,利用机械及化学或电化学的作用,使工件获得光亮而平整的表面加工方法。抛光主要用作零件表面的修饰加工、电镀前的预加工或者消除前道工序的加工痕迹。抛光零件的表面类型不受限制,可以是外圆、内孔、平面及各种成型面。抛光的材料也不受限制。

抛光具有以下特点。

(1) 抛光工具和加工方法简单,成本低。

(2) 只能降低表面粗糙度,不能提高精度,经过抛光,表面粗糙度 Ra 可达 0.1～0.012μm。

（3）由于抛光轮是弹性的，能与曲面相吻合，故易于实现曲面抛光，便于对模具型腔进行光整加工。

（4）抛光多为手工操作，工作繁重，飞溅的磨粒、介质及微屑等污染工作环境，故劳动条件很差。

（5）抛光只能用于表面装饰及金属件电镀前的准备工序。

10.7 螺纹、齿轮加工

10.7.1 螺纹加工

1. 螺纹的车削加工

1）用螺纹车刀车削内、外螺纹

在卧式车床和丝杠车床上用瞬息螺纹车刀车削螺纹时，螺纹的廓形由车刀的刃形决定，而螺纹的螺距则是依靠调整机床的运动保证。这种方法的刀具简单，适应性广，不需要专用设备，但生产率不高，主要用于小批量生产。

2）用螺纹梳刀车削螺纹

在成批生产中常采用各种螺纹梳刀车削螺纹。用梳刀加工螺纹的生产效率较高。

2. 螺纹的铣削加工

螺纹的铣削加工多用于加工大直径的梯形螺纹和模数螺纹。其加工精度低、表面粗糙度大，生产效率较高，故常用于大批量生产中，作为螺纹的粗加工或半精加工。

3. 攻螺纹和套螺纹

单件小批量生产中，用手动丝锥攻螺纹；批量生产时，用机用丝锥在车床、钻床或攻丝机上攻螺纹。对小尺寸的内螺纹，攻螺纹几乎是唯一有效的方法。套螺纹的螺纹直径一般小于16mm，既可手工也可在机床上进行。其加工精度低，故主要用于加工精度要求不高的普通螺纹。

4. 滚压螺纹

滚压螺纹是一种无屑加工方法。其方法有搓螺纹和滚螺纹，适用于大批量生产时加工外螺纹。

10.7.2 齿轮加工

齿轮的齿形加工按其原理分为成型法和展成法两种。

1. 成型法

成型法是用与被加工齿轮齿槽形状完全相等的成型刀具加工齿形的方法。该方法加工生产效率低，加工精度低，但加工成本低。

2. 展成法

展成法是指利用齿轮刀具与被切齿轮的啮合运动，在齿轮加工机床上切出齿形的加工方法。常用的展成法有插齿和滚齿两种方法。

1）插齿

插齿是插齿刀按展成法在插齿加工机上加工齿轮的齿形。插齿的原理相当于一对轴线平行的直齿圆柱齿轮相啮合。插齿时,插齿刀每转过一个齿,被加工的齿轮也转过一个齿。同时,插齿刀做上下往复运动,逐渐切出齿轮坯上的渐开线齿形。

插齿的特点:加工精度高;齿面的粗糙度小;一把插齿刀可加工模数和压力角与其相同而齿数不同的圆柱齿轮;生产效率较低。

2) 滚齿

滚齿是指用滚刀在滚齿机上加工齿轮的齿形。滚齿过程相当于一对交错轴螺旋齿轮副的啮合滚动过程。将其中一个齿轮的齿数减小到一个或几个,其螺旋角很大,就形成了蜗杆,并在其上开槽并铲背,就形成了齿轮滚刀。滚刀与齿轮环之间的相互切削运动,即可滚切出齿形。

滚齿的特点:滚齿精度与插齿相当;齿面的粗糙度较大;一把滚刀可加工模数和压力角与其相同的齿轮;生产效率高。

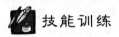 技能训练

实训项目　车削螺纹套筒

1. 实训目的

(1) 初步掌握车床的类型、结构组成、特点、功能以及车床的附件、刀具等。

(2) 了解车床的实训技能要求,掌握车床的安全操作规程。

(3) 通过车床操作实训,初步掌握车外圆、车端面、车台阶、切槽、切断、车圆锥面等操作要领,初步具备对工具、量具的正确使用能力。

2. 实训地点

机加工中心。

3. 实训设备

CA6136 和 CA6140 车床。

4. 实训内容

以 CA6136 和 CA6140 车床为例,熟悉车床的组成、功能,熟悉车床操作、刀具刃磨安装、工件安装、量具测量和试切削,掌握外圆、端面、台阶、外沟槽的手(机)动车削和钻中心孔等,掌握车床切削用量的选择方法。

5. 实训方法和步骤

(1) 学习实习安全操作规程。

(2) 熟悉车工的基本概念及其加工范围;熟悉车床的主要部件(主轴箱、刀架、滑板、尾座、溜板箱、进给箱)及其功能。

(3) 认识常用刀具和量具,刃磨并安装刀具。

(4) 用三爪自定心卡盘或四爪卡盘装夹工件。

(5) 车削加工。

(6) 分析、检测、总结。

(7) 完成实训报告。

6. 专项实训题

车削零件如图 10-13 所示。

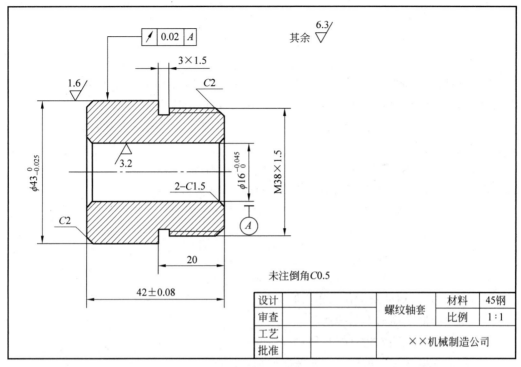

图 10-13 车削零件图

小　结

请根据本章内容画出思维导图。

复习思考题

1. 试说明下列加工方法的主运动和进给运动：车端面、车床钻孔、车床车孔、钻床钻孔、牛头刨床刨平面、铣床铣平面、外圆磨床磨外圆、内圆磨床磨内孔。
2. 在工件转速固定、车刀由外向轴心进给时，车端面的切削速度是否有变化？若有变化，是怎样变化的？
3. 切削加工性有哪些指标？如何改善材料的切削加工性？
4. 试计算 CA6140 型卧式车床主轴的最高转速和最低转速。
5. 车螺纹时，主轴与丝杠之间能否采用带传动和链传动？为什么？
6. 车细长轴时，常采用哪些措施来增加工件刚性？
7. 铣削加工工艺特点有哪些？
8. 刨削主要用于加工哪些表面？
9. 拉削的进给运动是由什么实现的？
10. 试分析磨平面的工艺特点。
11. 常用螺纹加工方法有哪几种？
12. 何为成型法加工齿形？何为展成型加工齿形？
13. 什么是生产过程和机械加工工艺过程？
14. 什么是基准？基准分哪几种？
15. 机床夹具分为哪几类？

参 考 文 献

[1] 李志宏.金属材料与热处理[M].大连：大连理工大学出版社,2015.
[2] 丁建生.金属学与热处理[M].北京：机械工业出版社,2010.
[3] 梁耀能.工程材料及加工工程[M].北京：机械工业出版社,2015.
[4] 吕烨.机械工程材料[M].北京：高等教育出版社,2021.
[5] 李贺军.先进复合材料学[M].西安：西北工业大学出版社,2023.
[6] 齐乐华.工程材料与机械制造基础[M].北京：高等教育出版社,2023.